학습 진도표

1회
월 일
2회
월 일
3회
월 일
4회
월 일
5회
월 일
6회
월 일
7회
월 일
8회
월 일
9회
월 일
평가북
월 일
2
곱셈구구
단원 평가
A/B단계를
학습해요.
1회
월 일
2회
월 일
3회
월 일
4회
월 일
5회
월 일
6회
월 일
평가북
월 일
5
표와
그래프
1회
월 일
2회
월 일
3회
월 일
4회
월 일
5회
월 일
6회
월 일
평가북
월 일
6
규칙 찾기

백점 수학 2·2

학습 진도표

이용 방법 계획한 날짜를 쓰고
학습을 끝낸 후 색칠하세요.

1회 학습 완료 › 1회 8월 1일

백점

수학 2·2

개념북

백점 수학

구성과 특징

개념북 하루 4쪽 학습으로 자기주도학습 완성

N일차 4쪽: 개념 학습+문제 학습

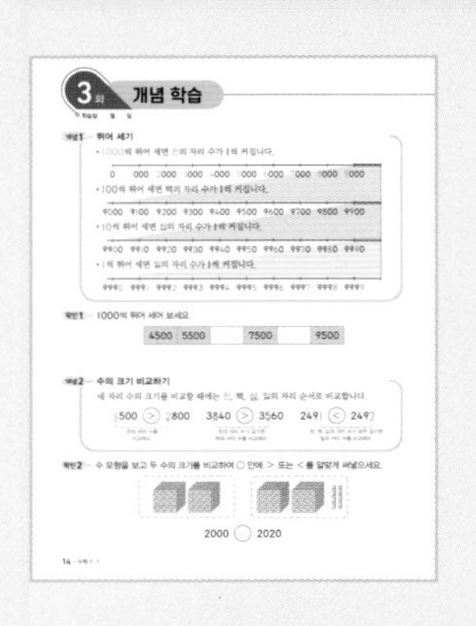

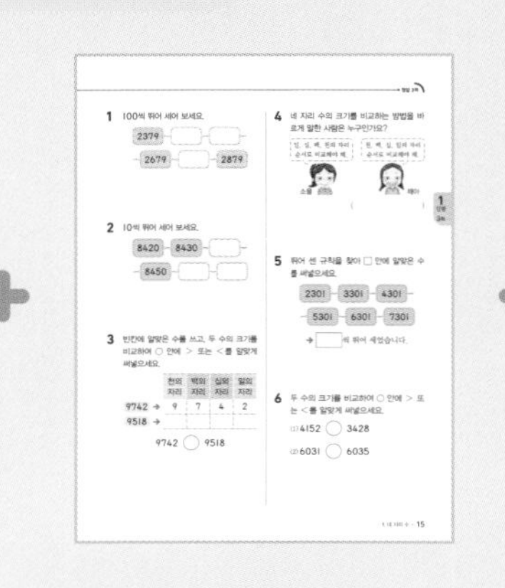

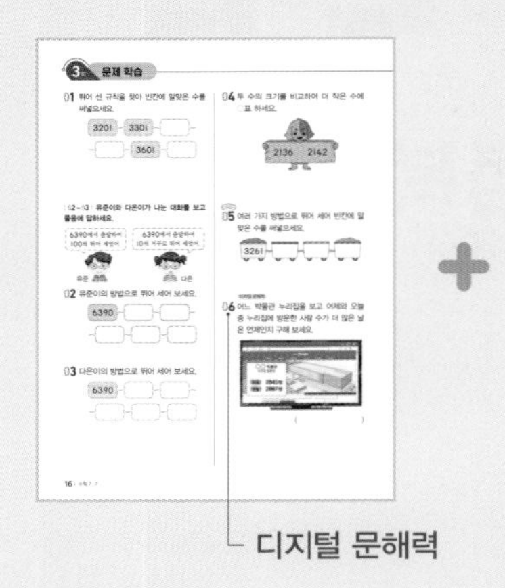

서술형 문제

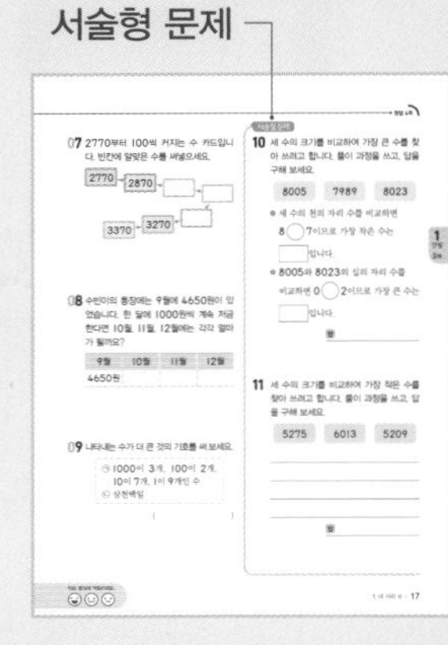

디지털 문해력

N일차 4쪽: 응용 학습

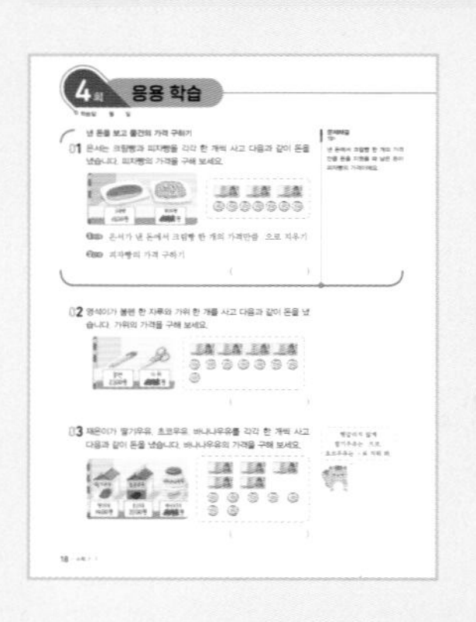

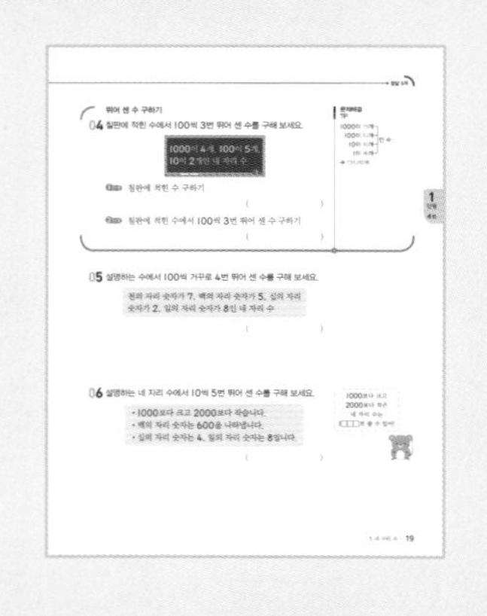

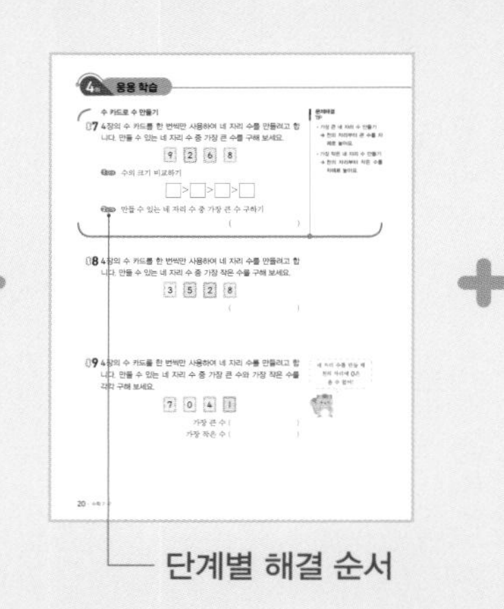

문제해결 TIP

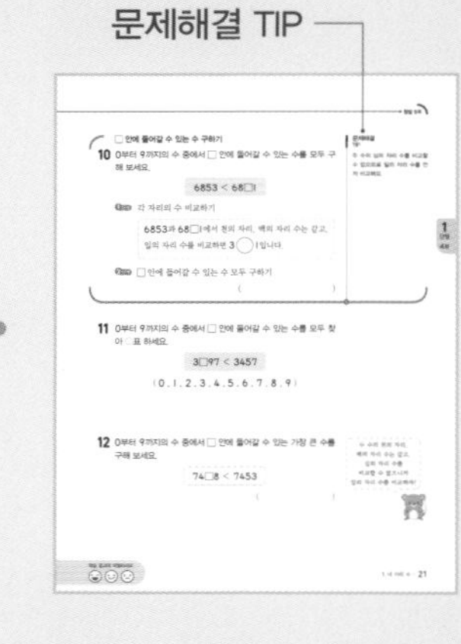

단계별 해결 순서

N일차 4쪽: 마무리 평가

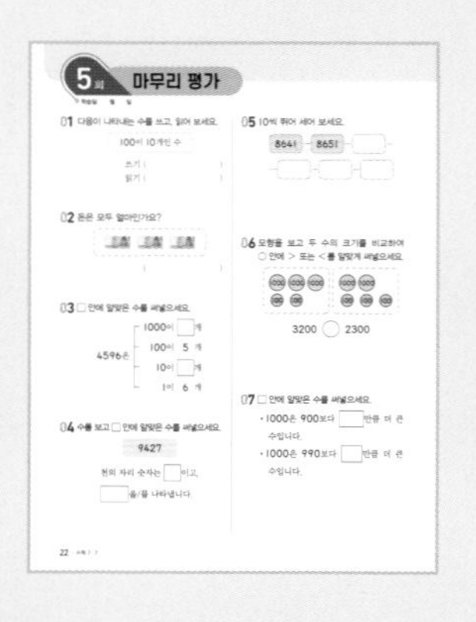

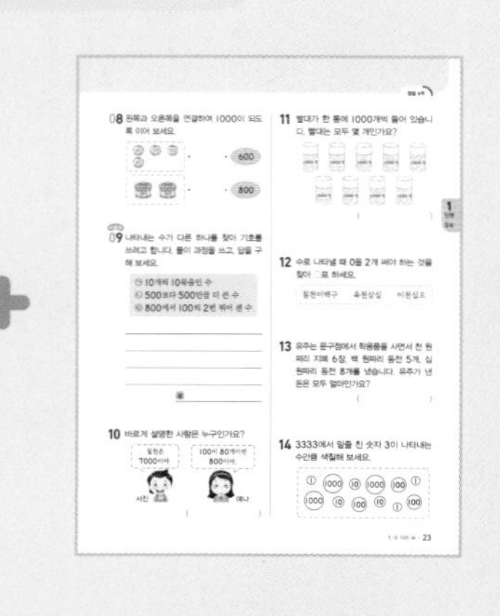

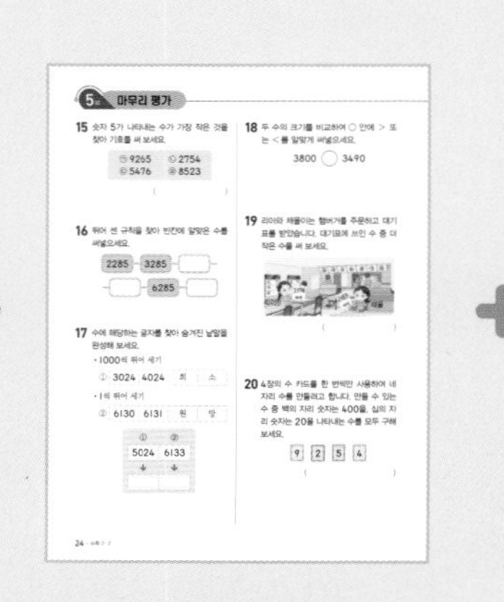

수행 평가

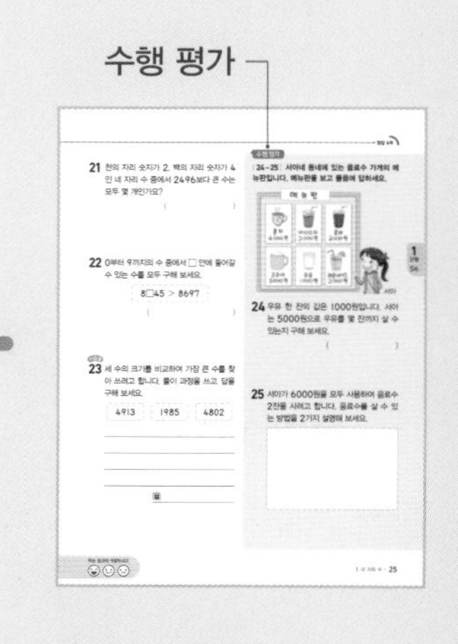

문해력을 높이는 어휘

교과서 어휘를 그림과 쓰이는 예시 문장을 통해 문해력 향상

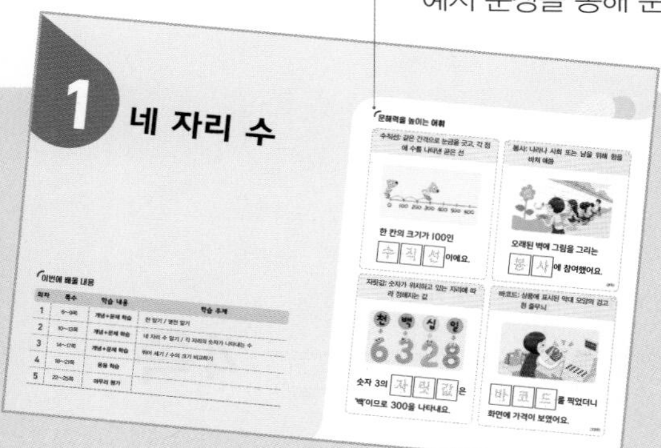

개념 학습

핵심 개념과 개념 확인 예제로 개념을 쉽게 이해할 수 있습니다.

문제 학습

핵심 유형 문제와 서술형 연습 문제로 실력을 쌓을 수 있습니다.
디지털 문해력: 디지털 매체 소재에 대한 문제

응용 학습

응용 유형의 문제를 단계별 해결 순서와 문제해결 TIP을 이용하여 응용력을 높일 수 있습니다.

마무리 평가

한 단원을 마무리하며 실력을 점검할 수 있습니다.
수행 평가: 학교 수행 평가에 대비할 수 있는 문제

평가북

맞춤형 평가 대비
수준별 단원 평가

단원 평가 A단계, B단계

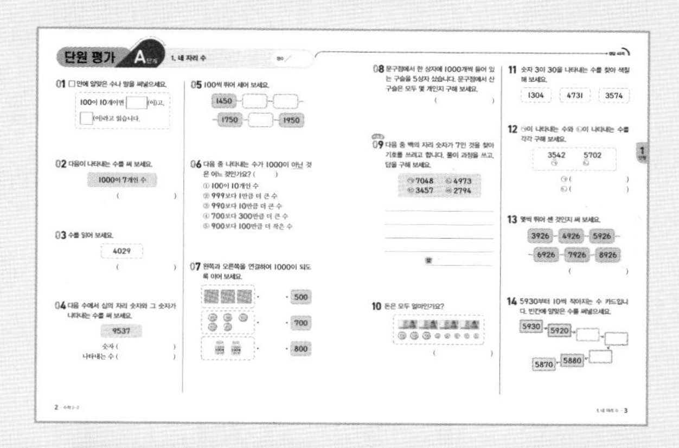

단원별 학습 성취도를 확인하고, 학교 단원 평가에 대비할 수 있도록 수준별로 A단계, B단계로 구성하였습니다.

2학기 총정리 개념

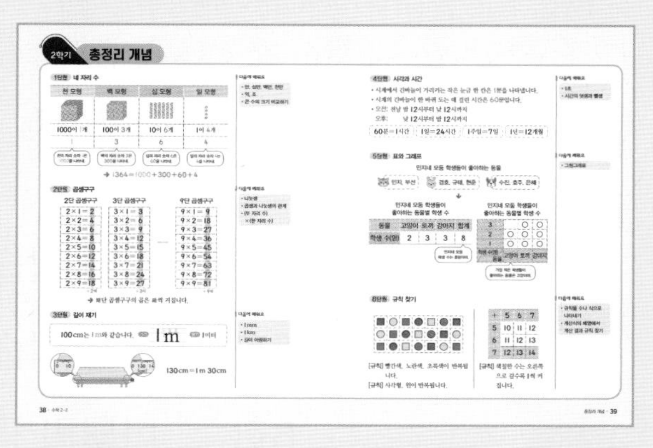

2학기를 마무리하며 개념을 총정리하고, 다음에 배울 내용을 확인할 수 있습니다.

백점 수학

차례

하루 4쪽 학습으로 자기주도학습 완성

1 네 자리 수

이번에 배울 내용

회차	쪽수	학습 내용	학습 주제
1	6~9쪽	개념+문제 학습	천 알기 / 몇천 알기
2	10~13쪽	개념+문제 학습	네 자리 수 알기 / 각 자리의 숫자가 나타내는 수
3	14~17쪽	개념+문제 학습	뛰어 세기 / 수의 크기 비교하기
4	18~21쪽	응용 학습	
5	22~25쪽	마무리 평가	

문해력을 높이는 **어휘**

수직선: 같은 간격으로 눈금을 긋고, 각 점에 수를 나타낸 곧은 선

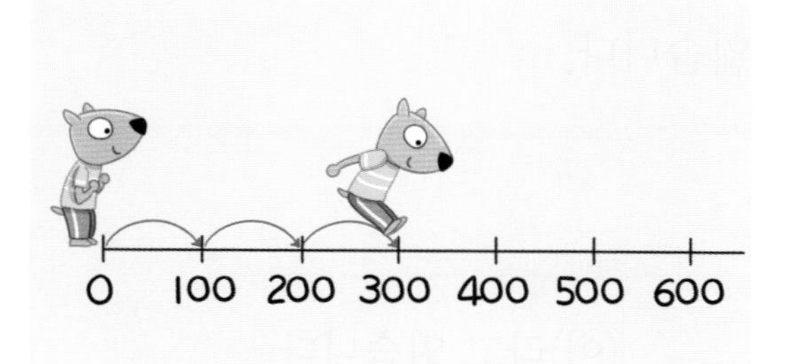

한 칸의 크기가 100인 [수][직][선]이에요.

봉사: 나라나 사회 또는 남을 위해 힘을 바쳐 애씀

오래된 벽에 그림을 그리는 [봉][사]에 참여했어요.

(9쪽)

자릿값: 숫자가 위치하고 있는 자리에 따라 정해지는 값

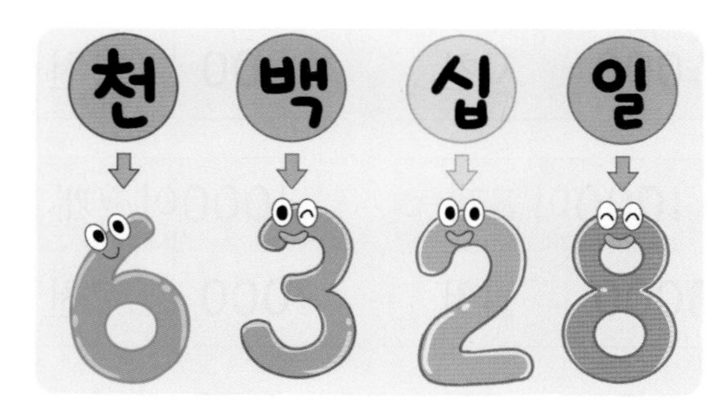

숫자 3의 [자][릿][값]은 '백'이므로 300을 나타내요.

바코드: 상품에 표시된 막대 모양의 검고 흰 줄무늬

[바][코][드]를 찍었더니 화면에 가격이 보였어요.

(13쪽)

1회 개념 학습

학습일: 월 일

개념 1 천 알기

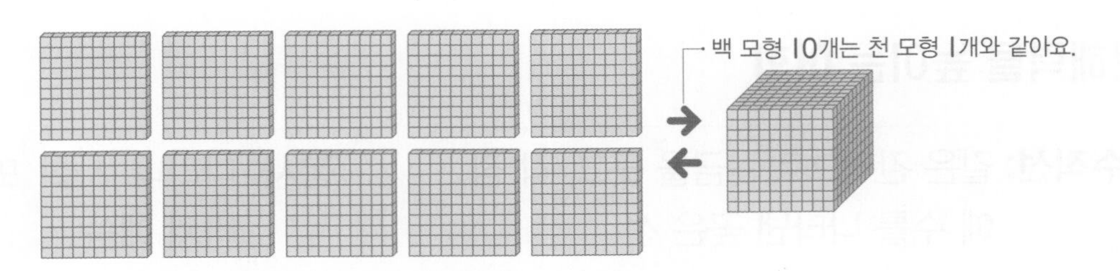

- 100이 10개이면 1000입니다.
- 1000은 천이라고 읽습니다.

확인 1 □ 안에 알맞은 수나 말을 써넣으세요.

100이 10개이면 □(이)고, □(이)라고 읽습니다.

개념 2 몇천 알기

- 1000이 4개이면 4000입니다.
- 4000은 사천이라고 읽습니다.

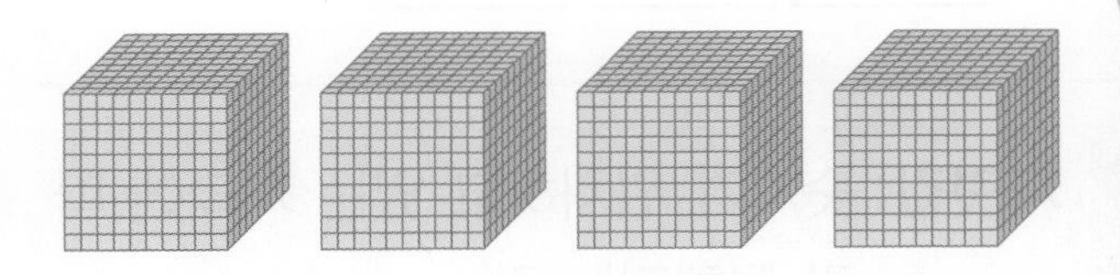

1000이 2개		1000이 3개		1000이 4개		1000이 5개	
2000	이천	3000	삼천	4000	사천	5000	오천

1000이 6개		1000이 7개		1000이 8개		1000이 9개	
6000	육천	7000	칠천	8000	팔천	9000	구천

확인 2 수 모형이 나타내는 수를 써 보세요.

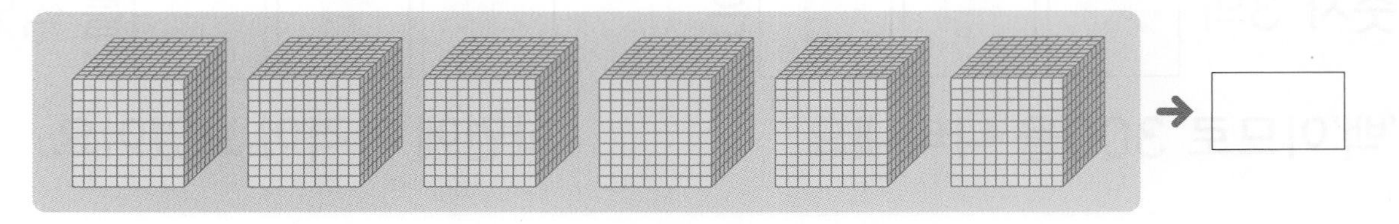

→ □

1 □ 안에 알맞은 수를 써넣으세요.

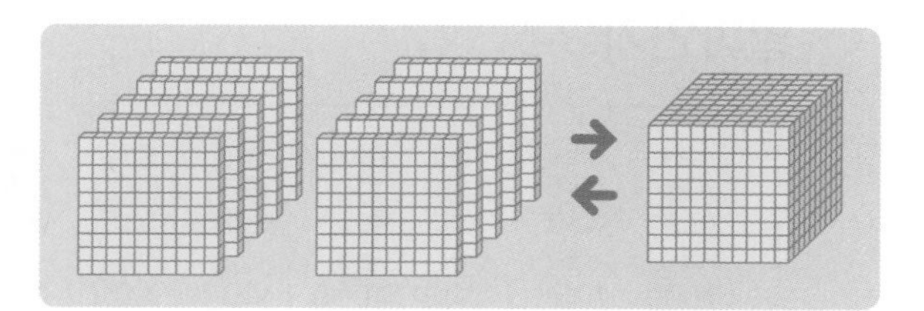

백 모형 10개는 천 모형 □개와

같으므로 □입니다.

2 □ 안에 알맞은 수를 써넣으세요.

(1) 960 970 □ 990 □

(2) 996 997 □ 999 □

3 수 모형이 나타내는 수를 쓰고, 읽어 보세요.

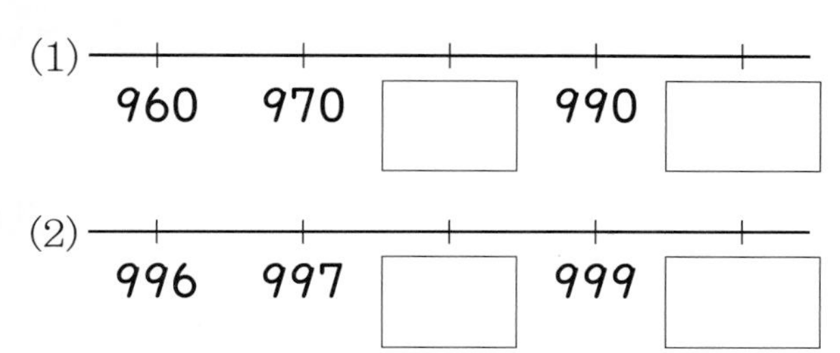

쓰기 (   )

읽기 (   )

4 9000만큼 색칠해 보세요.

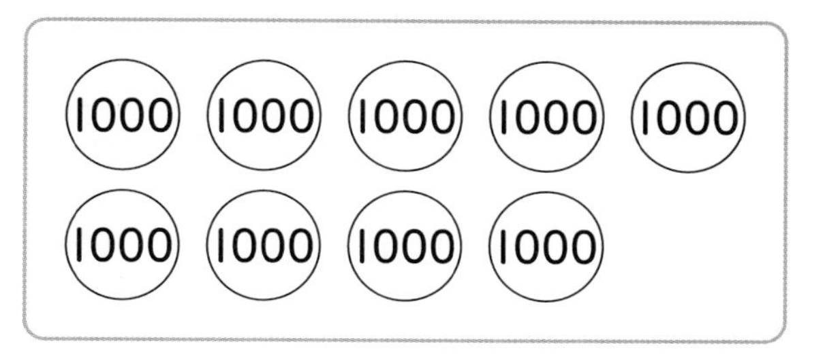

5 설명이 맞으면 ○표, 틀리면 ×표 하세요.

(1) 1000이 5개이면 500입니다. □

(2) 1000이 8개이면 팔천이라고 읽습니다. □

6 돈은 모두 얼마인지 □ 안에 알맞은 수를 써넣으세요.

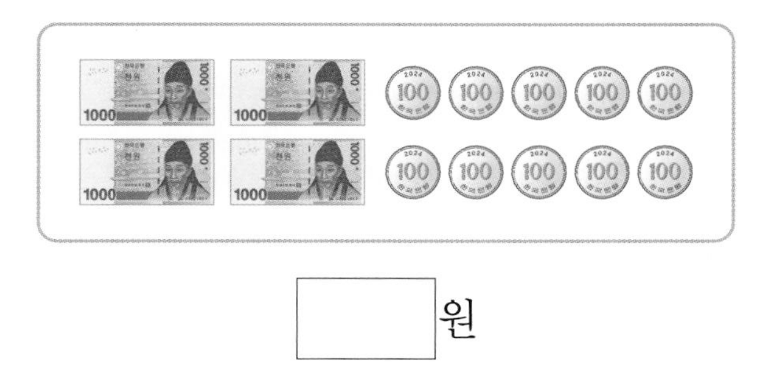

□원

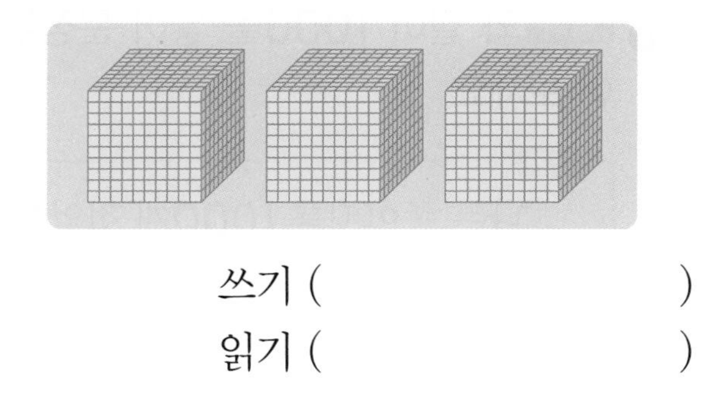

1회 문제 학습

01 수직선을 보고 □ 안에 알맞은 수를 써넣으세요.

0 100 200 300 400 500 600 700 800 900 1000

(1) 1000은 800보다 □만큼 더 큰 수입니다.

(2) 700보다 □만큼 더 큰 수는 1000입니다.

02 다음 중 나타내는 수가 1000이 아닌 것은 어느 것인가요? (　　　)

① 990보다 1만큼 더 큰 수
② 900보다 100만큼 더 큰 수
③ 300보다 700만큼 더 큰 수
④ 400보다 600만큼 더 큰 수
⑤ 10개씩 100묶음인 수

03 사탕이 한 병에 1000개씩 들어 있습니다. 사탕은 모두 몇 개인가요?

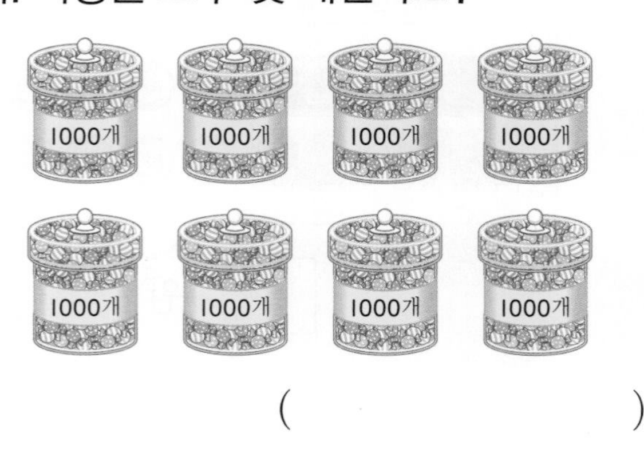

(　　　　　　　　)

04 1000원이 되도록 묶었을 때 남는 돈은 얼마인가요?

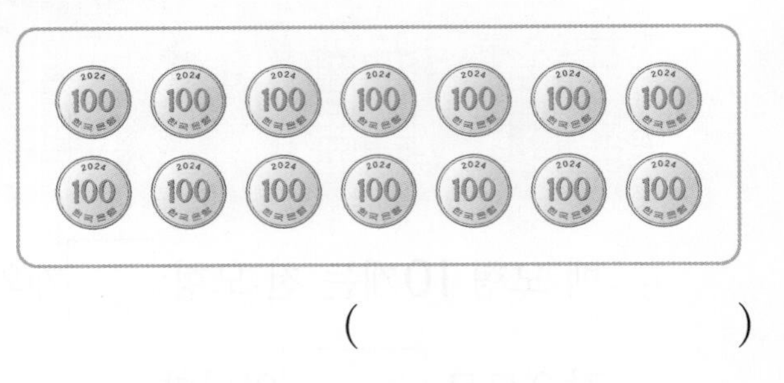

(　　　　　　　　)

05 왼쪽과 오른쪽을 연결하여 1000이 되도록 이어 보세요.

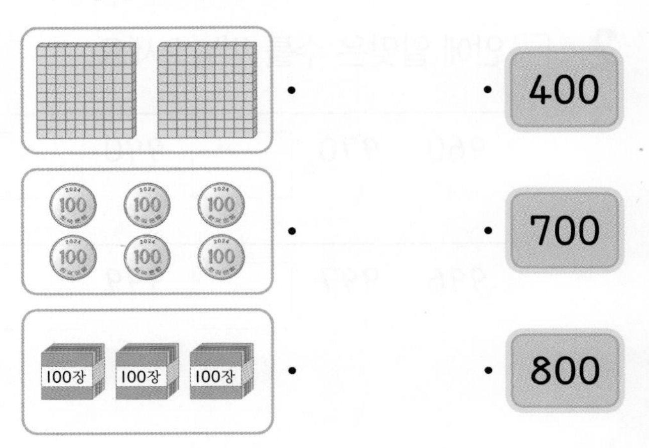

창의형

06 보기 와 같이 1000을 넣어 문장을 만들어 보세요.

보기
나는 종이배를 1000개 접었어.

07 100과 1000을 이용하여 5000을 나타내려고 합니다. 1000을 몇 개 그려야 하는지 구해 보세요.

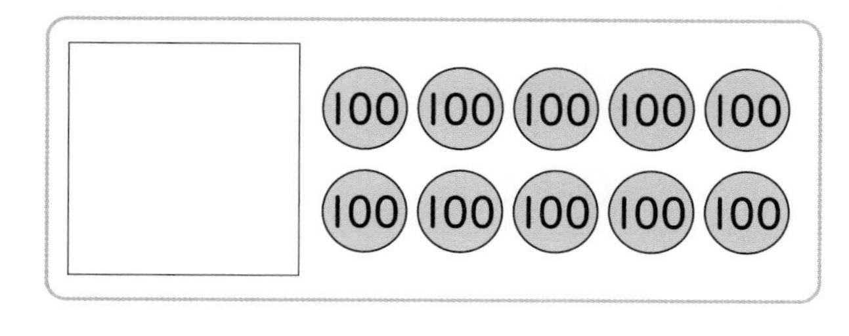

( )

디지털 문해력

08 준호가 올린 온라인 게시물입니다. 준호가 봉사 활동에 참여하여 배달한 연탄은 모두 몇 개인가요?

( )

서술형 문제

09 나타내는 수가 다른 하나를 찾아 기호를 쓰려고 합니다. 풀이 과정을 쓰고, 답을 구해 보세요.

㉠ 천 모형이 4개인 수
㉡ 천 모형이 3개, 백 모형이 10개인 수
㉢ 백 모형이 30개인 수

❶ ㉠은 [ ], ㉡은 [ ], ㉢은 [ ]을/를 나타냅니다.

❷ 따라서 나타내는 수가 다른 하나는 [ ]입니다.

답 ______

10 나타내는 수가 다른 하나를 찾아 기호를 쓰려고 합니다. 풀이 과정을 쓰고, 답을 구해 보세요.

㉠ 천 모형이 5개인 수
㉡ 천 모형이 3개, 백 모형이 10개인 수
㉢ 백 모형이 40개인 수

답 ______

1 단원 1회

학습 결과에 색칠하세요.

2회 개념 학습

학습일: 월 일

개념 1 네 자리 수 알기

천 모형	백 모형	십 모형	일 모형
1000이 2개	100이 1개	10이 4개	1이 5개
이천	백	사십	오

1000이 2개, 100이 1개, 10이 4개, 1이 5개이면 2 1 4 5 이고 이천백사십오라고 읽습니다.

참고 자리의 숫자가 1이면 자릿값만 읽고, 0이면 읽지 않습니다.

확인 1 □ 안에 알맞은 수를 써넣으세요.

1000이 4개, 100이 2개, 10이 5개, 1이 7개이면 □ 입니다.

개념 2 각 자리의 숫자가 나타내는 수

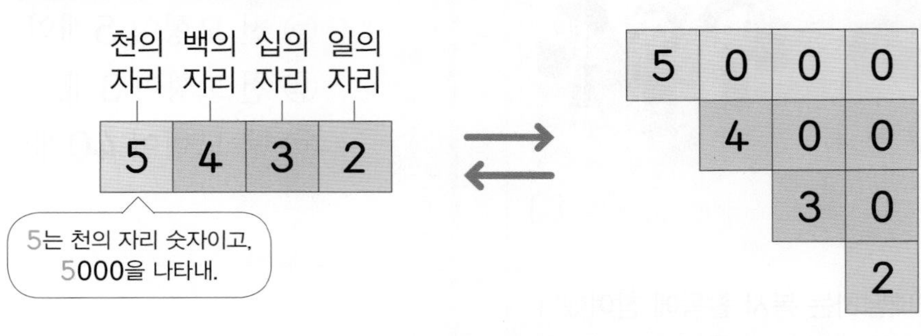

5432=5000+400+30+2

확인 2 □ 안에 알맞은 수를 써넣으세요.

7392

천의 자리 숫자는 □ 이고, □ 을/를 나타냅니다.

1 □ 안에 알맞은 수를 써넣으세요.

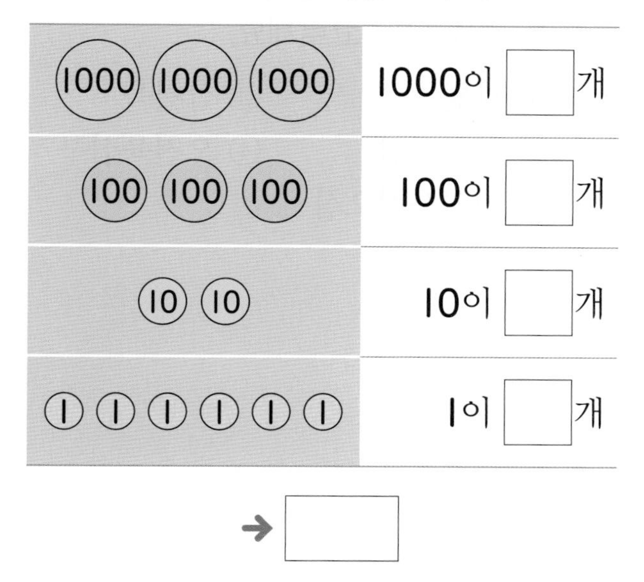

2 수를 바르게 읽어 보세요.

8903	

3 수를 보고 빈칸에 알맞은 수를 써넣으세요.

3598

	천의 자리	백의 자리	십의 자리	일의 자리
숫자				
나타내는 수				

4 □ 안에 알맞은 수를 써넣으세요.

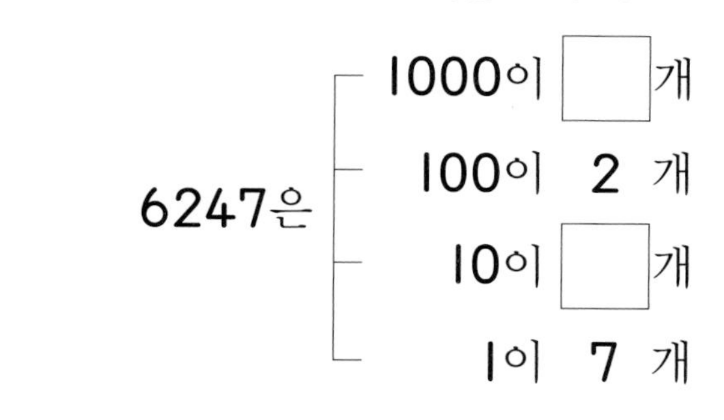

5 밑줄 친 숫자 7이 나타내는 수에 ○표 하세요.

(1)

29<u>7</u>5	7000	700	70	7

(2)

<u>7</u>418	7000	700	70	7

6 숫자 8이 8000을 나타내는 수를 찾아 색칠해 보세요.

2830　4078　8126　5983

2회 문제 학습

01 수 모형이 나타내는 수를 써 보세요.

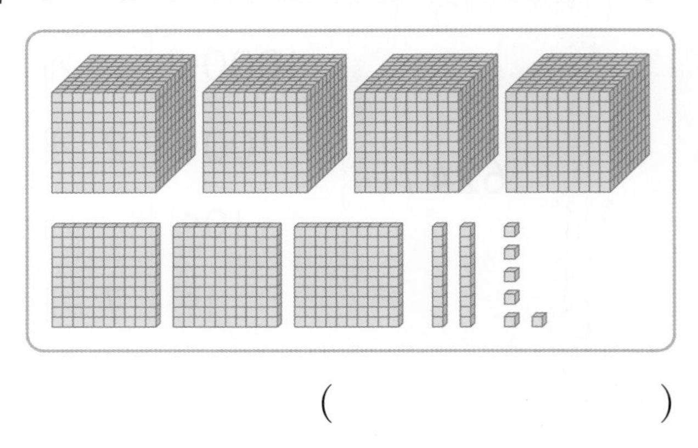

( )

02 보기와 같이 네 자리 수를 각 자리의 숫자가 나타내는 수의 합으로 나타내 보세요.

보기

3 5 9 8
= 3000 + 500 + 90 + 8

8 1 4 6
= □ + □ + □ + 6

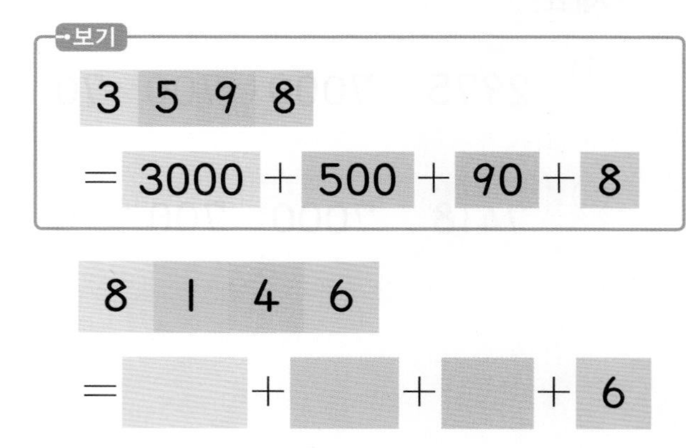

03 백의 자리 숫자가 1인 수를 찾아 ○표 하세요.

2418	5104	9073
( )	( )	( )

04 다음 중 수로 나타낼 때 0을 2개 써야 하는 것을 모두 고르세요. ( )

① 팔천 ② 삼천육
③ 구천이십 ④ 오천육십구
⑤ 칠천사백오십

05 시우가 고른 수 카드를 찾아 색칠해 보세요.

9092	8399	9459

06 2013을 (1000), (100), (10), (1)을 이용하여 나타내 보세요.

07 숫자 4가 나타내는 수가 가장 큰 것을 찾아 ○표 하세요.

4625	1004	9480	5743

08 과자 봉지의 바코드에 있는 수에 대한 설명으로 잘못된 것을 찾아 기호를 써 보세요.

㉠ 이천사백구라고 읽습니다.
㉡ 1000이 2개, 100이 4개, 10이 9개인 수입니다.
㉢ 백의 자리 숫자는 4입니다.

( )

창의형

09 4장의 수 카드를 한 번씩만 사용하여 십의 자리 숫자가 60을 나타내는 네 자리 수를 만들어 보세요.

3 7 1 6

( )

서술형 문제

10 다음 수에서 ㉠이 나타내는 수와 ㉡이 나타내는 수를 각각 구하려고 합니다. 풀이 과정을 쓰고, 답을 구해 보세요.

3 8 6 8
(㉠: 두 번째 8, ㉡: 네 번째 8)

❶ ㉠의 숫자 8은 □의 자리 숫자이므로 □을/를 나타냅니다.

❷ ㉡의 숫자 8은 □의 자리 숫자이므로 □을/를 나타냅니다.

답 ㉠: , ㉡:

11 다음 수에서 ㉠이 나타내는 수와 ㉡이 나타내는 수를 각각 구하려고 합니다. 풀이 과정을 쓰고, 답을 구해 보세요.

7 2 1 7
(㉠: 첫 번째 7, ㉡: 네 번째 7)

답 ㉠: , ㉡:

1 단원 2회

학습 결과에 색칠하세요.

3회 개념 학습

학습일: 월 일

개념 1 뛰어 세기

- 1000씩 뛰어 세면 천의 자리 수가 1씩 커집니다.

0 1000 2000 3000 4000 5000 6000 7000 8000 9000

- 100씩 뛰어 세면 백의 자리 수가 1씩 커집니다.

9000 9100 9200 9300 9400 9500 9600 9700 9800 9900

- 10씩 뛰어 세면 십의 자리 수가 1씩 커집니다.

9900 9910 9920 9930 9940 9950 9960 9970 9980 9990

- 1씩 뛰어 세면 일의 자리 수가 1씩 커집니다.

9990 9991 9992 9993 9994 9995 9996 9997 9998 9999

확인 1 1000씩 뛰어 세어 보세요.

4500	5500		7500		9500

개념 2 수의 크기 비교하기

네 자리 수의 크기를 비교할 때에는 천, 백, 십, 일의 자리 순서로 비교합니다.

4500 (>) 2800 — 천의 자리 수를 비교해요.

3840 (>) 3560 — 천의 자리 수가 같으면 백의 자리 수를 비교해요.

2491 (<) 2497 — 천, 백, 십의 자리 수가 모두 같으면 일의 자리 수를 비교해요.

확인 2 수 모형을 보고 두 수의 크기를 비교하여 ○ 안에 > 또는 <를 알맞게 써넣으세요.

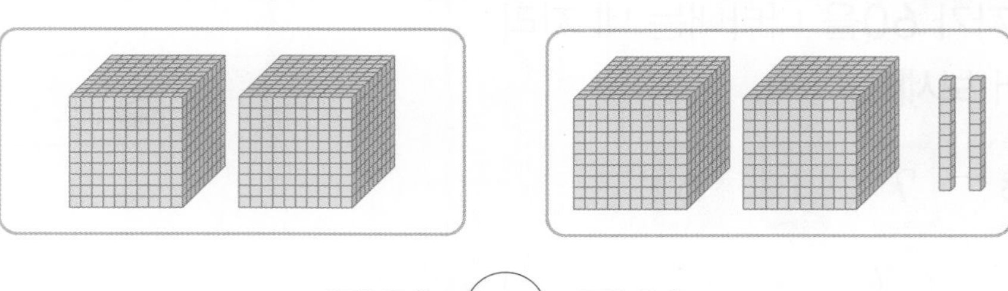

2000 ○ 2020

1 100씩 뛰어 세어 보세요.

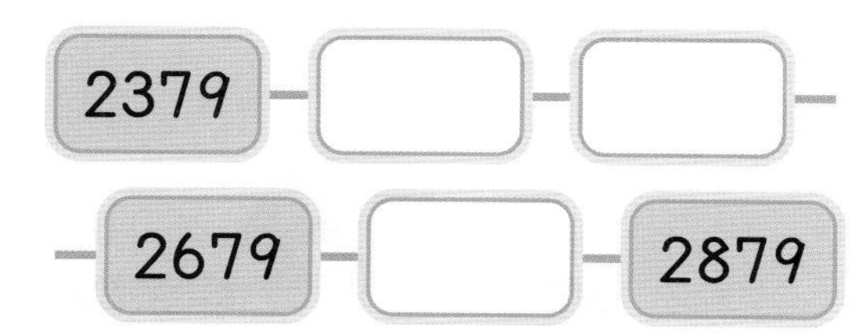

2 10씩 뛰어 세어 보세요.

8420 – 8430 – □ – 8450 – □ – □

3 빈칸에 알맞은 수를 쓰고, 두 수의 크기를 비교하여 ○ 안에 > 또는 <를 알맞게 써넣으세요.

	천의 자리	백의 자리	십의 자리	일의 자리
9742 →	9	7	4	2
9518 →				

9742 ○ 9518

4 네 자리 수의 크기를 비교하는 방법을 바르게 말한 사람은 누구인가요?

(   )

5 뛰어 센 규칙을 찾아 □ 안에 알맞은 수를 써넣으세요.

2301 – 3301 – 4301 – 5301 – 6301 – 7301

→ □씩 뛰어 세었습니다.

6 두 수의 크기를 비교하여 ○ 안에 > 또는 <를 알맞게 써넣으세요.

(1) 4152 ○ 3428

(2) 6031 ○ 6035

1 단원 3회

01 뛰어 센 규칙을 찾아 빈칸에 알맞은 수를 써넣으세요.

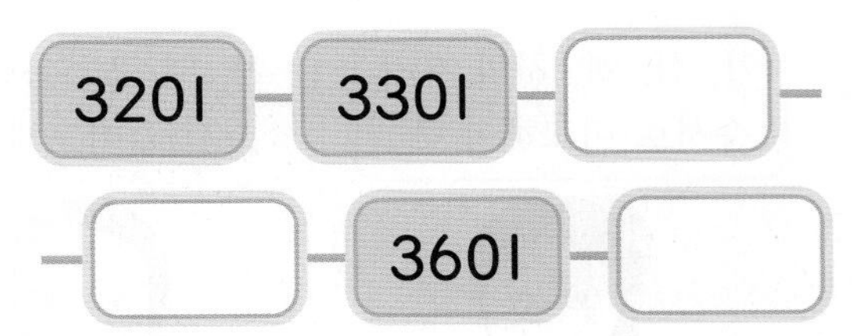

| 02~03 | 유준이와 다은이가 나눈 대화를 보고 물음에 답하세요.

02 유준이의 방법으로 뛰어 세어 보세요.

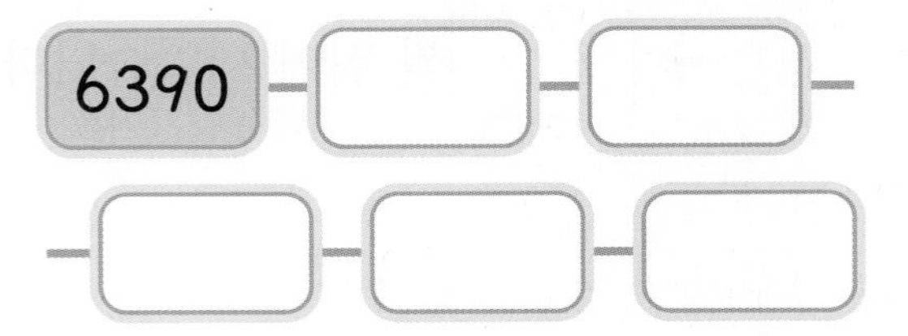

03 다은이의 방법으로 뛰어 세어 보세요.

6390

04 두 수의 크기를 비교하여 더 작은 수에 ○표 하세요.

창의형

05 여러 가지 방법으로 뛰어 세어 빈칸에 알맞은 수를 써넣으세요.

디지털 문해력

06 어느 박물관 누리집을 보고 어제와 오늘 중 누리집에 방문한 사람 수가 더 많은 날은 언제인지 구해 보세요.

(   )

07 2770부터 100씩 커지는 수 카드입니다. 빈칸에 알맞은 수를 써넣으세요.

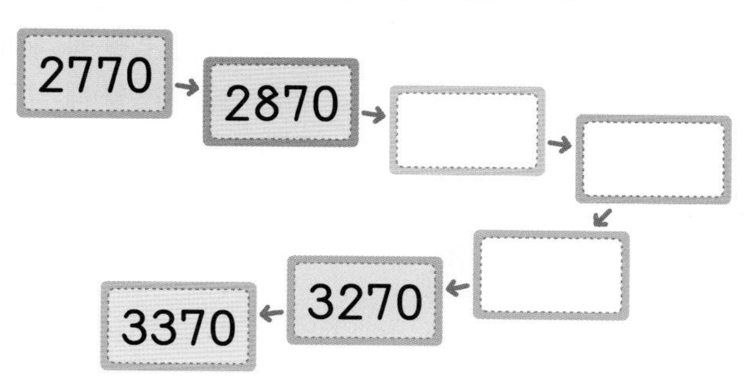

08 수빈이의 통장에는 9월에 4650원이 있었습니다. 한 달에 1000원씩 계속 저금한다면 10월, 11월, 12월에는 각각 얼마가 될까요?

9월	10월	11월	12월
4650원			

09 나타내는 수가 더 큰 것의 기호를 써 보세요.

㉠ 1000이 3개, 100이 2개, 10이 7개, 1이 9개인 수
㉡ 삼천백일

(　　　　　　　　)

서술형 문제

10 세 수의 크기를 비교하여 가장 큰 수를 찾아 쓰려고 합니다. 풀이 과정을 쓰고, 답을 구해 보세요.

8005　7989　8023

❶ 세 수의 천의 자리 수를 비교하면 8 ◯ 7이므로 가장 작은 수는 ☐입니다.

❷ 8005와 8023의 십의 자리 수를 비교하면 0 ◯ 2이므로 가장 큰 수는 ☐입니다.

답 ______

11 세 수의 크기를 비교하여 가장 작은 수를 찾아 쓰려고 합니다. 풀이 과정을 쓰고, 답을 구해 보세요.

5275　6013　5209

답 ______

1 단원 3회

학습 결과에 색칠하세요.

4회 응용 학습

학습일: 월 일

냔 돈을 보고 물건의 가격 구하기

01 은서는 크림빵과 피자빵을 각각 한 개씩 사고 다음과 같이 돈을 냈습니다. 피자빵의 가격을 구해 보세요.

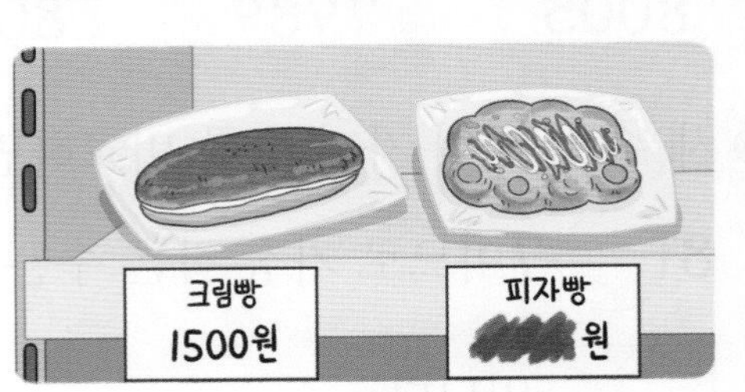

1단계 은서가 낸 돈에서 크림빵 한 개의 가격만큼 /으로 지우기

2단계 피자빵의 가격 구하기

( )

문제해결 TIP

낸 돈에서 크림빵 한 개의 가격만큼 돈을 지웠을 때 남은 돈이 피자빵의 가격이에요.

02 영석이가 볼펜 한 자루와 가위 한 개를 사고 다음과 같이 돈을 냈습니다. 가위의 가격을 구해 보세요.

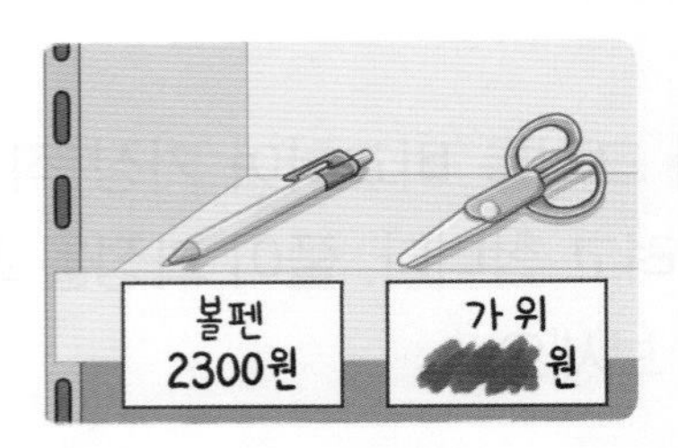

( )

03 재은이가 딸기우유, 초코우유, 바나나우유를 각각 한 개씩 사고 다음과 같이 돈을 냈습니다. 바나나우유의 가격을 구해 보세요.

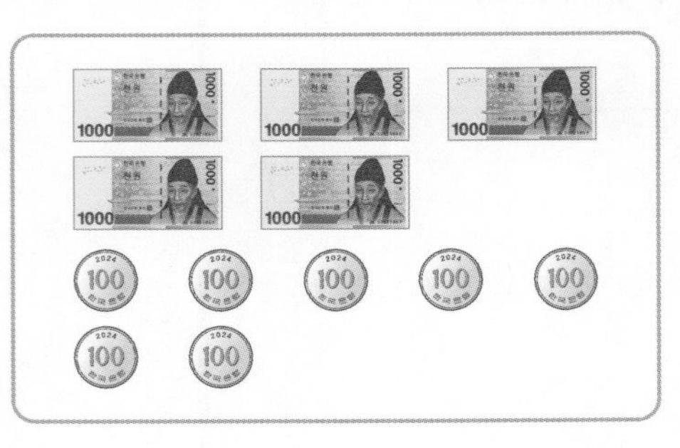

헷갈리지 않게 딸기우유는 /으로, 초코우유는 ×로 지워 봐.

( )

뛰어 센 수 구하기

04 칠판에 적힌 수에서 100씩 3번 뛰어 센 수를 구해 보세요.

1000이 4개, 100이 5개, 10이 2개인 네 자리 수

1단계 칠판에 적힌 수 구하기

(　　　　　　　　)

2단계 칠판에 적힌 수에서 100씩 3번 뛰어 센 수 구하기

(　　　　　　　　)

문제해결 TIP

1000이 ㉠개, 100이 ㉡개, 10이 ㉢개, 1이 ㉣개인 수
→ ㉠㉡㉢㉣

05 설명하는 수에서 100씩 거꾸로 4번 뛰어 센 수를 구해 보세요.

천의 자리 숫자가 7, 백의 자리 숫자가 5, 십의 자리 숫자가 2, 일의 자리 숫자가 8인 네 자리 수

(　　　　　　　　)

06 설명하는 네 자리 수에서 10씩 5번 뛰어 센 수를 구해 보세요.

- 1000보다 크고 2000보다 작습니다.
- 백의 자리 숫자는 600을 나타냅니다.
- 십의 자리 숫자는 4, 일의 자리 숫자는 8입니다.

(　　　　　　　　)

1000보다 크고 2000보다 작은 네 자리 수는 1□□□로 쓸 수 있어!

수 카드로 수 만들기

07 4장의 수 카드를 한 번씩만 사용하여 네 자리 수를 만들려고 합니다. 만들 수 있는 네 자리 수 중 가장 큰 수를 구해 보세요.

9 2 6 8

1단계 수의 크기 비교하기

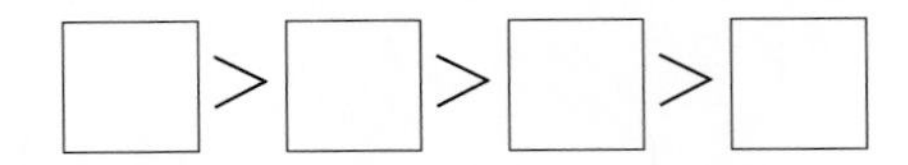

2단계 만들 수 있는 네 자리 수 중 가장 큰 수 구하기

( )

문제해결 TIP

- 가장 큰 네 자리 수 만들기
  → 천의 자리부터 큰 수를 차례로 놓아요.
- 가장 작은 네 자리 수 만들기
  → 천의 자리부터 작은 수를 차례로 놓아요.

08 4장의 수 카드를 한 번씩만 사용하여 네 자리 수를 만들려고 합니다. 만들 수 있는 네 자리 수 중 가장 작은 수를 구해 보세요.

3 5 2 8

( )

09 4장의 수 카드를 한 번씩만 사용하여 네 자리 수를 만들려고 합니다. 만들 수 있는 네 자리 수 중 가장 큰 수와 가장 작은 수를 각각 구해 보세요.

 0 4 

7 0 4 1

가장 큰 수 ( )

가장 작은 수 ( )

네 자리 수를 만들 때 천의 자리에 0은 올 수 없어!

정답 5쪽

□ 안에 들어갈 수 있는 수 구하기

10 0부터 9까지의 수 중에서 □ 안에 들어갈 수 있는 수를 모두 구해 보세요.

6853 < 68□1

1단계 각 자리의 수 비교하기

6853과 68□1에서 천의 자리, 백의 자리 수는 같고, 일의 자리 수를 비교하면 3 ◯ 1입니다.

2단계 □ 안에 들어갈 수 있는 수 모두 구하기

(   )

문제해결 TIP

두 수의 십의 자리 수를 비교할 수 없으므로 일의 자리 수를 먼저 비교해요.

1 단원 4회

11 0부터 9까지의 수 중에서 □ 안에 들어갈 수 있는 수를 모두 찾아 ◯표 하세요.

3□97 < 3457

(0 , 1 , 2 , 3 , 4 , 5 , 6 , 7 , 8 , 9)

12 0부터 9까지의 수 중에서 □ 안에 들어갈 수 있는 가장 큰 수를 구해 보세요.

74□8 < 7453

(   )

두 수의 천의 자리, 백의 자리 수는 같고, 십의 자리 수를 비교할 수 없으니까 일의 자리 수를 비교하자!

학습 결과에 색칠하세요.

5회 마무리 평가

○ 학습일: 월 일

01 다음이 나타내는 수를 쓰고, 읽어 보세요.

100이 10개인 수

쓰기 (   )
읽기 (   )

02 돈은 모두 얼마인가요?

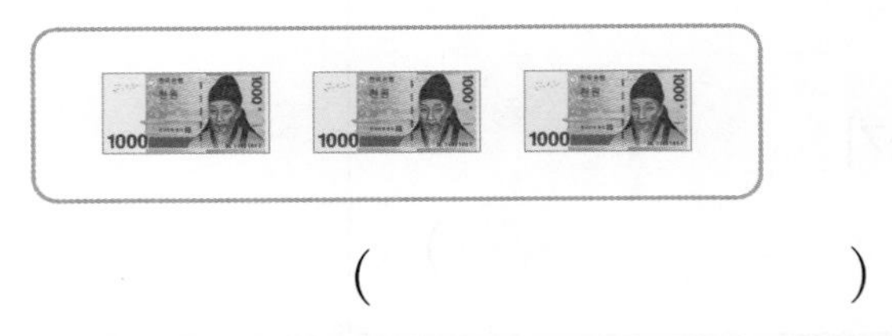

(   )

03 □ 안에 알맞은 수를 써넣으세요.

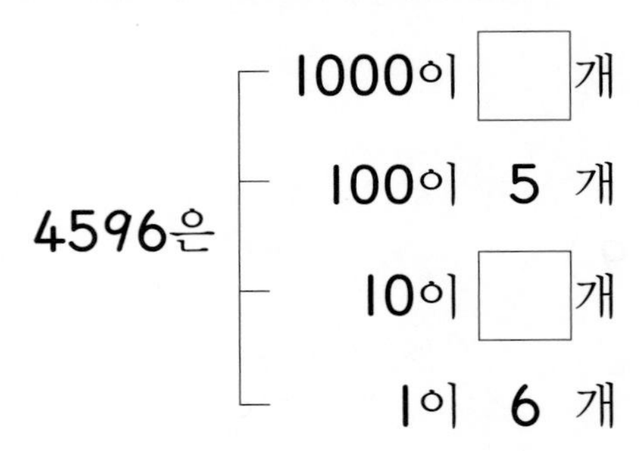

04 수를 보고 □ 안에 알맞은 수를 써넣으세요.

9427

천의 자리 숫자는 □이고,

□을/를 나타냅니다.

05 10씩 뛰어 세어 보세요.

06 모형을 보고 두 수의 크기를 비교하여 ○ 안에 > 또는 <를 알맞게 써넣으세요.

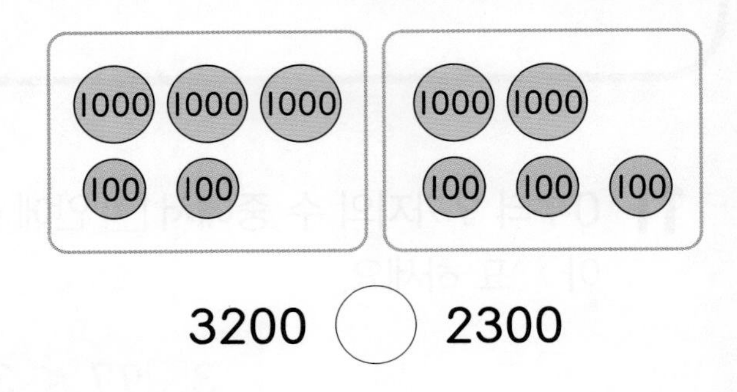

3200 ○ 2300

07 □ 안에 알맞은 수를 써넣으세요.

- 1000은 900보다 □만큼 더 큰 수입니다.
- 1000은 990보다 □만큼 더 큰 수입니다.

정답 6쪽

08 왼쪽과 오른쪽을 연결하여 1000이 되도록 이어 보세요.

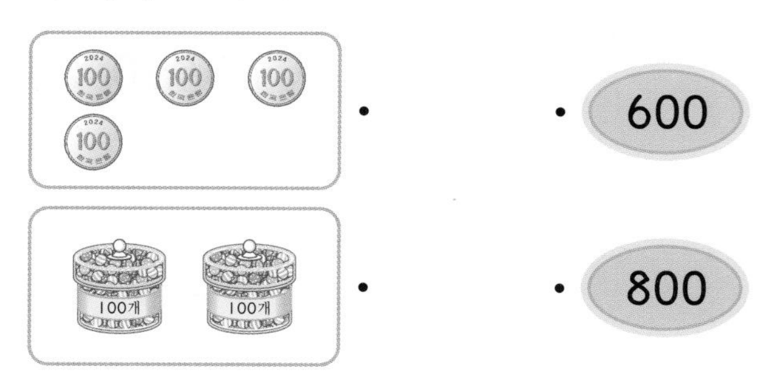

서술형

09 나타내는 수가 다른 하나를 찾아 기호를 쓰려고 합니다. 풀이 과정을 쓰고, 답을 구해 보세요.

㉠ 10개씩 10묶음인 수
㉡ 500보다 500만큼 더 큰 수
㉢ 800에서 100씩 2번 뛰어 센 수

답

10 바르게 설명한 사람은 누구인가요?

(　　　　　　　)

11 빨대가 한 통에 1000개씩 들어 있습니다. 빨대는 모두 몇 개인가요?

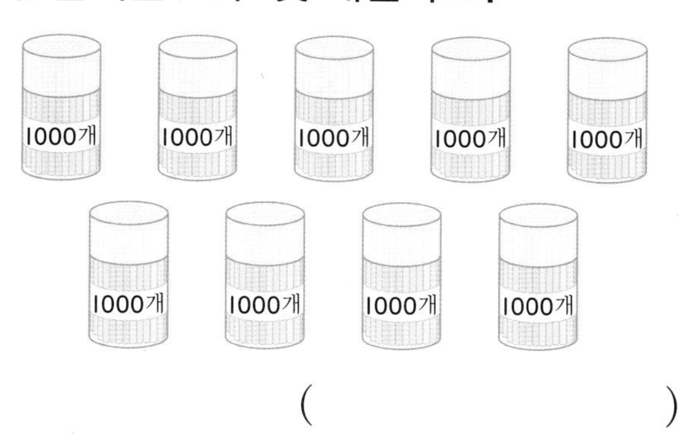

(　　　　　　　)

12 수로 나타낼 때 0을 2개 써야 하는 것을 찾아 ○표 하세요.

칠천이백구　　육천삼십　　이천십오

13 유주는 문구점에서 학용품을 사면서 천 원짜리 지폐 6장, 백 원짜리 동전 5개, 십 원짜리 동전 8개를 냈습니다. 유주가 낸 돈은 모두 얼마인가요?

(　　　　　　　)

14 33<u>3</u>3에서 밑줄 친 숫자 3이 나타내는 수만큼 색칠해 보세요.

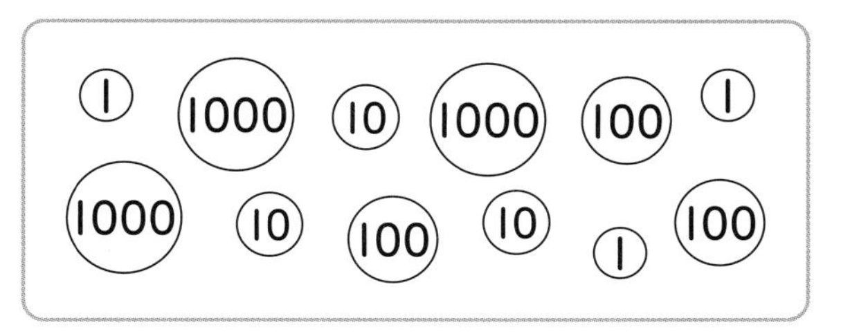

15 숫자 5가 나타내는 수가 가장 작은 것을 찾아 기호를 써 보세요.

㉠ 9265　　㉡ 2754
㉢ 5476　　㉣ 8523

(　　　　　　　)

16 뛰어 센 규칙을 찾아 빈칸에 알맞은 수를 써넣으세요.

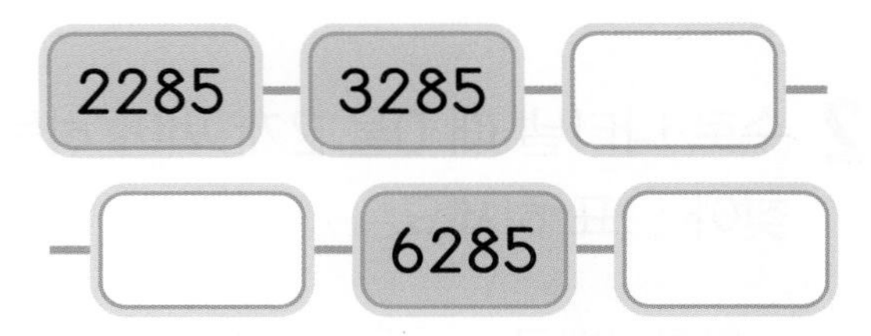

17 수에 해당하는 글자를 찾아 숨겨진 낱말을 완성해 보세요.

• 1000씩 뛰어 세기

①	3024	4024	희	소

• 1씩 뛰어 세기

②	6130	6131	원	망

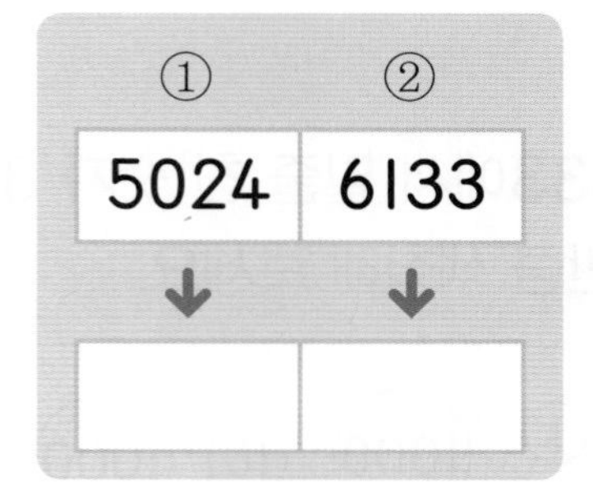

①	②
5024	6133
↓	↓

18 두 수의 크기를 비교하여 ○ 안에 > 또는 <를 알맞게 써넣으세요.

3800  3490

19 리아와 채율이는 햄버거를 주문하고 대기표를 받았습니다. 대기표에 쓰인 수 중 더 작은 수를 써 보세요.

(　　　　　　　)

20 4장의 수 카드를 한 번씩만 사용하여 네 자리 수를 만들려고 합니다. 만들 수 있는 수 중 백의 자리 숫자는 400을, 십의 자리 숫자는 20을 나타내는 수를 모두 구해 보세요.

9　2　5　4

(　　　　　　　)

21 천의 자리 숫자가 2, 백의 자리 숫자가 4인 네 자리 수 중에서 2496보다 큰 수는 모두 몇 개인가요?

( )

22 0부터 9까지의 수 중에서 □ 안에 들어갈 수 있는 수를 모두 구해 보세요.

8□45 > 8697

( )

서술형

23 세 수의 크기를 비교하여 가장 큰 수를 찾아 쓰려고 합니다. 풀이 과정을 쓰고, 답을 구해 보세요.

4913	1985	4802

답

수행 평가

| 24~25 | 서아네 동네에 있는 음료수 가게의 메뉴판입니다. 메뉴판을 보고 물음에 답하세요.

24 우유 한 잔의 값은 1000원입니다. 서아는 5000원으로 우유를 몇 잔까지 살 수 있는지 구해 보세요.

( )

25 서아가 6000원을 모두 사용하여 음료수 2잔을 사려고 합니다. 음료수를 살 수 있는 방법을 2가지 설명해 보세요.

학습 결과에 색칠하세요.

2 곱셈구구

이번에 배울 내용

회차	쪽수	학습 내용	학습 주제
1	28~31쪽	개념+문제 학습	2단 곱셈구구 / 5단 곱셈구구
2	32~35쪽	개념+문제 학습	3단 곱셈구구 / 6단 곱셈구구
3	36~39쪽	개념+문제 학습	4단 곱셈구구 / 8단 곱셈구구
4	40~43쪽	개념+문제 학습	7단 곱셈구구 / 9단 곱셈구구
5	44~47쪽	개념+문제 학습	1단 곱셈구구 / 0의 곱
6	48~51쪽	개념+문제 학습	곱셈표 만들기
7	52~55쪽	개념+문제 학습	곱셈구구를 이용하여 문제 해결하기
8	56~59쪽	응용 학습	
9	60~63쪽	마무리 평가	

문해력을 높이는 **어휘**

곱셈구구: 1부터 9까지의 수를 두 수끼리 서로 곱한 것

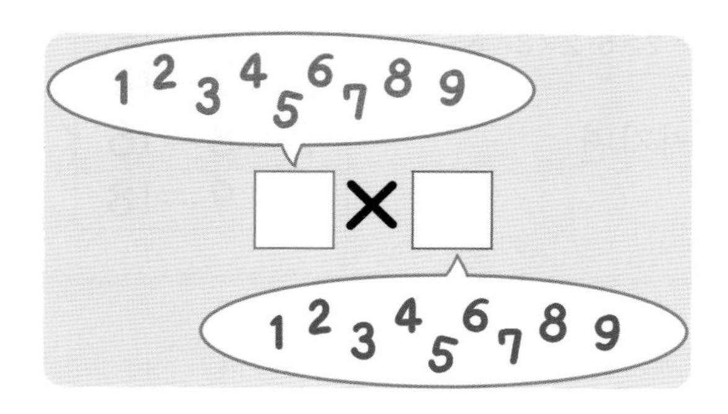

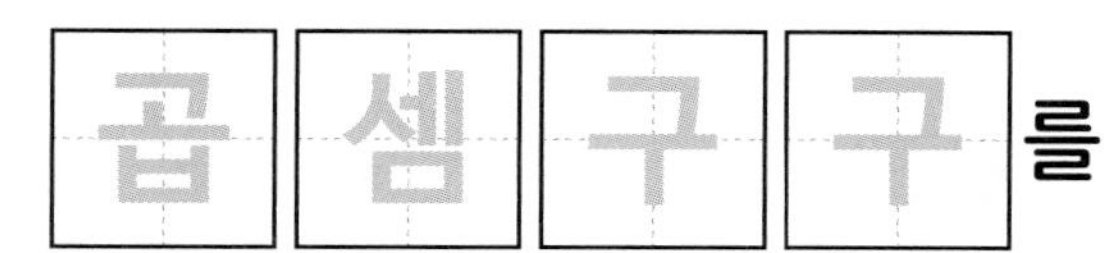

를

알면 계산이 빨라져요.

곱하는 수: 곱셈 또는 곱셈식에서 × 기호 뒤에 나오는 수

2 × 3 = 6에서 3이

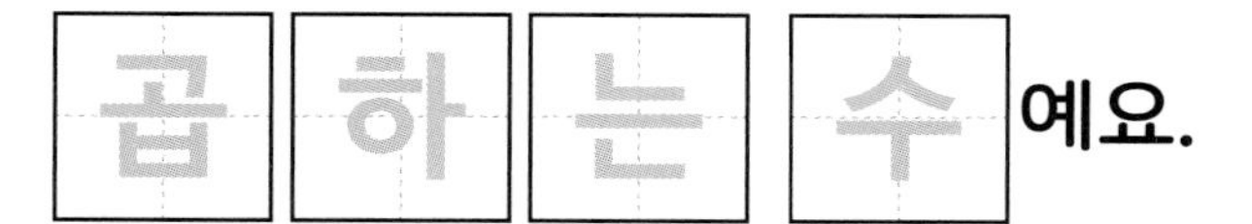

예요.

백과사전: 다양한 지식을 정리해 놓은 책

백 과 사 전 에서

우주에 관해 찾아 읽었어요.

(34쪽)

항상: 언제나 변함없이

지유는 항 상 아침 7시에

일어나요.

(44쪽)

1회 개념 학습

학습일: 월 일

개념 1 2단 곱셈구구

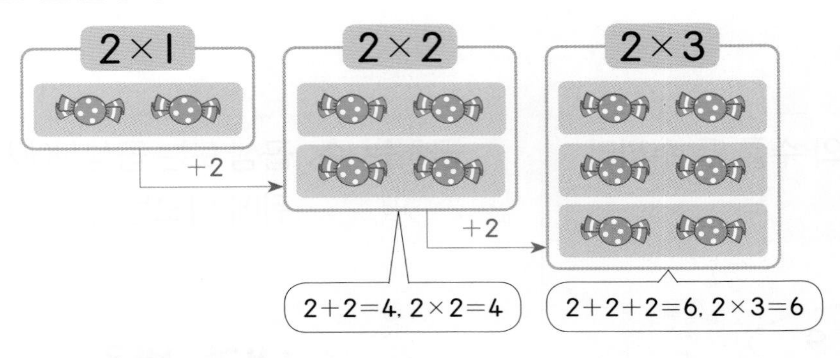

2단 곱셈구구	
$2\times1=2$	
$2\times2=4$	+2
$2\times3=6$	+2
$2\times4=8$	+2
$2\times5=10$	+2
$2\times6=12$	+2
$2\times7=14$	+2
$2\times8=16$	+2
$2\times9=18$	+2

➔ 2단 곱셈구구에서 곱하는 수가 1씩 커지면 곱은 2씩 커집니다.

확인 1 그림을 보고 □ 안에 알맞은 수를 써넣으세요.

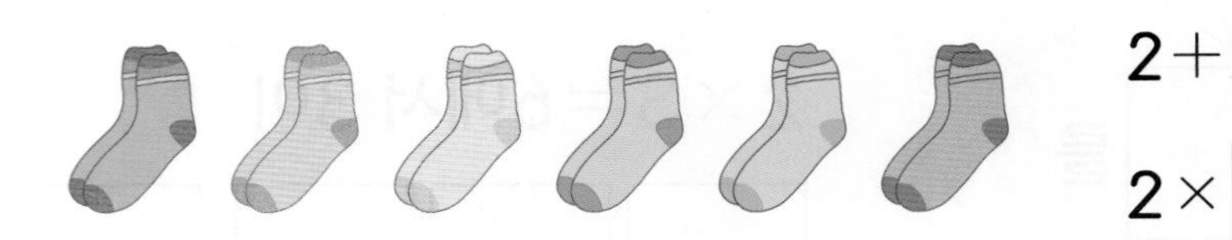

$2+2+2+2+2+2=\square$

$2\times\square=\square$

개념 2 5단 곱셈구구

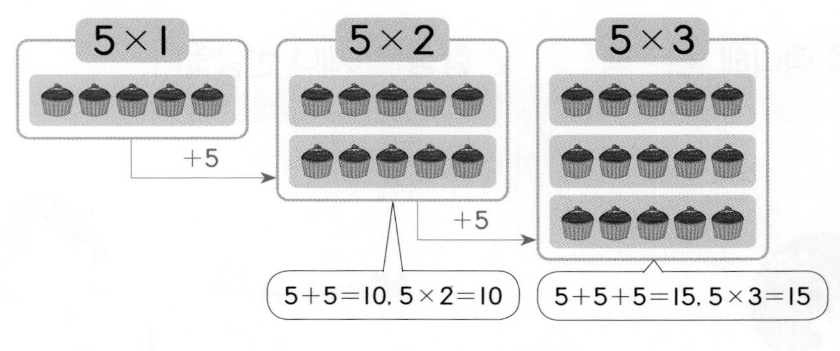

5단 곱셈구구	
$5\times1=5$	
$5\times2=10$	+5
$5\times3=15$	+5
$5\times4=20$	+5
$5\times5=25$	+5
$5\times6=30$	+5
$5\times7=35$	+5
$5\times8=40$	+5
$5\times9=45$	+5

➔ 5단 곱셈구구에서 곱하는 수가 1씩 커지면 곱은 5씩 커집니다.

확인 2 그림을 보고 □ 안에 알맞은 수를 써넣으세요.

$5+5+5=\square$

$5\times\square=\square$

1 그림을 보고 □ 안에 알맞은 수를 써넣으세요.

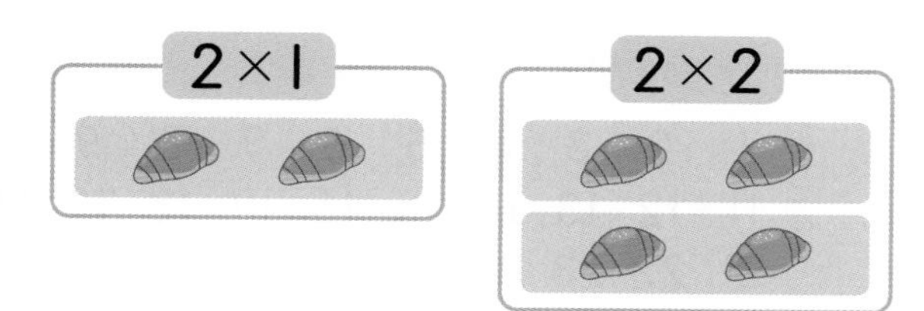

2×2는 2×1보다 □만큼 더 큽니다.

2 5×5를 계산하는 방법을 알아보세요.

(1) 5씩 5번 더해서 계산해 보세요.

5×5
=5+5+□+□+□
=□

(2) 5×4에 5를 더해서 계산해 보세요.

5×4= 20
5×5=□ +□

3 그림을 보고 □ 안에 알맞은 수를 써넣으세요.

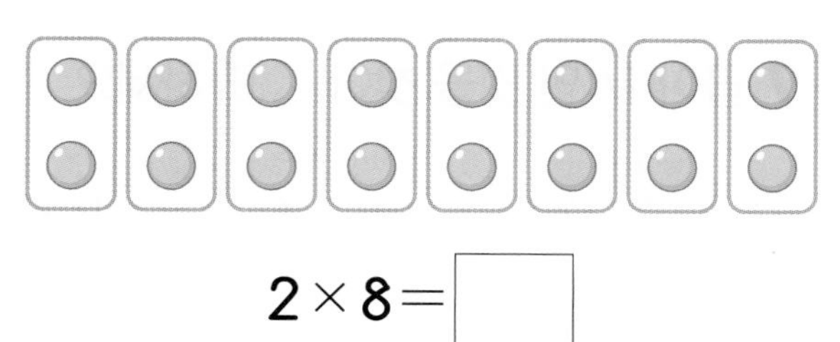

2×8=□

4 5개씩 묶고, 곱셈식으로 나타내 보세요.

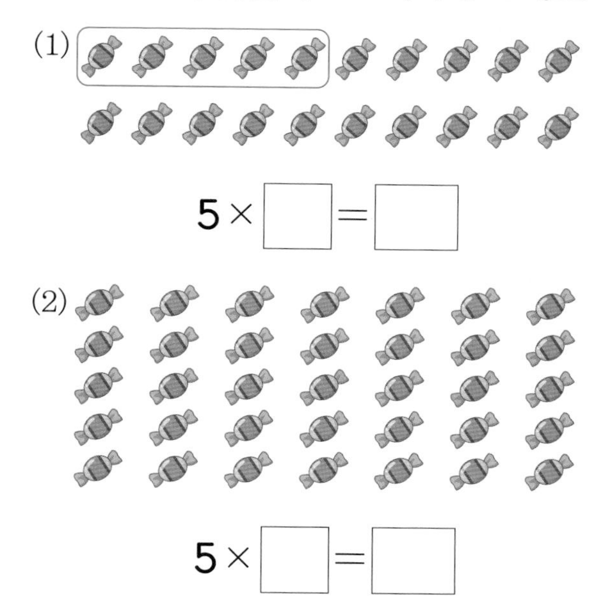

(1) 5×□=□

(2) 5×□=□

5 □ 안에 알맞은 수를 써넣으세요.

(1) 2×9=□

(2) 5×8=□

6 □ 안에 알맞은 수를 써넣으세요.

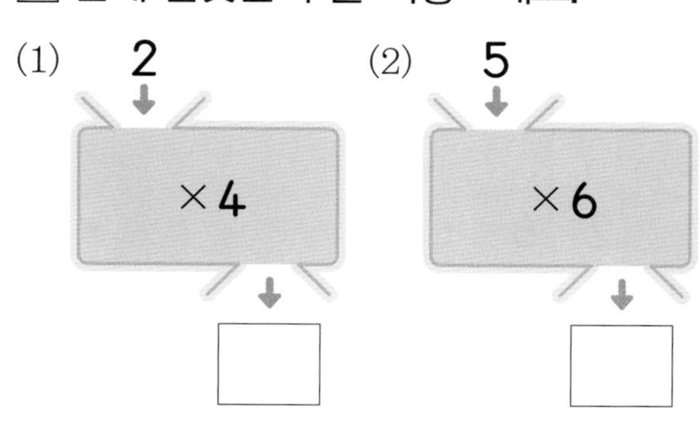

2 단원 1회

1회 문제 학습

01 그림을 보고 □ 안에 알맞은 수를 써넣으세요.

(1)

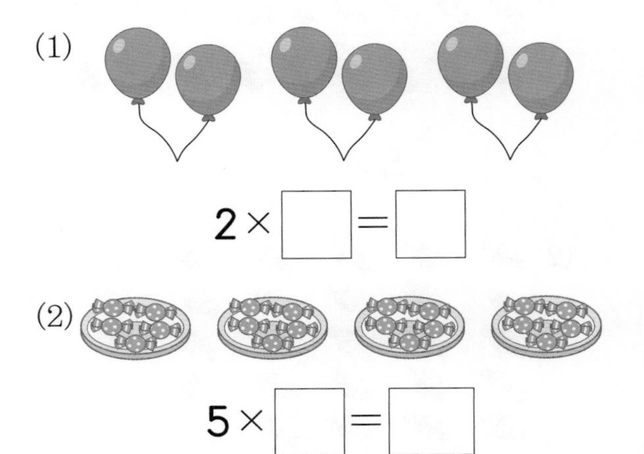

2 × □ = □

(2)

5 × □ = □

02 □ 안에 알맞은 수를 써넣으세요.

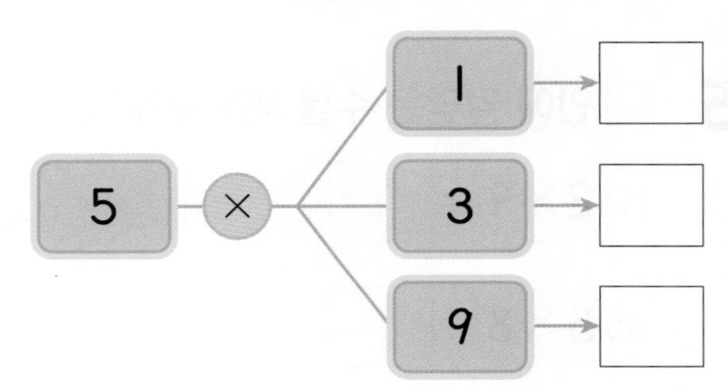

03 2단 곱셈구구의 값을 찾아 이어 보세요.

04 5단 곱셈구구의 값을 모두 찾아 ○표 하세요.

1	2	3	4	5	6	7	8	9	10
11	12	13	14	15	16	17	18	19	20
21	22	23	24	25	26	27	28	29	30
31	32	33	34	35	36	37	38	39	40

05 오리의 다리는 모두 몇 개인지 곱셈식으로 나타내 보세요.

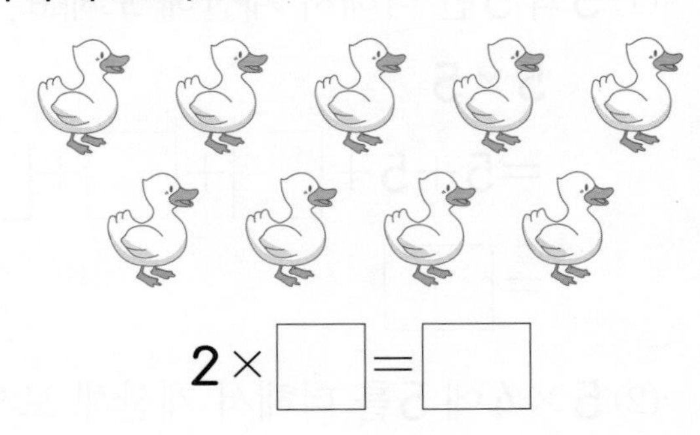

2 × □ = □

06 크기를 비교하여 ○ 안에 > 또는 <를 알맞게 써넣으세요.

5×7 ○ 40

07 곱이 14인 것을 찾아 ○표 하세요.

2×5	2×6	2×7
(　　)	(　　)	(　　)

창의형

08 보기 와 같이 막대를 색칠해 보고, 색칠한 막대의 길이는 몇 cm인지 구해 보세요.

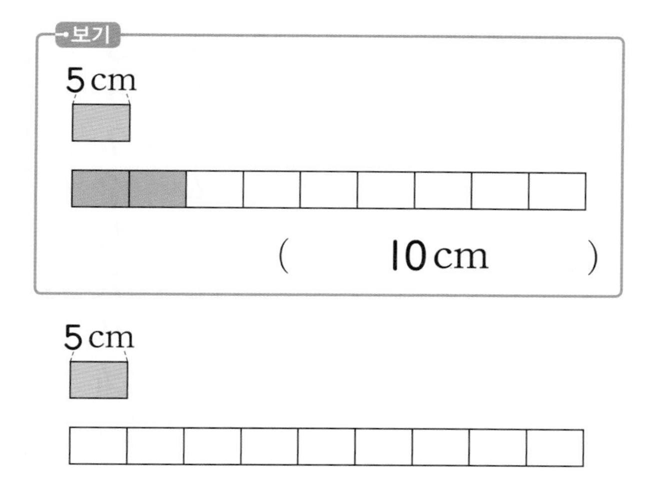

( )

09 2×7은 2×4보다 얼마나 더 큰지 ○를 그려서 나타내고, □ 안에 알맞은 수를 써넣으세요.

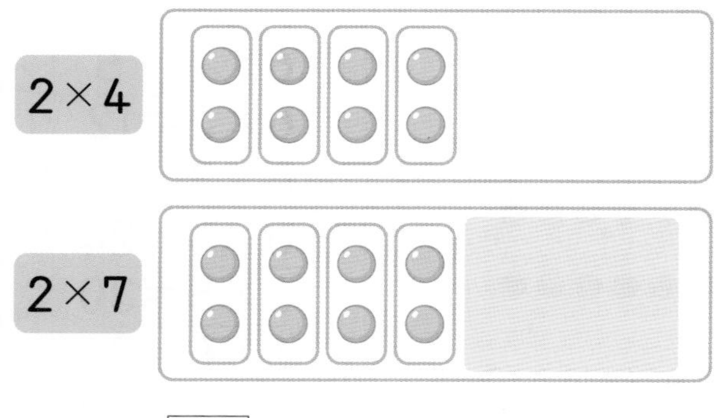

$2\times4=$ □ 입니다.

2×7은 2×4보다 □ 씩 □ 묶음이 더 많으므로 □ 만큼 더 큽니다.

서술형 문제

10 2×5를 계산하는 방법을 잘못 말한 사람의 이름을 쓰고, 바르게 고쳐 보세요.

이름 ❶ □

바르게 고치기 ❷ 2×4에 □ 을/를 더해서 구할 수 있어.

11 5×6을 계산하는 방법을 잘못 말한 사람을 찾아 이름을 쓰고, 바르게 고쳐 보세요.

5씩 5번 더해서 계산할 수 있어.

5×5에 5를 더해서 계산할 수 있어.

예나 서진

이름

바르게 고치기

2 단원 1회

학습 결과에 색칠하세요.

2회 개념 학습

학습일: 월 일

개념1 3단 곱셈구구

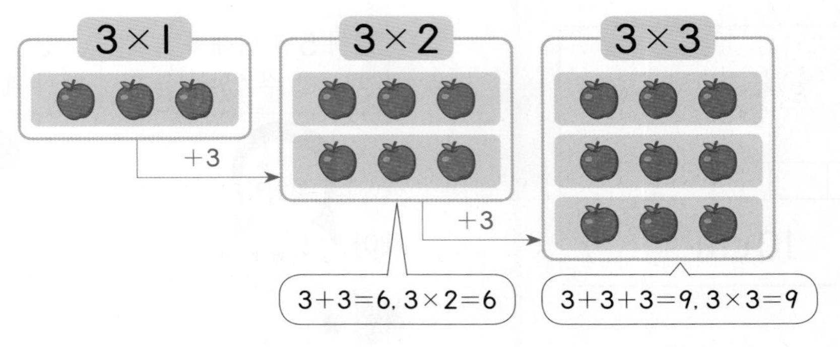

➔ 3단 곱셈구구에서 곱하는 수가 1씩 커지면 곱은 3씩 커집니다.

$3\times1=3$ (+3)
$3\times2=6$ (+3)
$3\times3=9$ (+3)
$3\times4=12$ (+3)
$3\times5=15$ (+3)
$3\times6=18$ (+3)
$3\times7=21$ (+3)
$3\times8=24$ (+3)
$3\times9=27$

확인1 그림을 보고 □ 안에 알맞은 수를 써넣으세요.

$3+3+3+3=\square$

$3\times\square=\square$

개념2 6단 곱셈구구

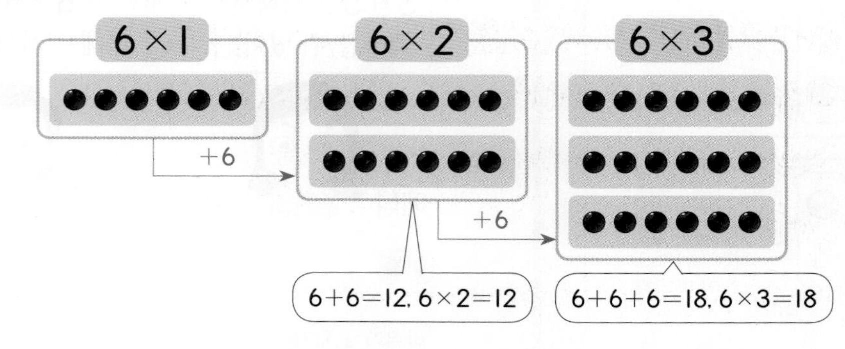

➔ 6단 곱셈구구에서 곱하는 수가 1씩 커지면 곱은 6씩 커집니다.

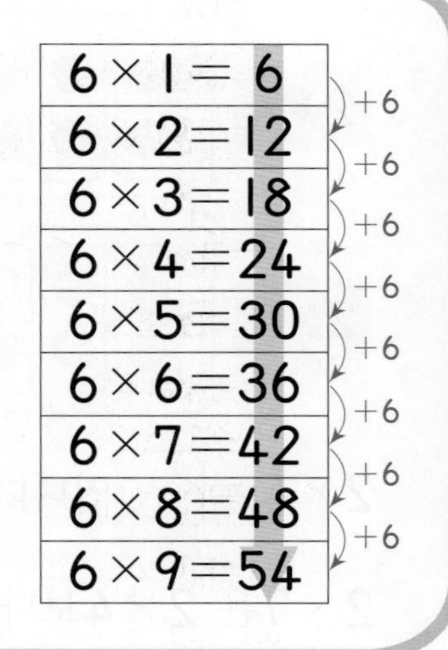
$6\times1=6$ (+6)
$6\times2=12$ (+6)
$6\times3=18$ (+6)
$6\times4=24$ (+6)
$6\times5=30$ (+6)
$6\times6=36$ (+6)
$6\times7=42$ (+6)
$6\times8=48$ (+6)
$6\times9=54$

확인2 그림을 보고 □ 안에 알맞은 수를 써넣으세요.

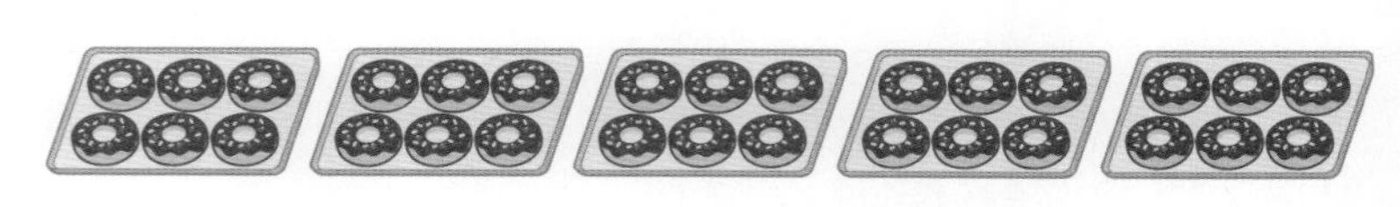

$6+6+6+6+6=\square$

$6\times\square=\square$

1 □ 안에 알맞은 수를 써넣으세요.

$6 \times 4 = 24$
$6 \times 5 = 30$
$6 \times 6 = 36$

6단 곱셈구구에서 곱하는 수가 1씩 커지면 곱은 □씩 커집니다.

2 3×6을 계산하는 방법을 알아보세요.

(1) 3씩 6번 더해서 계산해 보세요.

3×6
$= 3 + 3 + 3 + \square + \square + \square$
$= \square$

(2) 3×5에 3을 더해서 계산해 보세요.

$3 \times 5 = 15$) $+ \square$
$3 \times 6 = \square$

3 그림을 보고 □ 안에 알맞은 수를 써넣으세요.

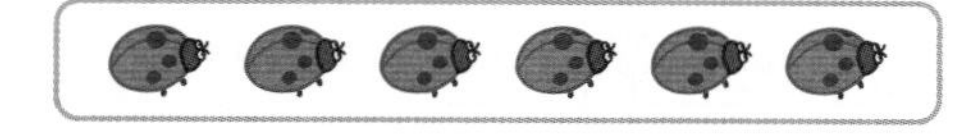

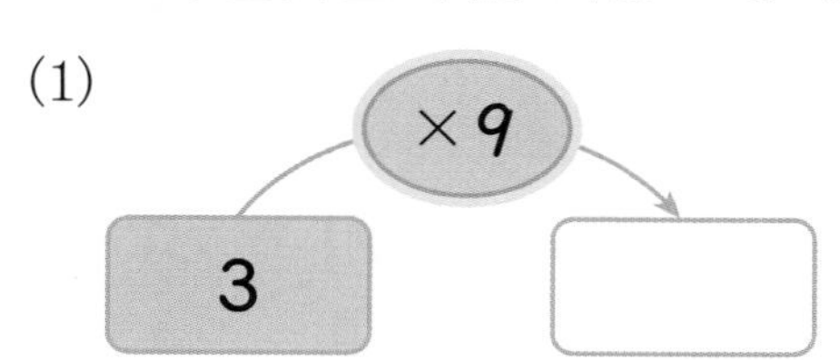

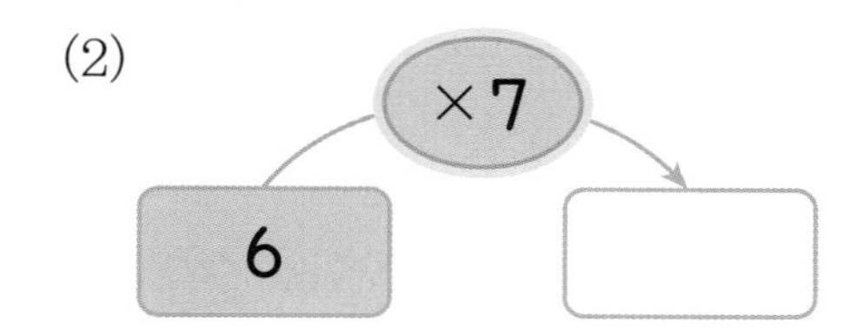

$6 \times 3 = \square$

4 그림을 보고 □ 안에 알맞은 수를 써넣으세요.

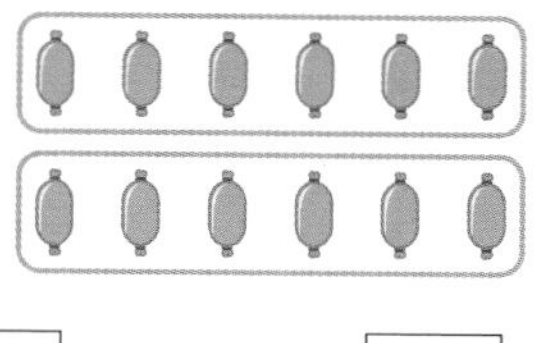

6의 □배 ➔ $6 \times \square = \square$

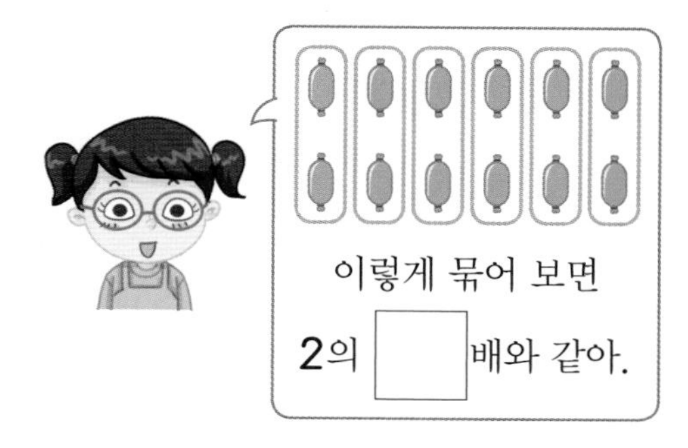

5 □ 안에 알맞은 수를 써넣으세요.

(1) $3 \times 2 = \square$

(2) $6 \times 6 = \square$

6 빈칸에 알맞은 수를 써넣으세요.

(1) 3 → ×9 → □

(2) 6 → ×7 → □

01 그림을 보고 □ 안에 알맞은 수를 써넣으세요.

(1) 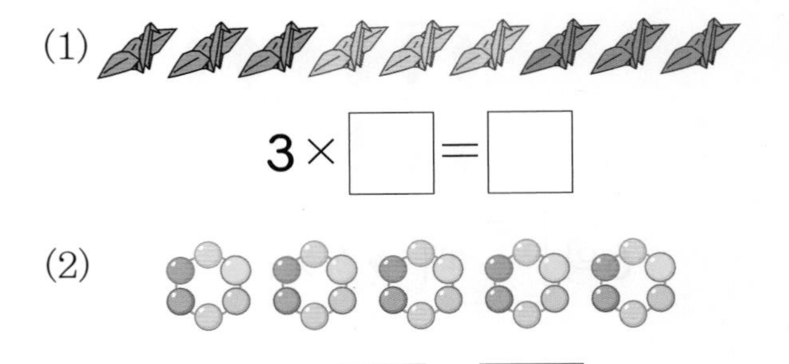

$3 \times \square = \square$

(2)

$6 \times \square = \square$

02 빈칸에 알맞은 수를 써넣으세요.

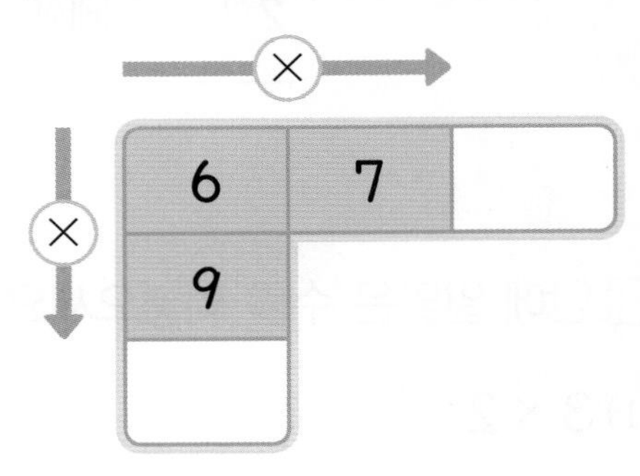

03 3단 곱셈구구의 값을 찾아 가장 작은 수부터 차례로 이어 보세요.

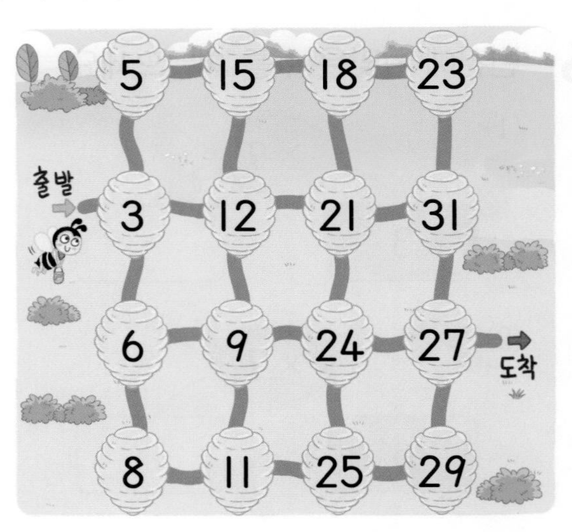

디지털 문해력

04 온라인 백과사전을 보고 벌 4마리의 다리는 모두 몇 개인지 곱셈식으로 나타내 보세요.

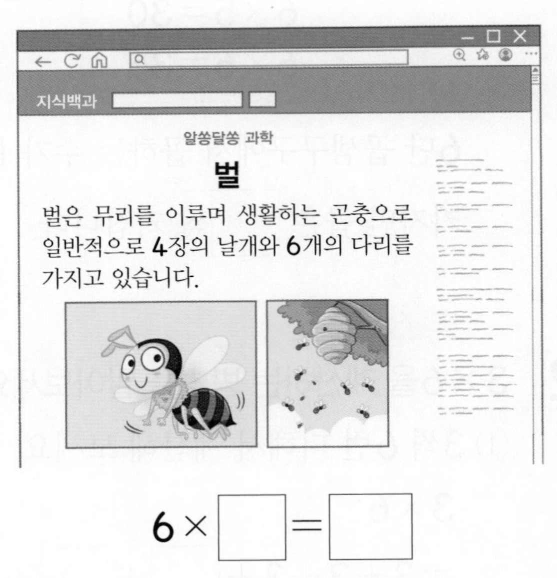

$6 \times \square = \square$

05 옳은 곱셈식을 찾아 ○표 하세요.

$3 \times 7 = 18$	$3 \times 8 = 24$
(　　)	(　　)

06 수직선을 보고 □ 안에 알맞은 수를 써넣으세요.

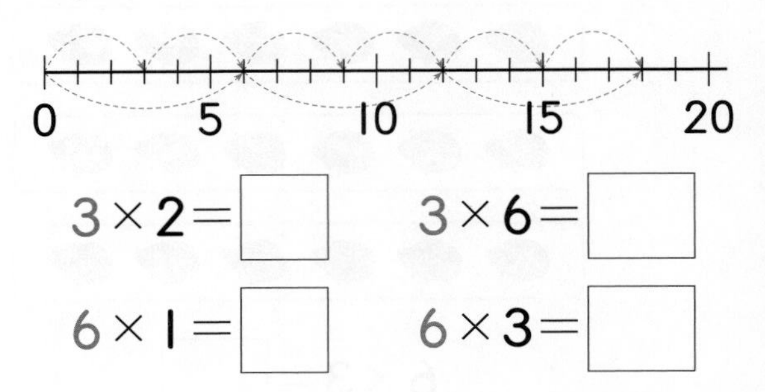

$3 \times 2 = \square$　　$3 \times 6 = \square$

$6 \times 1 = \square$　　$6 \times 3 = \square$

07 연필의 수를 구하는 방법을 잘못 설명한 것을 찾아 기호를 써 보세요.

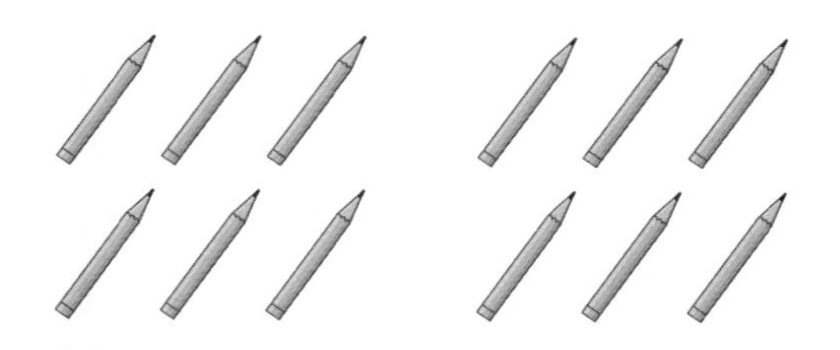

㉠ 3씩 4번 더해서 구합니다.
㉡ 3×3에 3을 더해서 구합니다.
㉢ 6×3의 곱으로 구합니다.

( )

| 08~09 | **과일 가게에서 과일을 묶음으로 판매하고 있습니다. 물음에 답하세요.**

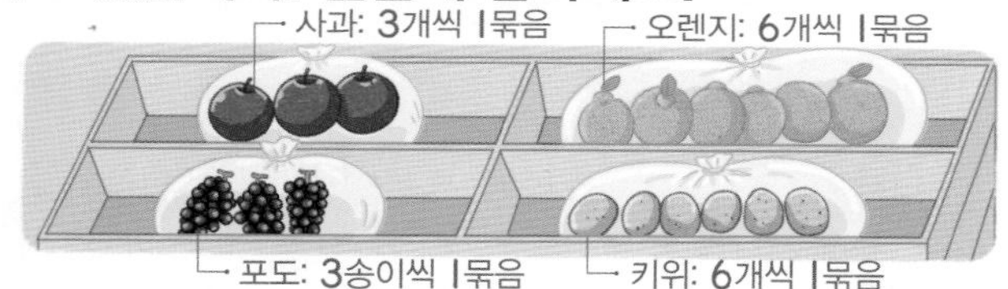

08 수영이는 사과 9묶음을 샀습니다. 수영이가 산 사과는 모두 몇 개인가요?

( )

09 사고 싶은 과일을 고르고, □ 안에 알맞은 수를 써넣으세요.

고른 과일 ________, □묶음

→ □ × □ = □

서술형 문제

10 곱이 더 큰 것의 기호를 쓰려고 합니다. 풀이 과정을 쓰고, 답을 구해 보세요.

㉠ 6×2 ㉡ 3×5

❶ ㉠ $6 \times 2 =$ □, ㉡ $3 \times 5 =$ □

❷ □ < □이므로 곱이 더 큰 것은 □입니다.

답 ________

11 곱이 더 큰 종이를 들고 있는 사람은 누구인지 풀이 과정을 쓰고, 답을 구해 보세요.

____

____

____

____

답 ________

2 단원 2회

학습 결과에 색칠하세요.

3회 개념 학습

학습일: 월 일

개념 1 4단 곱셈구구

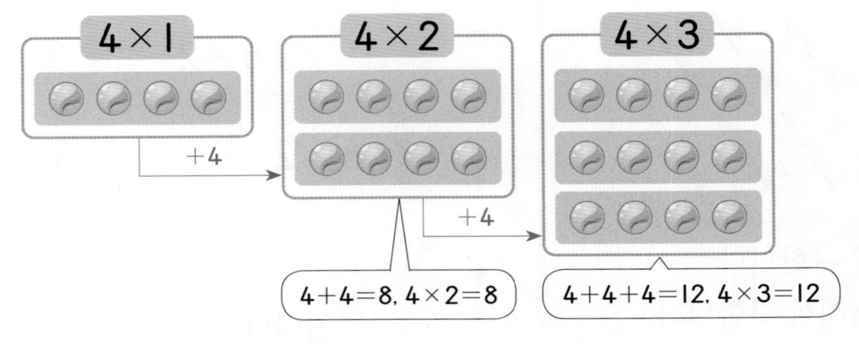

➔ 4단 곱셈구구에서 곱하는 수가 1씩 커지면 곱은 4씩 커집니다.

4단 곱셈구구	
$4\times1=4$	+4
$4\times2=8$	+4
$4\times3=12$	+4
$4\times4=16$	+4
$4\times5=20$	+4
$4\times6=24$	+4
$4\times7=28$	+4
$4\times8=32$	+4
$4\times9=36$	

확인 1 그림을 보고 □ 안에 알맞은 수를 써넣으세요.

$4+4+4+4+4+4=\square$

$4\times\square=\square$

개념 2 8단 곱셈구구

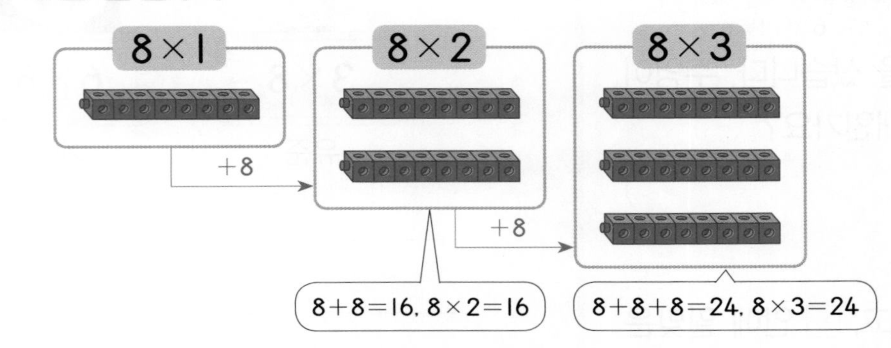

➔ 8단 곱셈구구에서 곱하는 수가 1씩 커지면 곱은 8씩 커집니다.

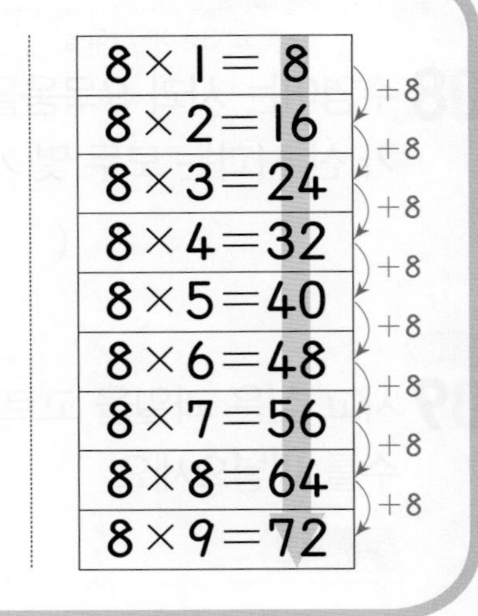

8단 곱셈구구	
$8\times1=8$	+8
$8\times2=16$	+8
$8\times3=24$	+8
$8\times4=32$	+8
$8\times5=40$	+8
$8\times6=48$	+8
$8\times7=56$	+8
$8\times8=64$	+8
$8\times9=72$	

확인 2 그림을 보고 □ 안에 알맞은 수를 써넣으세요.

$8+8+8+8=\square$

$8\times\square=\square$

1 그림을 보고 □ 안에 알맞은 수를 써넣으세요.

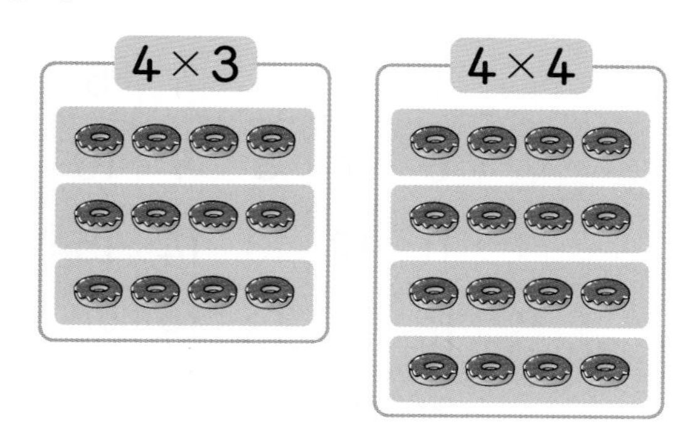

4×4는 4×3보다 □만큼 더 큽니다.

2 8×3을 계산하는 방법을 알아보세요.

(1) 8씩 3번 더해서 계산해 보세요.

8×3
=□+□+□
=□

(2) 8×2에 8을 더해서 계산해 보세요.

8×2= 16
+□
8×3=□

3 그림을 보고 □ 안에 알맞은 수를 써넣으세요.

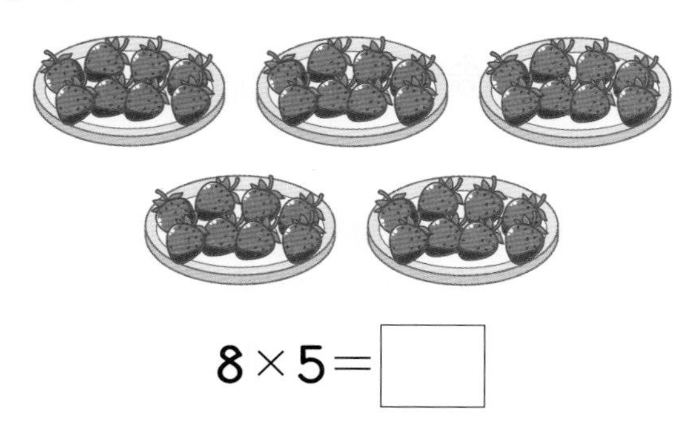

8×5=□

4 그림을 보고 구슬의 수를 알아보세요.

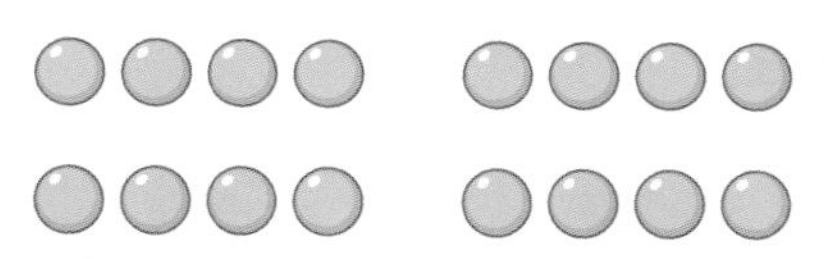

(1) 4단 곱셈구구를 이용하여 알아보세요.

4×□=□

(2) 8단 곱셈구구를 이용하여 알아보세요.

8×□=□

5 □ 안에 알맞은 수를 써넣으세요.

(1) 4×2=□

(2) 8×9=□

6 □ 안에 알맞은 수를 써넣으세요.

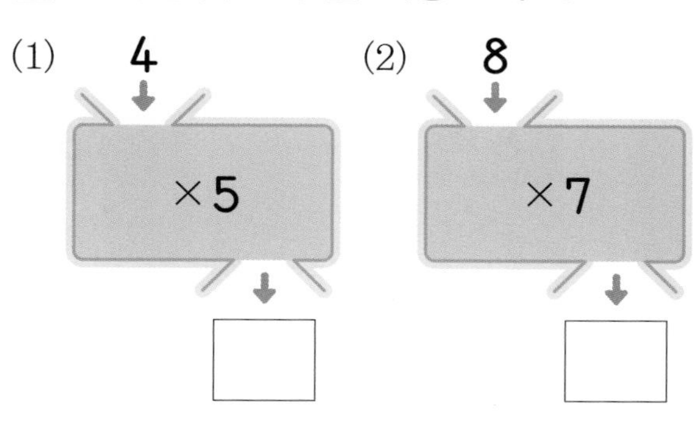

01 그림을 보고 □ 안에 알맞은 수를 써넣으세요.

(1)

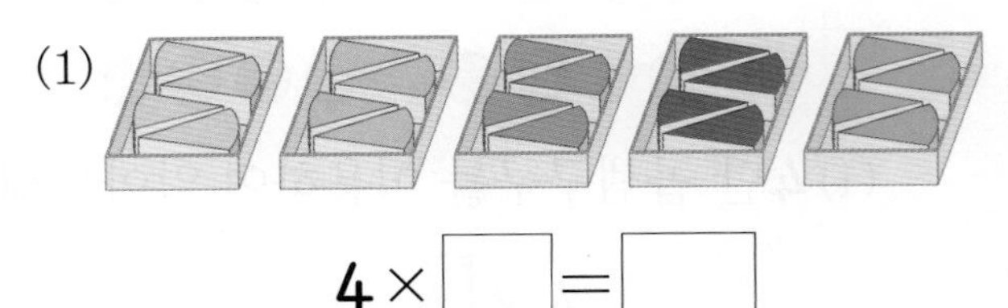

$4 \times \square = \square$

(2)

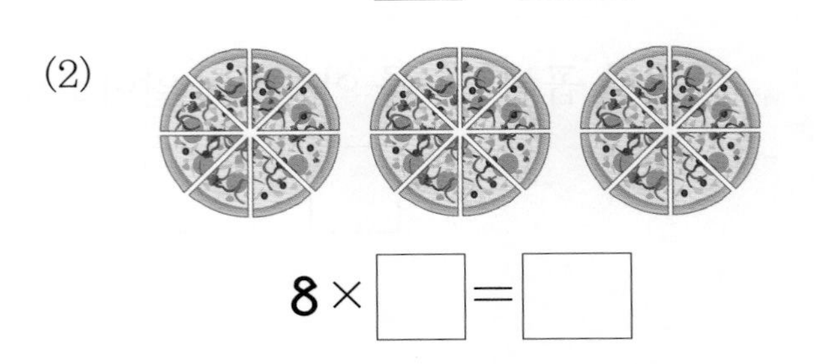

$8 \times \square = \square$

02 곱셈식을 보고 빈 접시에 ○를 그려 보세요.

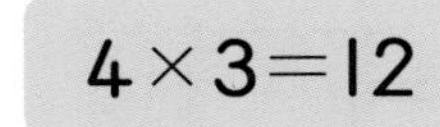

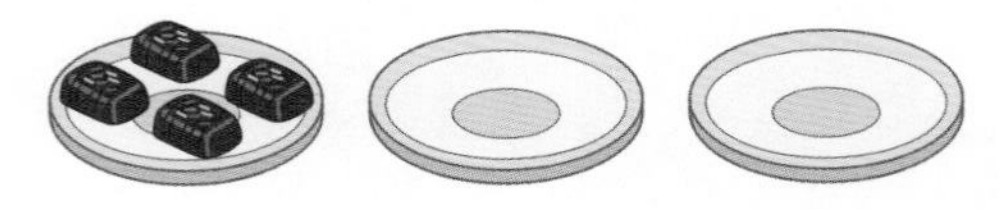

03 8단 곱셈구구의 값을 찾아 이어 보세요.

8×9 • 8×6 •

• 72 • 64 • 48

04 4단 곱셈구구의 값에는 ○표, 8단 곱셈구구의 값에는 △표 하세요.

1	2	3	4	5
6	7	8	9	10
11	12	13	14	15
16	17	18	19	20
21	22	23	24	25
26	27	28	29	30

05 그림을 보고 □ 안에 알맞은 수를 써넣으세요.

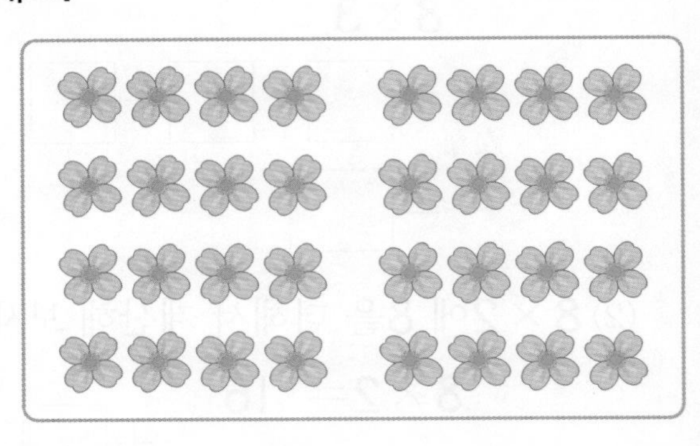

• $4 \times \square = \square$ 이므로 꽃은 모두 □송이입니다.

• $8 \times \square = \square$ 이므로 꽃은 모두 □송이입니다.

06 곱의 크기를 비교하여 ○ 안에 $>$ 또는 $<$를 알맞게 써넣으세요.

8×5  4×7

07 성냥개비의 수를 곱셈식으로 바르게 나타낸 것을 찾아 기호를 써 보세요.

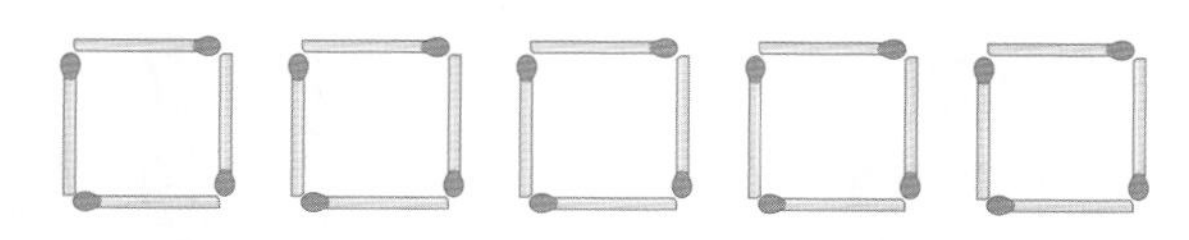

㉠ $5 \times 5 = 25$
㉡ $4 \times 5 = 20$
㉢ $2 \times 5 = 10$

( )

08 8단 곱셈구구의 값을 모두 찾아 ○표 하세요.

44 56 60 64

창의형

09 ㉠에 알맞은 수를 구하고, 이유를 완성해 보세요.

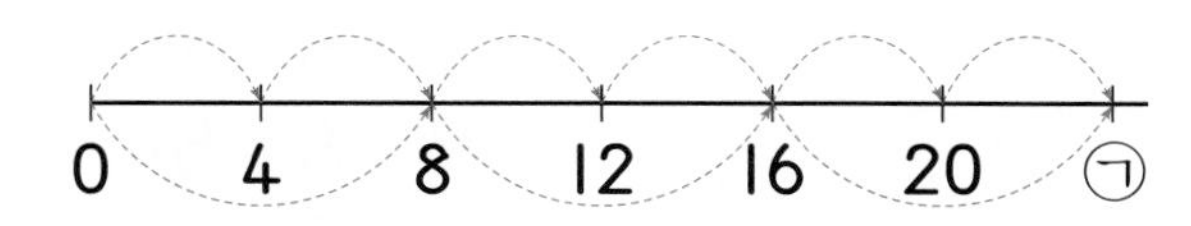

답 ㉠에 알맞은 수는 □입니다.

이유 (4단 , 8단) 곱셈구구에서

서술형 문제

10 곱이 36인 곱셈구구를 찾아 기호를 쓰려고 합니다. 풀이 과정을 쓰고, 답을 구해 보세요.

㉠ 4×8 ㉡ 4×9 ㉢ 8×4

❶ ㉠ $4 \times 8 =$ □, ㉡ $4 \times 9 =$ □, ㉢ $8 \times 4 =$ □

❷ 따라서 곱이 36인 곱셈구구는 □입니다.

답

11 곱이 48인 곱셈구구를 찾아 기호를 쓰려고 합니다. 풀이 과정을 쓰고, 답을 구해 보세요.

㉠ 8×3 ㉡ 4×7 ㉢ 8×6

답

2 단원 3회

학습 결과에 색칠하세요.

개념 학습

학습일: 월 일

개념 1 7단 곱셈구구

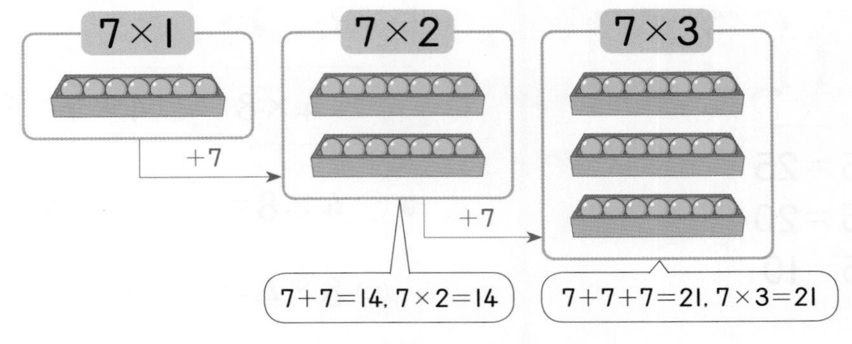

➔ 7단 곱셈구구에서 곱하는 수가 1씩 커지면 곱은 7씩 커집니다.

7×1= 7
7×2=14
7×3=21
7×4=28
7×5=35
7×6=42
7×7=49
7×8=56
7×9=63

(+7씩)

확인 1 그림을 보고 □ 안에 알맞은 수를 써넣으세요.

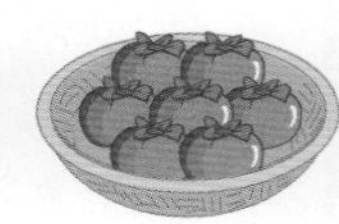

$7+7+7+7=\square$

$7\times\square=\square$

개념 2 9단 곱셈구구

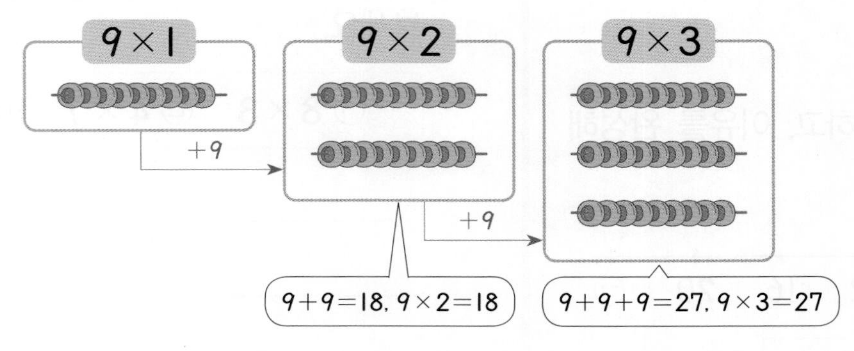

➔ 9단 곱셈구구에서 곱하는 수가 1씩 커지면 곱은 9씩 커집니다.

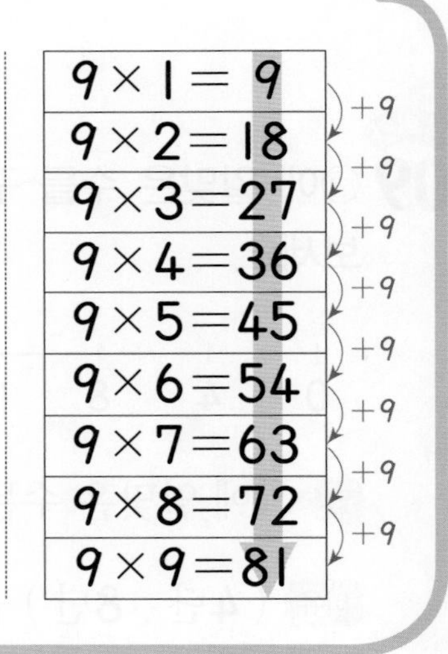

확인 2 그림을 보고 □ 안에 알맞은 수를 써넣으세요.

$9+9+9+9+9=\square$

$9\times\square=\square$

1 □ 안에 알맞은 수를 써넣으세요.

$7 \times 5 = 35$
$7 \times 6 = 42$
$7 \times 7 = 49$

7단 곱셈구구에서 곱하는 수가 1씩 커지면 곱은 □씩 커집니다.

2 9×4를 계산하는 방법을 알아보세요.

(1) 9씩 4번 더해서 계산해 보세요.

9×4
$= 9 + \square + \square + \square$
$= \square$

(2) 9×3에 9를 더해서 계산해 보세요.

$9 \times 3 = 27$ $+ \square$
$9 \times 4 = \square$

3 수직선을 보고 □ 안에 알맞은 수를 써넣으세요.

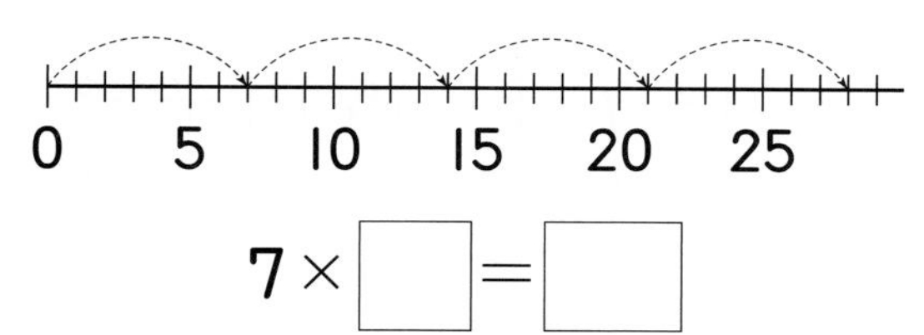

$7 \times \square = \square$

4 9×5를 계산하려고 합니다. □ 안에 알맞은 수를 써넣으세요.

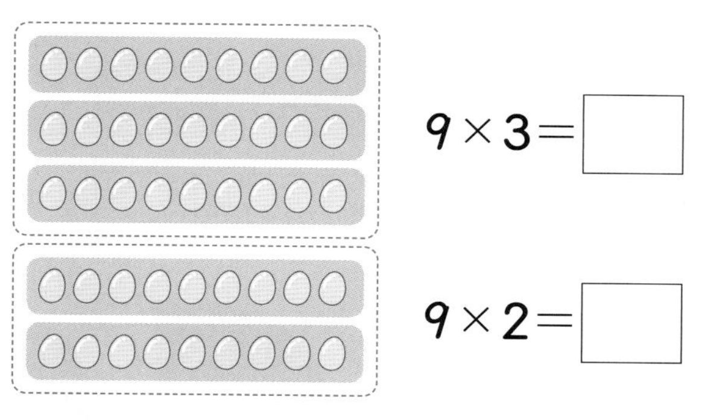

$9 \times 3 = \square$

$9 \times 2 = \square$

➔ 9×3과 9×2를 더해서 계산하면 $9 \times 5 = \square$입니다.

5 □ 안에 알맞은 수를 써넣으세요.

(1) $7 \times 5 = \square$

(2) $9 \times 6 = \square$

6 □ 안에 알맞은 수를 써넣으세요.

(1) 7 → $\times 8$ → □

(2) 9 → $\times 9$ → □

2 단원 4회

4회 문제 학습

01 그림을 보고 □ 안에 알맞은 수를 써넣으세요.

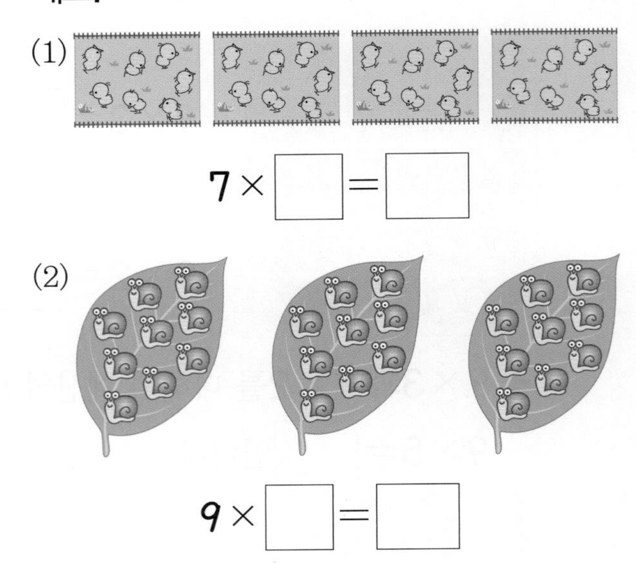

(1) $7 \times \square = \square$

(2) $9 \times \square = \square$

02 로봇이 이동한 거리를 곱셈식으로 나타내 보세요.

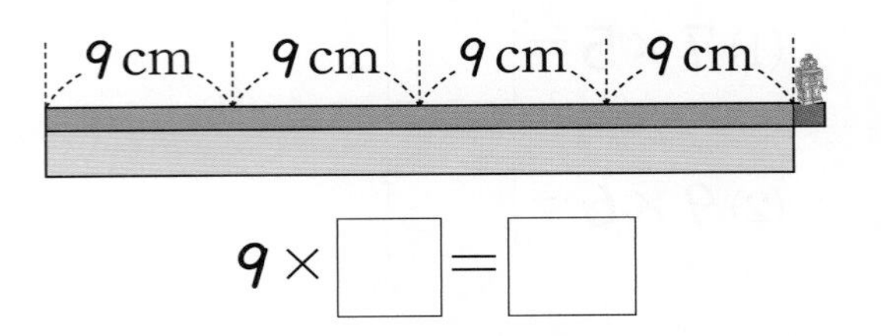

$9 \times \square = \square$

03 7단 곱셈구구의 값을 모두 찾아 색칠하여 완성되는 숫자를 써 보세요.

11	40	25	1	31	17
10	42	7	49	21	38
2	35	45	29	14	24
18	13	58	15	56	12
51	26	69	62	63	48
43	20	36	47	28	33
16	55	23	9	22	37

(　　　　　　　)

디지털 문해력

04 지민이가 올린 온라인 게시물을 보고 지민이가 8일 동안 접은 종이학은 모두 몇 개인지 구해 보세요.

(　　　　　　　)

05 구슬의 수를 구하는 방법을 잘못 말한 사람은 누구인가요?

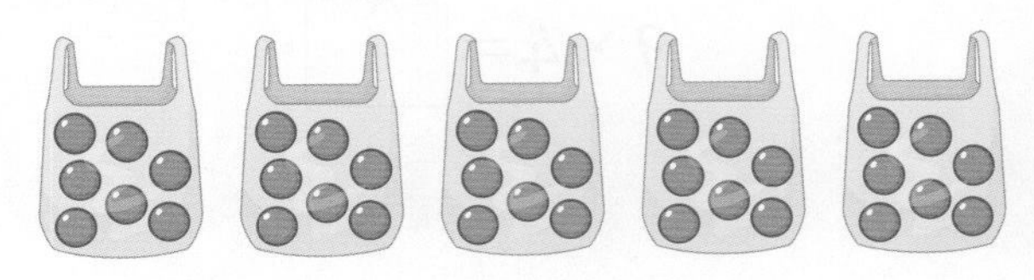

소연: 7씩 5번 더해서 구할 수 있어.
민종: 7×4에 7을 더해서 구할 수 있어.
지현: $7 \times 5 = 45$라서 구슬은 모두 45개야.

(　　　　　　　)

창의형

06 도토리의 수를 여러 가지 방법으로 알아보세요.

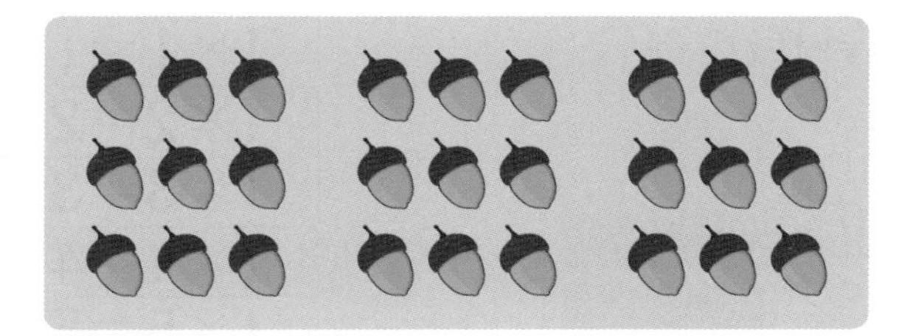

방법 1

방법 2

07 9단 곱셈구구의 곱이 아닌 것을 찾아 기호를 써 보세요.

㉠ 9 ㉡ 27 ㉢ 35 ㉣ 45

(   )

08 보기 와 같이 수 카드를 한 번씩만 사용하여 □ 안에 알맞은 수를 써넣으세요.

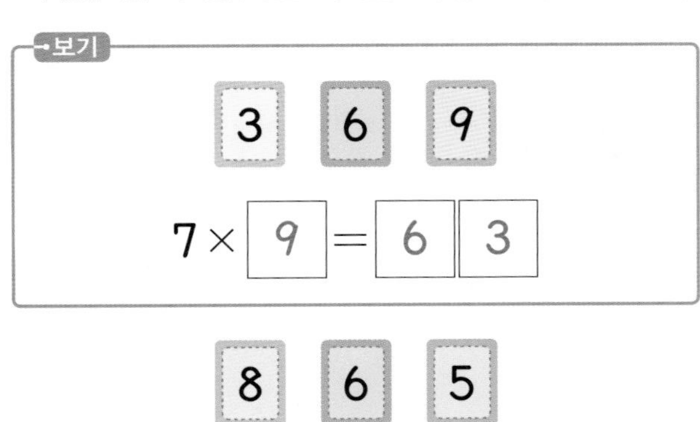

8 6 5

7×□=□□

서술형 문제

09 ㉠과 ㉡에 알맞은 수를 각각 구하려고 합니다. 풀이 과정을 쓰고, 답을 구해 보세요.

9×㉠=54　　7×㉡=35

❶ 9단 곱셈구구에서 9×□=54이므로 ㉠에 알맞은 수는 □입니다.

❷ 7단 곱셈구구에서 7×□=35이므로 ㉡에 알맞은 수는 □입니다.

답 ㉠:　　　　, ㉡:

10 ㉠과 ㉡에 알맞은 수를 각각 구하려고 합니다. 풀이 과정을 쓰고, 답을 구해 보세요.

7×㉠=63　　9×㉡=45

답 ㉠:　　　　, ㉡:

2 단원 4회

학습 결과에 색칠하세요.

5회 개념 학습

학습일:　　월　　일

개념 1 1단 곱셈구구

1단 곱셈구구는 곱하는 수와 곱이 서로 같습니다.

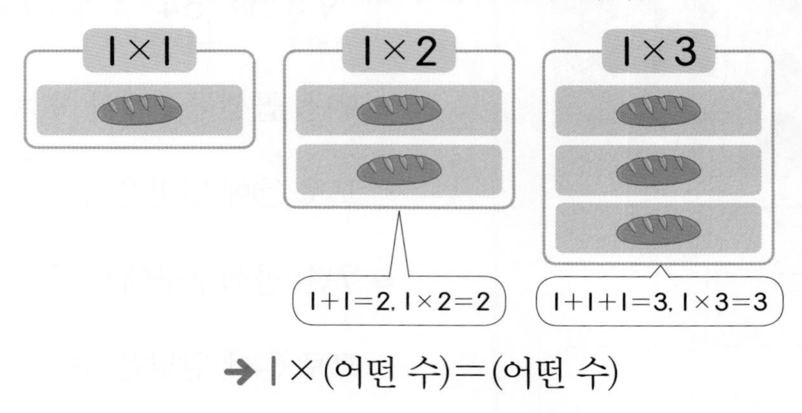

→ 1×(어떤 수)=(어떤 수)

1×1=1
1×2=2
1×3=3
1×4=4
1×5=5
1×6=6
1×7=7
1×8=8
1×9=9

확인 1 어항에 들어 있는 물고기의 수를 구해 보세요.

1×3=□

개념 2 0의 곱

- 0과 어떤 수의 곱은 항상 0입니다.

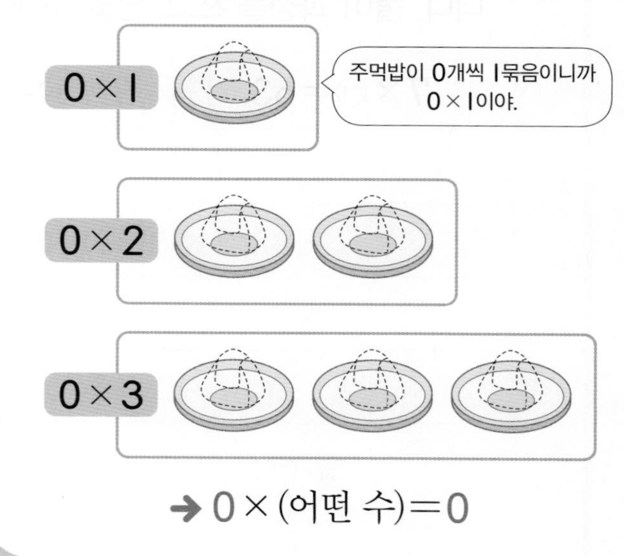

→ 0×(어떤 수)=0

- 어떤 수와 0의 곱은 항상 0입니다.

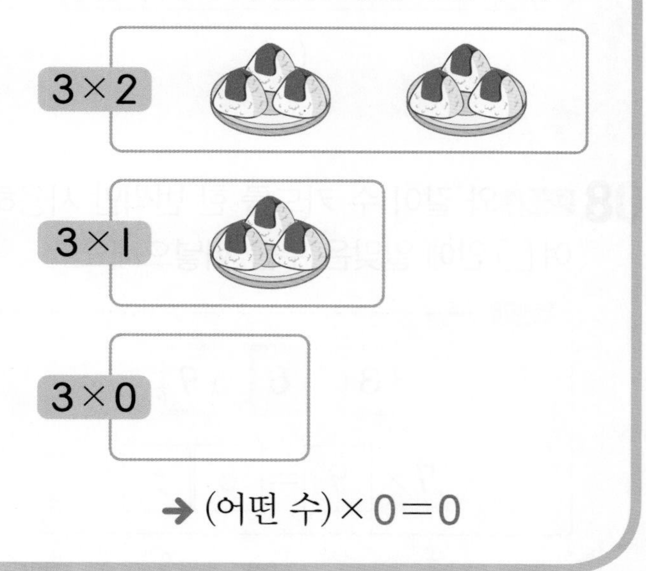

→ (어떤 수)×0=0

확인 2 꽃병에 꽂혀 있는 꽃의 수를 구해 보세요.

0×6=□

|1~2| 연필꽂이에 꽂혀 있는 연필의 수를 알아보려고 합니다. 물음에 답하세요.

1 연필꽂이에 꽂혀 있는 연필의 수를 알아보세요.

(1)

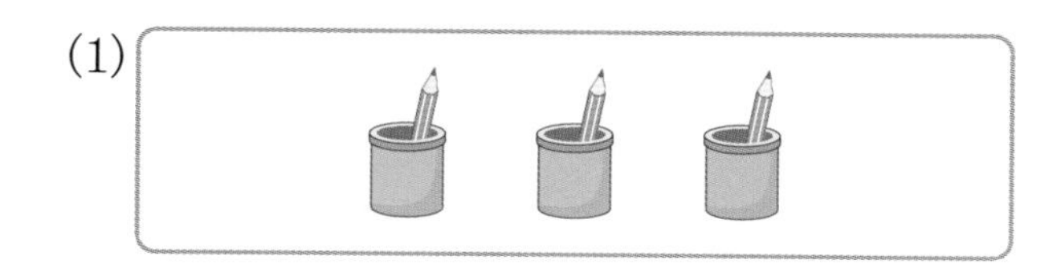

$1 \times \square = \square$

(2)

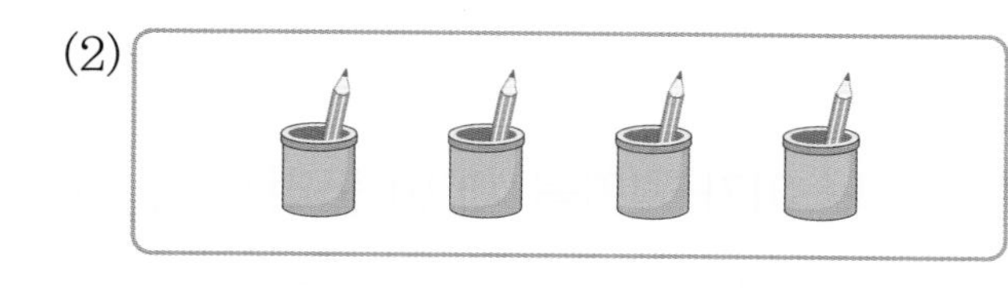

$1 \times \square = \square$

(3)

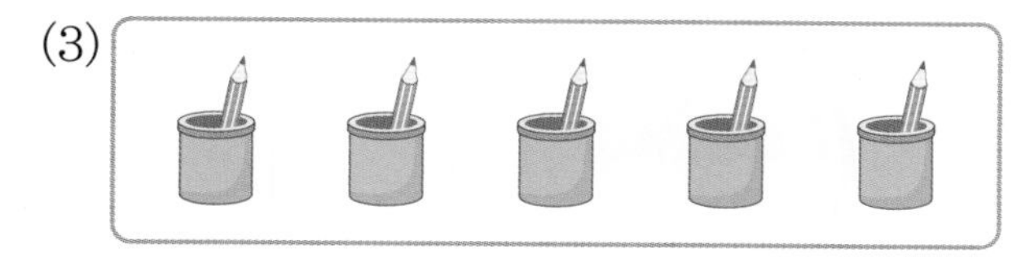

$1 \times \square = \square$

2 □ 안에 알맞은 수를 써넣으세요.

연필꽂이가 1개씩 늘어날수록
연필이 □자루씩 늘어납니다.

3 □ 안에 알맞은 수를 써넣으세요.

(1) $1 \times 2 = \square$

(2) $1 \times 6 = \square$

(3) $1 \times 9 = \square$

|4~5| 수영이가 화살 8개를 쏘았습니다. 수영이가 얻은 점수를 알아보세요.

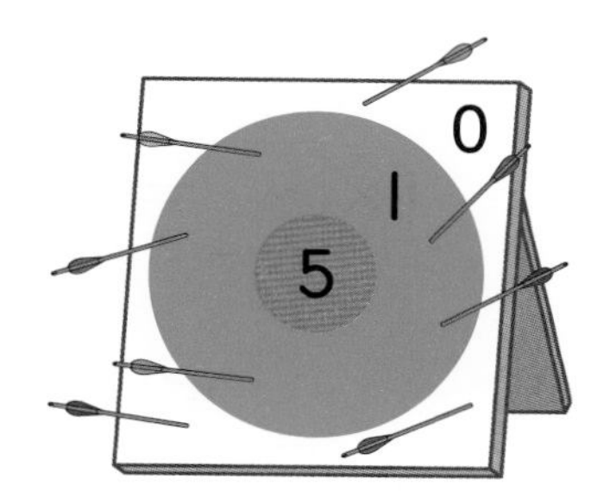

4 □ 안에 알맞은 수를 써넣으세요.

과녁에 적힌 수	맞힌 화살(개)	얻은 점수(점)
0	3	$0 \times 3 = 0$
1	5	$1 \times \square = \square$
5	0	$5 \times \square = \square$

5 수영이가 얻은 점수는 모두 몇 점인가요?

( )

6 빈칸에 알맞은 수를 써넣으세요.

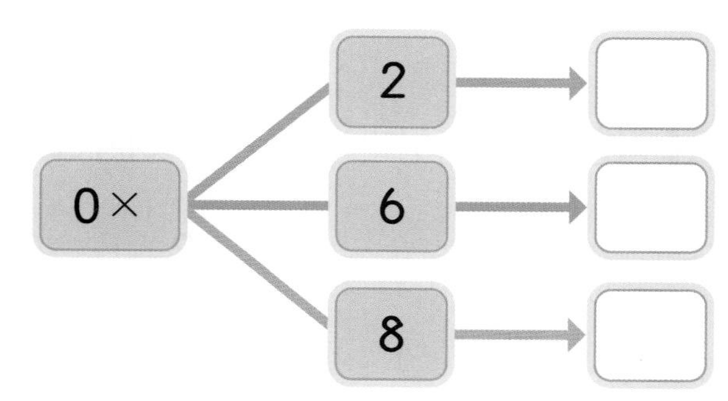

2 단원 5회

5회 문제 학습

01 사과의 수를 곱셈식으로 나타내 보세요.

(1)

$1 \times \square = \square$

(2)

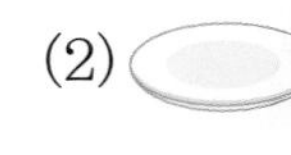
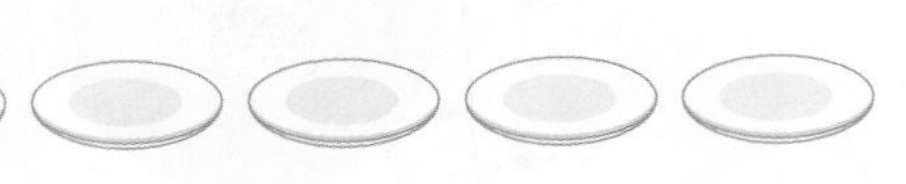

$0 \times \square = \square$

02 □ 안에 알맞은 수를 써넣으세요.

(1)

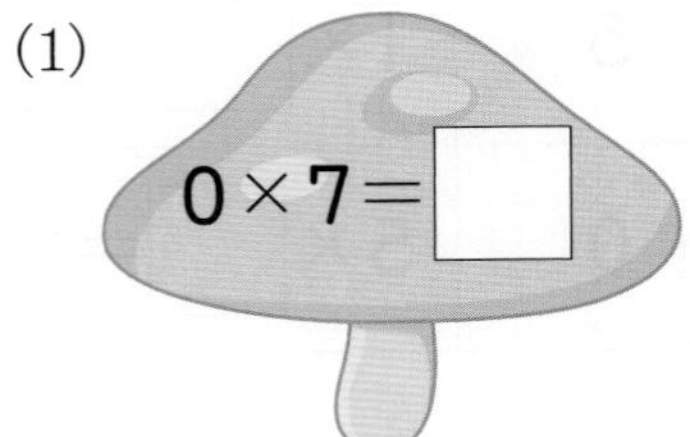

(2)

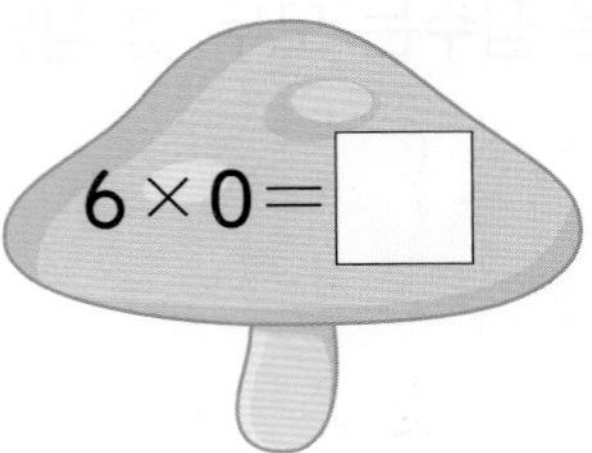

03 곱을 바르게 구한 것에 ○표 하세요.

$0 \times 4 = 4$	$2 \times 0 = 0$
(　　)	(　　)

04 빈칸에 알맞은 수를 써넣으세요.

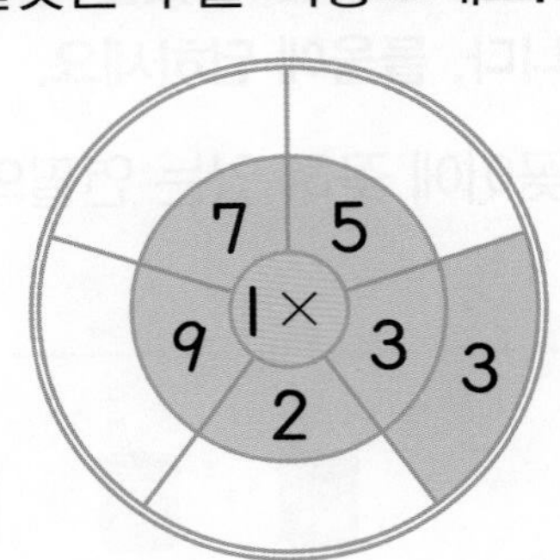

05 다솔이가 원판을 세 번 돌려서 1점만 3번 나왔습니다. 다솔이가 얻은 점수를 곱셈식으로 나타내 보세요.

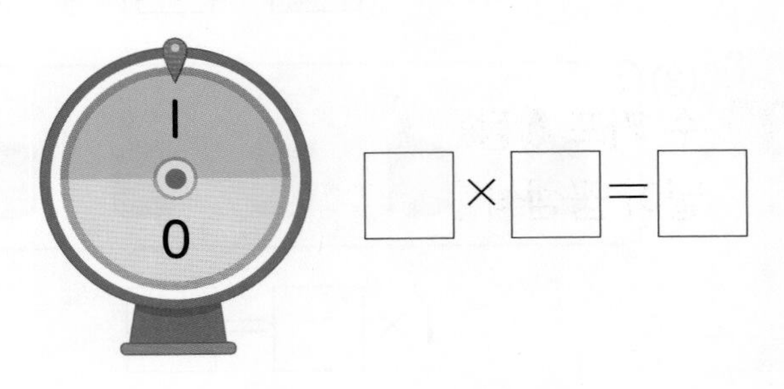

$\square \times \square = \square$

06 1×0과 곱이 같은 것을 모두 찾아 ○표 하세요.

8×0	1×1	2×3
1×4	0×6	9×0

07 곱이 나머지와 다른 하나는 어느 것인가요? (　　　)

① 0×8　② 5×0　③ 1×8　④ 0×1　⑤ 3×0

08 곱이 가장 큰 것을 찾아 기호를 써 보세요.

㉠ 1×9　㉡ 2×0
㉢ 0×5　㉣ 6×1

(　　　　　　　)

창의형

09 수 카드 4장을 골라 □ 안에 한 번씩만 써넣어 곱셈식을 만들어 보세요.

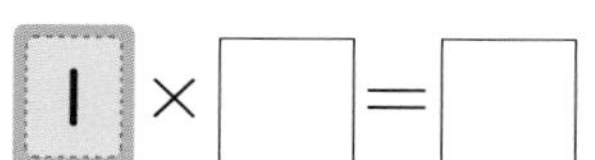

10 □ 안에 알맞은 수를 써넣으세요.

$7\times0=4\times\square$

서술형 문제

11 태우가 화살 맞히기 놀이를 했습니다. 과녁에 화살을 맞히면 1점, 맞히지 못하면 0점일 때 태우의 점수는 모두 몇 점인지 풀이 과정을 쓰고, 답을 구해 보세요.

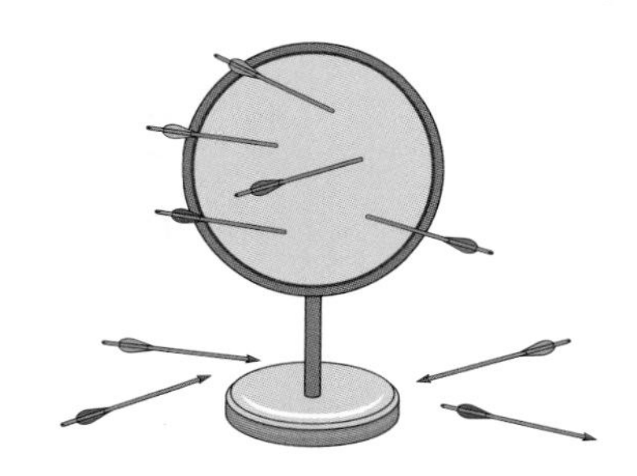

❶ 화살 □개를 맞혔고, □개는 맞히지 못했습니다.

❷ $1\times\square=\square$, $0\times\square=\square$이므로 태우의 점수는 모두 □점입니다.

12 지우가 고리 던지기 놀이를 했습니다. 고리를 걸면 1점, 걸지 못하면 0점일 때 지우의 점수는 모두 몇 점인지 풀이 과정을 쓰고, 답을 구해 보세요.

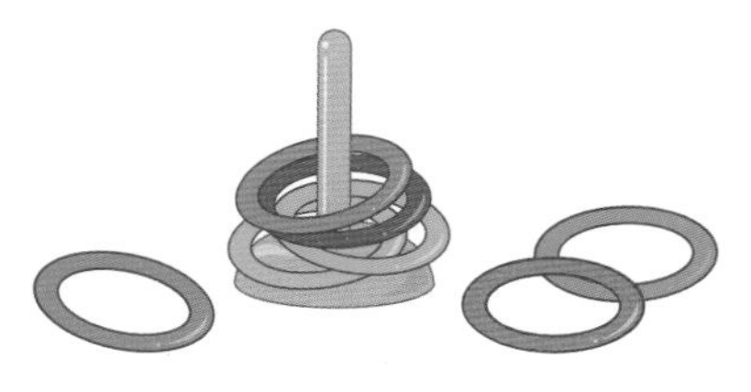

답

2 단원 5회

학습 결과에 색칠하세요.

6회 개념 학습

학습일: 월 일

개념 1 **곱셈표 만들기**

곱셈표는 세로줄과 가로줄의 수가 만나는 칸에 두 수의 곱을 써넣은 표입니다.

가로줄

×	0	1	2	3	4	5	6	7	8	9
0	0	0	0	0	0	0	0	0	0	0
1	0	1	2	3	4	5	6	7	8	9
2	0	2	4	6	8	10	12	14	16	18
3	0	3	6	9	12	15	18	21	24	27
4	0	4	8	12	16	20	24	28	32	36
5	0	5	10	15	20	25	30	35	40	45
6	0	6	12	18	24	30	36	42	48	54
7	0	7	14	21	28	35	42	49	56	63
8	0	8	16	24	32	40	48	56	64	72
9	0	9	18	27	36	45	54	63	72	81

세로줄

7×9=63

- ■단 곱셈구구는 곱이 ■씩 커집니다.
- 5단 곱셈구구는 곱의 일의 자리 숫자가 5, 0으로 반복됩니다.
- 초록색 점선을 따라 접었을 때 만나는 곱셈구구의 곱이 같습니다.

➔ 곱셈에서 곱하는 두 수의 순서를 서로 바꾸어도 곱은 같습니다.

확인 1 곱셈표를 보고 □ 안에 알맞은 수를 써넣으세요.

×	2	3	4
2	4	6	8
3	6	9	12
4	8	12	16

2단 곱셈구구는 곱이 □씩 커집니다.

1 빈칸에 알맞은 수를 써넣어 곱셈표를 완성해 보세요.

(1)

×	1	2
1		
2		

(2)

×	4	5
4		
5		

2 빈칸에 알맞은 수를 써넣어 곱셈표를 완성해 보세요.

(1)

×	1	5	9
1			
5			45
9	9		

(2)

×	2	6	7
1			7
3		18	
8	16		

| 3~5 | 곱셈표를 보고 물음에 답하세요.

×	3	4	5	6	7	8
3	9	12	15	18	21	24
4	12	16	20	★	28	32
5	15	20	25	30	35	40
6	18	♥	30	36	42	48
7	21	28	35	42	49	56
8	24	32	40	48	56	64

3 4×6(★)과 6×4(♥)의 곱을 비교해 보세요.

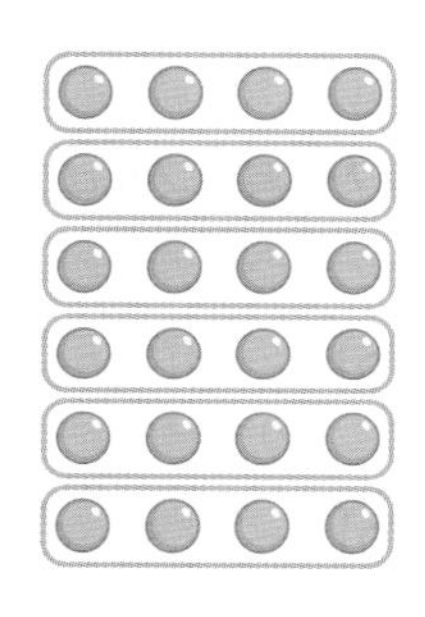

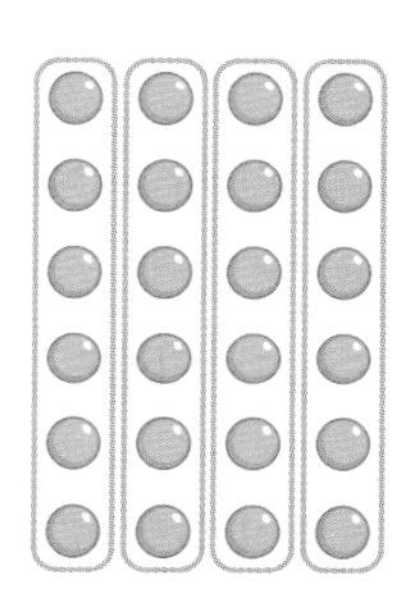

$4 \times 6 = \square$　　$6 \times 4 = \square$

4×6의 곱과 6×4의 곱은 (같습니다 , 다릅니다).

4 알맞은 말에 ○표 하세요.

곱하는 두 수의 순서를 서로 바꾸어도 곱은 (같습니다 , 다릅니다).

5 곱셈표에서 8×4와 곱이 같은 곱셈구구를 찾아 써 보세요.

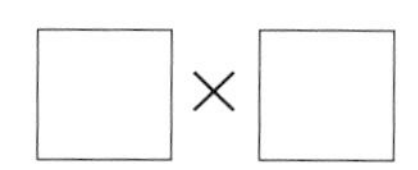

6회 문제 학습

| 01~05 | **곱셈표를 보고 물음에 답하세요.**

×	1	2	3	4	5	6	7	8	9
1	1	2	3	4	5	6	7	8	9
2	2	4	6	8	10	12	14	16	18
3	3	6	9	12	15	18	21	24	27
4	4	8	12	16	20	24	28	32	36
5	5	10	15	20	25	30	35	40	45
6	6	12	18	24	30	36	42	48	54
7	7	14	21	♣	35	42	49	56	63
8	8	16	24	32	40	48	56	64	72
9	9	18	27	36	45	54	63	72	81

01 □ 안에 알맞은 수를 써넣으세요.

6단 곱셈구구는 곱이 □씩 커지고,

8단 곱셈구구는 곱이 □씩 커집니다.

02 곱셈표에서 ♣에 알맞은 수를 구하는 곱셈구구를 찾아 ○표 하세요.

7×4 6×5

03 곱셈표를 보고 바르게 설명한 것의 기호를 써 보세요.

㉠ 2단 곱셈구구의 곱은 모두 짝수입니다.
㉡ 9단 곱셈구구의 곱은 모두 홀수입니다.

( )

창의형

04 5단 곱셈구구 중 하나를 써 보고, 곱셈표에서 곱이 같은 곱셈구구를 찾아 써 보세요.

$5\times\square=\square$

→ $\square\times\square=\square$

05 곱셈표에서 3×8과 곱이 같은 곱셈구구를 모두 찾아 써 보세요.

$\square\times\square=\square$

$\square\times\square=\square$

$\square\times\square=\square$

06 빈칸에 알맞은 수를 써넣어 곱셈표를 완성해 보세요.

×	3	5	7	9
2				
4				
6				
8				

07 초록색 점선을 이용하여 ●와 곱이 같은 곱셈구구를 곱셈표에서 찾아 △표 하세요.

×	3	4	5	6	7
3					
4					
5					
6	●				
7					

08 어떤 수인지 구해 보세요.

- 4단 곱셈구구의 수입니다.
- 5×7의 곱보다 작습니다.
- 십의 자리 숫자는 30을 나타냅니다.

(   )

서술형 문제

09 곱셈표에서 곱이 ㉠보다 큰 칸은 모두 몇 칸인지 풀이 과정을 쓰고, 답을 구해 보세요.

×	3	5	7
4			
6			
8		㉠	

❶ ㉠에 알맞은 수는 ☐입니다.

❷ 곱이 ㉠보다 큰 칸은 $6 \times 7=$ ☐, $8 \times 7=$ ☐이므로 모두 ☐칸입니다.

답

10 곱셈표에서 곱이 ㉠보다 작은 칸은 모두 몇 칸인지 풀이 과정을 쓰고, 답을 구해 보세요.

×	5	8	9
2			
5	㉠		
9			

답

2 단원 6회

학습 결과에 색칠하세요.

7회 개념 학습

학습일: 월 일

개념 1 곱셈구구를 이용하여 수 알아보기

컵케이크는 3개씩 4상자 있습니다.

→ 컵케이크는 모두 $3 \times 4 = 12$(개)입니다.

확인 1 구슬이 5개씩 들어 있는 봉지가 3봉지 있습니다. 구슬은 모두 몇 개인지 구해 보세요.

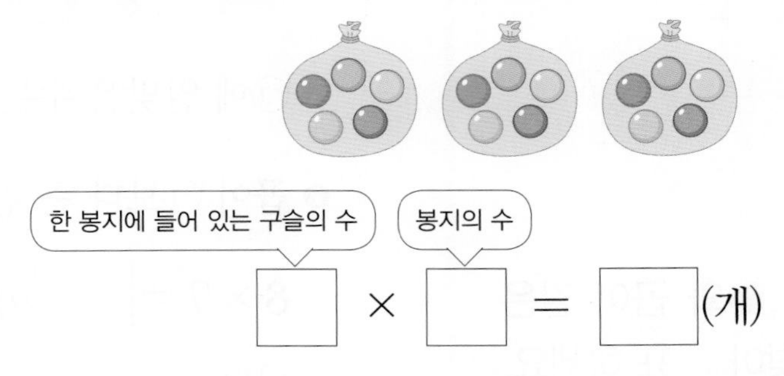

$\square \times \square = \square$(개)

개념 2 곱셈구구를 이용하여 여러 가지 방법으로 문제 해결하기

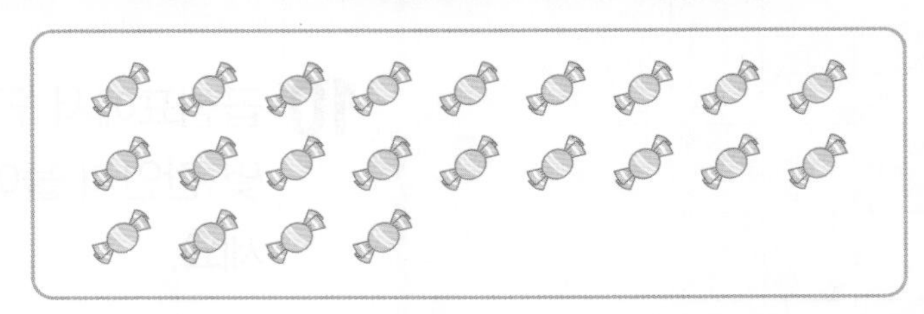

방법 1 두 부분으로 나누어 구하기

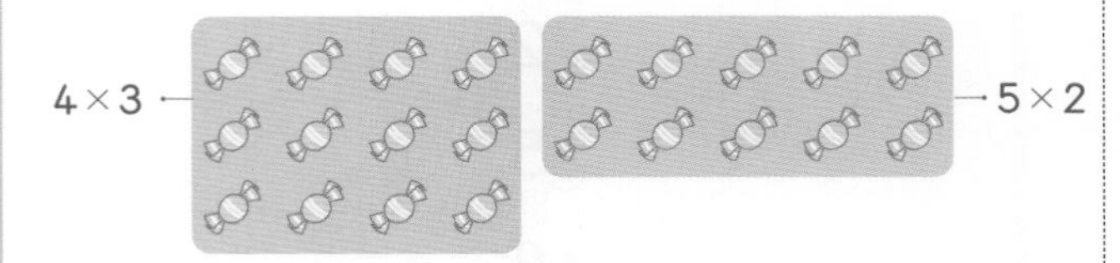

4×3과 5×2를 더하면

사탕은 모두 $12 + 10 = 22$(개)입니다.

방법 2 부족한 부분을 빼서 구하기

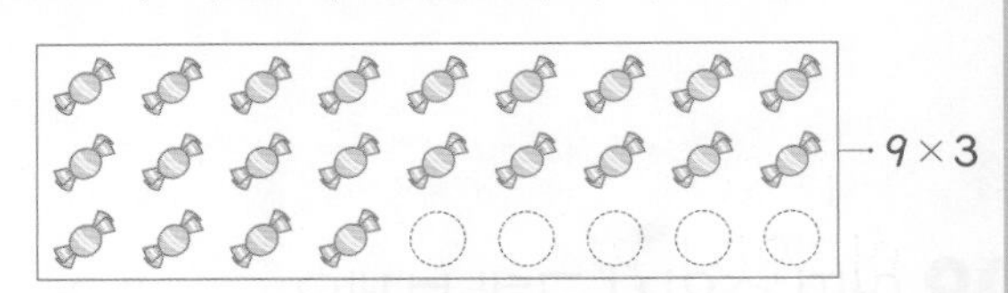

9×3에서 5를 빼면

사탕은 모두 $27 - 5 = 22$(개)입니다.

확인 2 밤은 모두 몇 개인지 구하려고 합니다. □ 안에 알맞은 수를 써넣으세요.

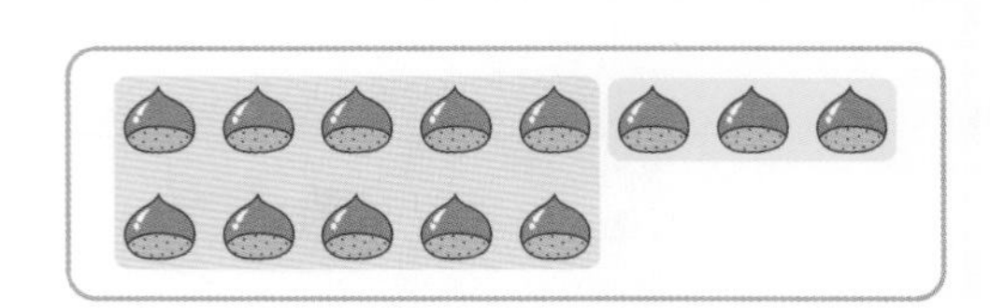

$5 \times \square$ 와/과 3×1 을 더하면

밤은 모두 □개입니다.

1 그림을 보고 □ 안에 알맞은 수를 써넣으세요.

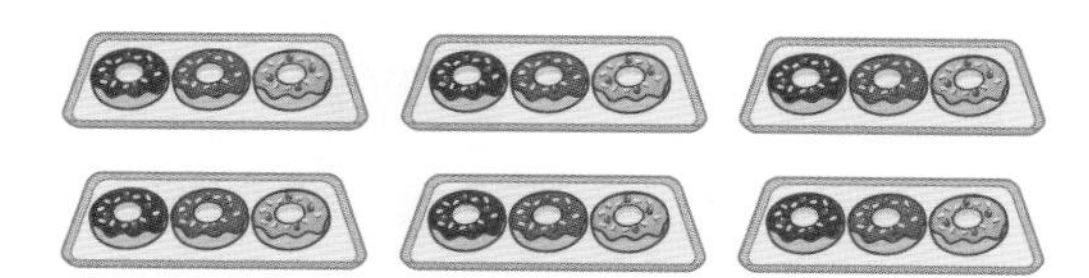

(1) 접시 1개에 도넛이 □개씩 놓여 있습니다.

(2) 접시 6개에 놓여 있는 도넛은

$3 \times$ □ $=$ □(개)입니다.

2 면봉 한 개의 길이는 8 cm입니다. 면봉 4개의 길이는 몇 cm인가요?

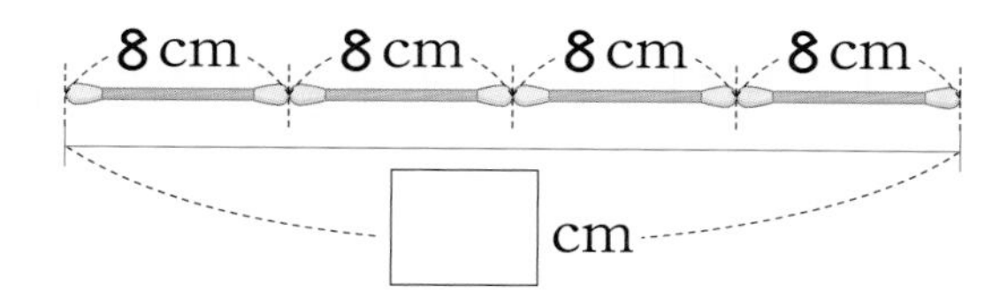

3 어항 5개에 들어 있는 물고기는 모두 몇 마리인지 구해 보세요.

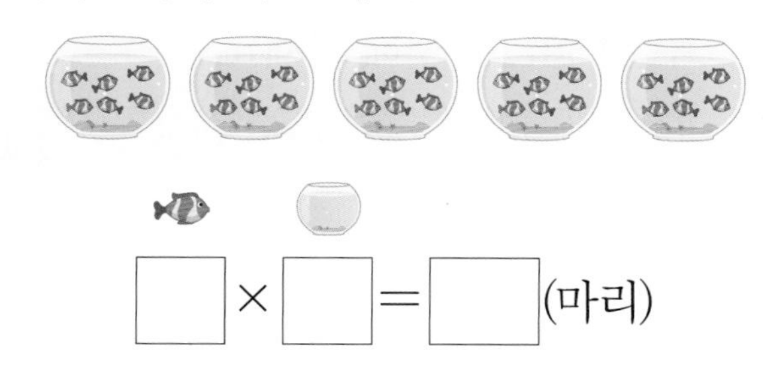

□ $\times$ □ $=$ □(마리)

|4~5| 곱셈구구를 이용하여 토마토의 수를 여러 가지 방법으로 구하려고 합니다. 물음에 답하세요.

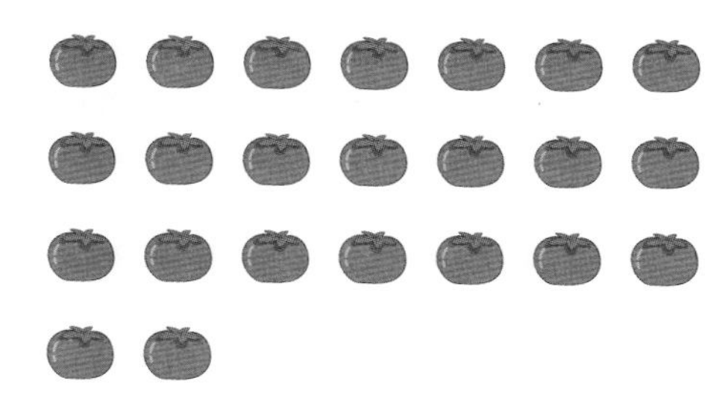

4 두 부분으로 나누어 구하려고 합니다. □ 안에 알맞은 수를 써넣으세요.

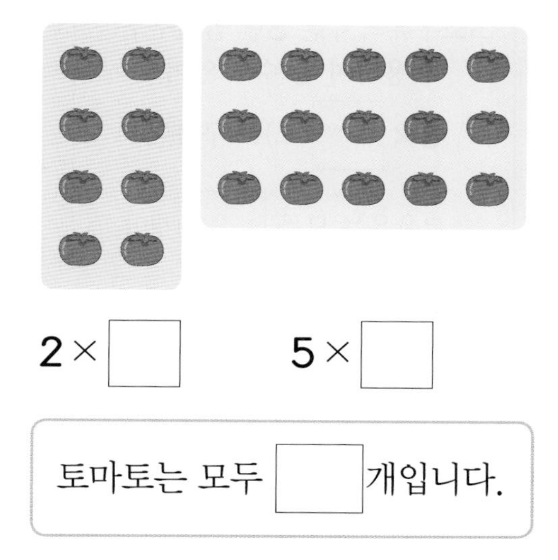

$2 \times$ □　　$5 \times$ □

토마토는 모두 □개입니다.

5 부족한 부분을 빼서 구하려고 합니다. □ 안에 알맞은 수를 써넣으세요.

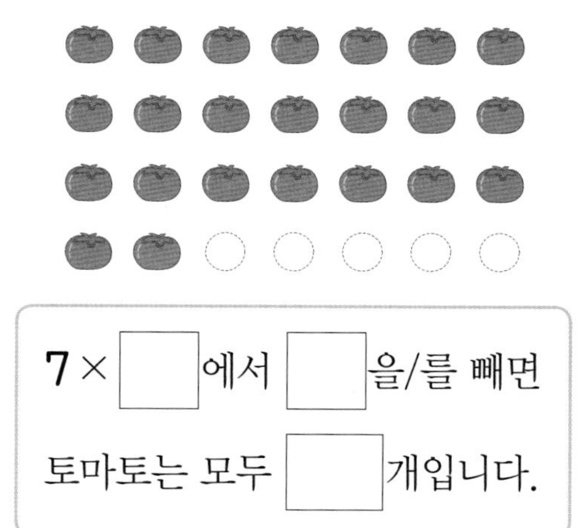

$7 \times$ □에서 □을/를 빼면

토마토는 모두 □개입니다.

2 단원 7회

7회 문제 학습

01 초코우유의 수를 구하려고 합니다. □ 안에 알맞은 수를 써넣으세요.

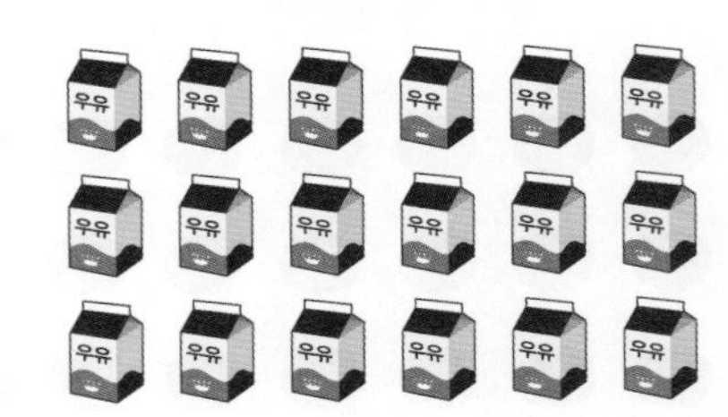

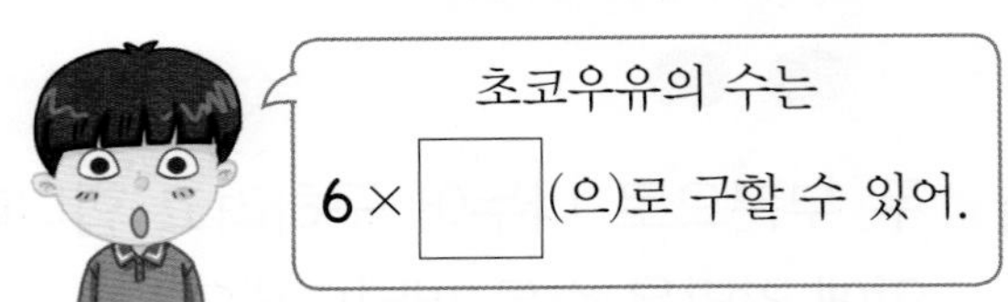

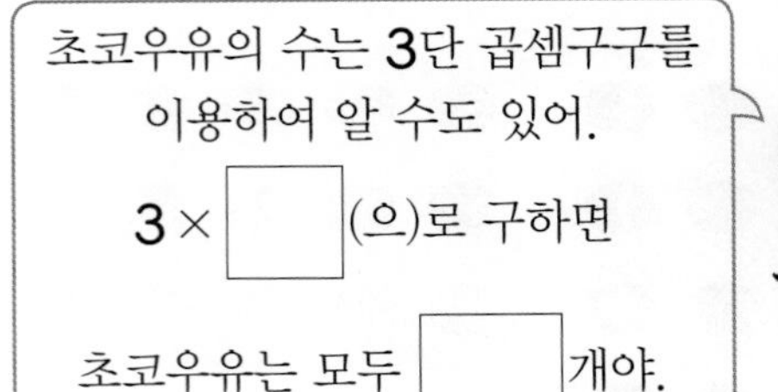

02 한 봉지에 귤이 7개씩 들어 있습니다. 8봉지에 들어 있는 귤은 모두 몇 개일까요?

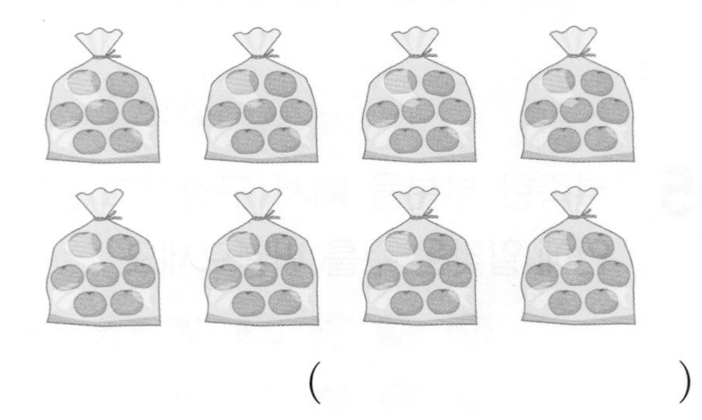

(　　　　　　　　)

03 민주의 나이는 9살입니다. 민주 어머니의 연세는 민주 나이의 4배입니다. 민주 어머니의 연세는 몇 세일까요?

(　　　　　　　　)

| 04~05 | 곱셈구구를 이용하여 연결 모형의 수를 구하려고 합니다. 물음에 답하세요.

04 연결 모형을 나눈 그림을 보고 □ 안에 알맞은 수를 써넣어 연결 모형의 수를 구해 보세요.

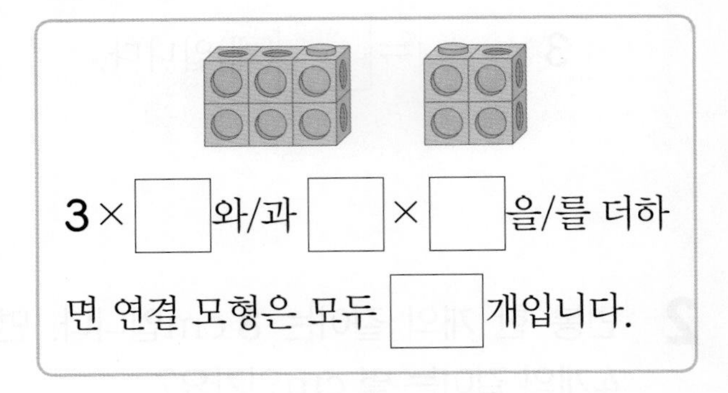

창의형

05 다른 방법으로 연결 모형의 수를 구해 보세요.

____

____

06 가위바위보를 하여 이기면 4점을 얻는 놀이를 했습니다. 도현이가 얻은 점수는 모두 몇 점인지 구해 보세요.

	첫째 판	둘째 판	셋째 판	넷째 판
도현				
재희				

곱셈식 ______________________________

(　　　　　　　　)

디지털 문해력

07 예나가 움직이는 강아지 인형 광고를 보고 있습니다. 이 인형 6개에 필요한 건전지는 모두 몇 개인지 구해 보세요.

(   )

08 원판을 돌려 멈췄을 때 📍가 가리키는 수만큼 점수를 얻는 놀이를 했습니다. 빈칸에 알맞은 곱셈식을 쓰고, 얻은 점수는 모두 몇 점인지 구해 보세요.

원판에 적힌 수	멈춘 횟수(번)	점수(점)
0	5	$0 \times 5 = 0$
3	3	
7	1	

(   )

서술형 문제

09 닭 6마리와 소 2마리의 다리는 모두 몇 개인지 풀이 과정을 쓰고, 답을 구해 보세요.

❶ 닭 6마리의 다리는 $2 \times 6 = \square$(개), 소 2마리의 다리는 $4 \times 2 = \square$(개)입니다.

❷ 따라서 닭 6마리와 소 2마리의 다리는 모두 $\square$개입니다.

답 ____________________

10 트럭 7대와 오토바이 3대의 바퀴는 모두 몇 개인지 풀이 과정을 쓰고, 답을 구해 보세요.

답 ____________________

2 단원 7회

학습 결과에 색칠하세요.

8회 응용 학습

학습일: 월 일

두 곱 사이에 있는 수 구하기

01 ㉠과 ㉡ 사이에 있는 수를 모두 써 보세요.

㉠ 6×3 ㉡ 3×8

1단계 ㉠, ㉡의 곱 구하기

㉠ $6\times3=\square$ ㉡ $3\times8=\square$

2단계 ㉠과 ㉡ 사이에 있는 수 모두 쓰기

( )

문제해결 TIP

■와 ● 사이에 있는 수를 구할 때 ■와 ●는 포함되지 않아요.

02 서진이와 다은이가 말한 곱셈구구의 곱 사이에 있는 수를 모두 써 보세요.

( )

03 ㉠과 ㉡ 사이에 있는 수는 모두 몇 개인지 구해 보세요.

㉠ 7×7 ㉡ 8×5

( )

㉠과 ㉡ 사이에 있는 수는 ㉡과 ㉠ 사이에 있는 수라고 할 수도 있지!

남는 수 구하기

04 현아는 사탕 95개를 샀습니다. 이 중 8개씩 7묶음을 친구들에게 나누어 주었습니다. 나누어 주고 남은 사탕은 몇 개인지 구해 보세요.

1단계 나누어 준 사탕은 몇 개인지 구하기

( )

2단계 나누어 주고 남은 사탕은 몇 개인지 구하기

( )

문제해결 TIP

나누어 주고 남은 사탕 수는 전체 사탕 수에서 나누어 준 사탕 수만큼 빼서 구해요.
이때, ■씩 ●묶음은 ■×●로 나타내어 구할 수 있어요.

05 길이가 50 cm인 색 테이프가 있습니다. 미술 시간에 6 cm씩 5개를 잘라 사용했습니다. 사용하고 남은 색 테이프의 길이는 몇 cm인지 구해 보세요.

( )

06 음악실에 한 명씩 앉을 수 있는 의자가 80개 있습니다. 남학생은 4명씩 8줄로, 여학생은 5명씩 9줄로 의자에 앉았습니다. 빈 의자는 몇 개인지 구해 보세요.

( )

먼저 남학생과 여학생이 앉은 의자 수를 각각 구해 보자!

수 카드로 곱셈구구 만들기

07 4장의 수 카드 중에서 2장을 골라 한 번씩만 사용하여 곱이 가장 큰 곱셈구구를 만들고, 곱을 구해 보세요.

1 3 5 7

문제해결 TIP
큰 수끼리 곱할수록 곱은 커지므로 가장 큰 수와 둘째로 큰 수를 먼저 찾아요.

1단계 곱이 가장 큰 곱셈구구를 만드는 방법 알기

곱이 가장 크려면 가장 큰 수와 둘째로 큰 수를 곱하면 되므로 □와/과 □을/를 곱해야 합니다.

2단계 곱이 가장 큰 곱셈구구를 만들고, 곱 구하기

□ × □ = □

08 4장의 수 카드 중에서 2장을 골라 한 번씩만 사용하여 곱이 가장 큰 곱셈구구를 만들고, 곱을 구해 보세요.

2 4 6 8

□ × □ = □

09 4장의 수 카드 중에서 2장을 골라 한 번씩만 사용하여 곱이 가장 작은 곱셈구구를 만들고, 곱을 구해 보세요.

1 5 4 9

□ × □ = □

작은 수끼리 곱할수록 곱은 작아져요.

>, <가 있는 식에서 □ 안에 들어갈 수 있는 수 구하기

10 1부터 9까지의 수 중에서 □ 안에 들어갈 수 있는 수를 모두 구해 보세요.

$$40 < 9 \times \square$$

1단계 9단 곱셈표 완성하기

×	1	2	3	4	5	6	7	8	9
9									

2단계 □ 안에 들어갈 수 있는 수 모두 구하기

( )

문제해결 TIP

9×□이므로 9단 곱셈구구의 값 중에서 40보다 큰 수를 찾아야 해요.

11 1부터 9까지의 수 중에서 □ 안에 들어갈 수 있는 수는 모두 몇 개인지 구해 보세요.

$$40 > 8 \times \square$$

( )

12 1부터 9까지의 수 중에서 □ 안에 들어갈 수 있는 수를 모두 구해 보세요.

$$25 < 4 \times \square < 35$$

( )

4×□이므로 4단 곱셈구구의 값을 떠올려 보자!

학습 결과에 색칠하세요.

9회 마무리 평가

학습일: 월 일

01 그림을 보고 □ 안에 알맞은 수를 써넣으세요.

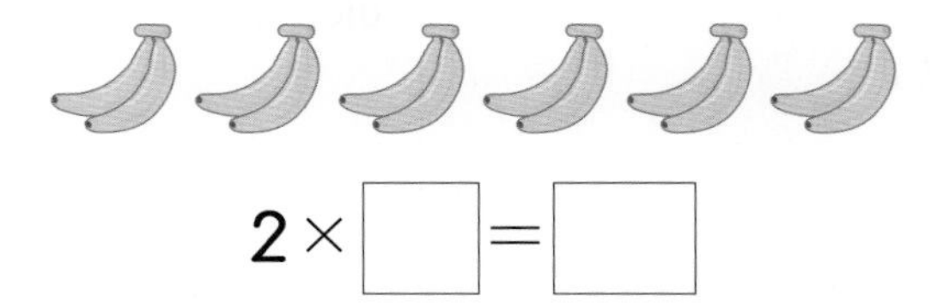

02 수직선을 보고 □ 안에 알맞은 수를 써넣으세요.

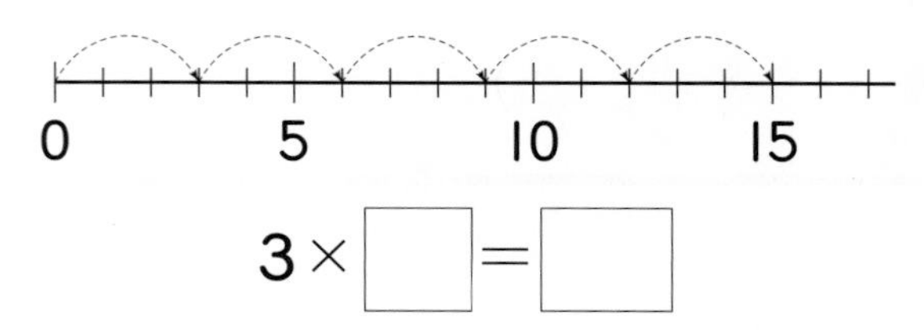

03 빈칸에 알맞은 수를 써넣으세요.

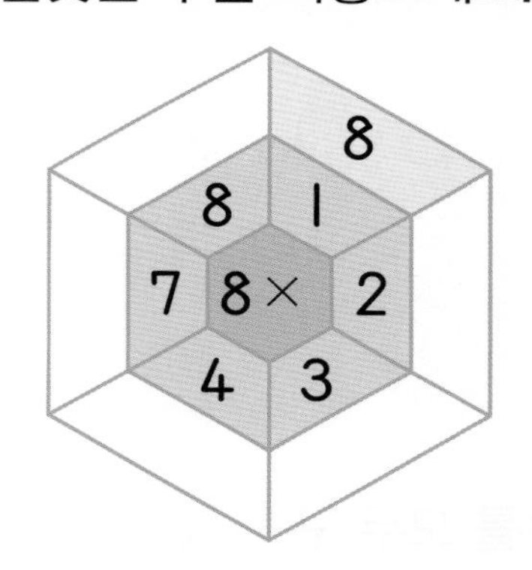

04 □ 안에 알맞은 수를 써넣으세요.

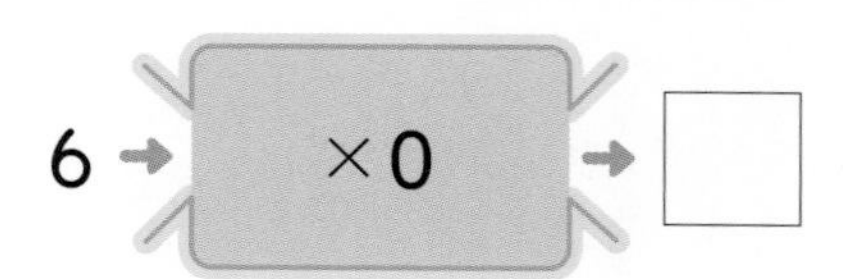

05 빈칸에 알맞은 수를 써넣어 곱셈표를 완성해 보세요.

×	2	5	8
1	2		
3			24
7		35	

06 세미는 6권씩 묶여 있는 공책을 3묶음 샀습니다. 세미가 산 공책은 모두 몇 권인지 구해 보세요.

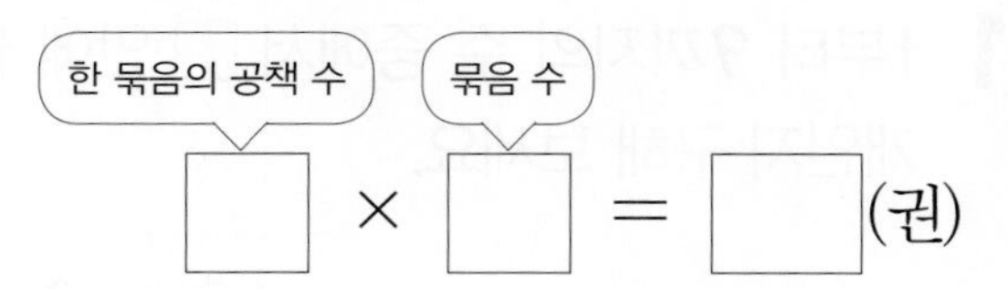

07 연결 모형의 수를 구하는 방법을 잘못 설명한 것을 찾아 기호를 써 보세요.

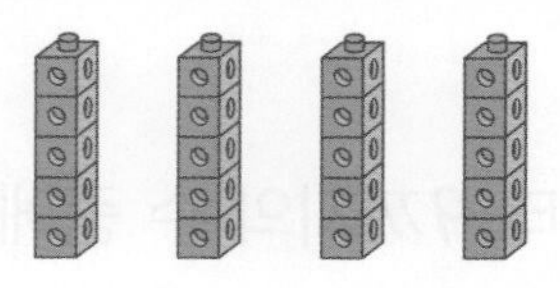

㉠ 4씩 4번 더해서 구합니다.
㉡ 5×3에 5를 더해서 구합니다.
㉢ 5×4의 곱으로 구합니다.

(　　　　　　　)

08 나무 막대 한 개의 길이는 6 cm입니다. 나무 막대 5개의 길이는 몇 cm일까요?

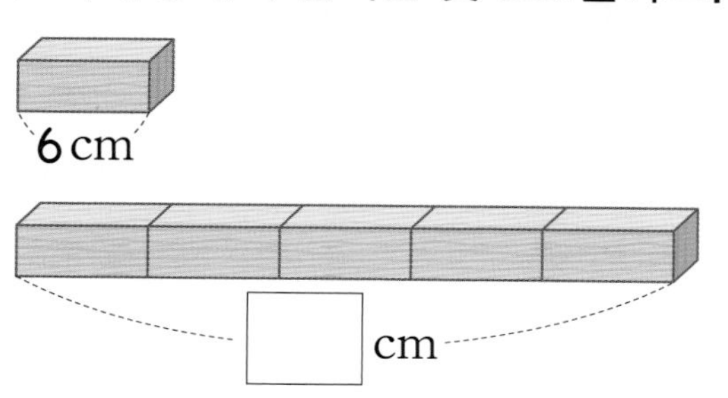

09 □ 안에 알맞은 수를 써넣으세요.

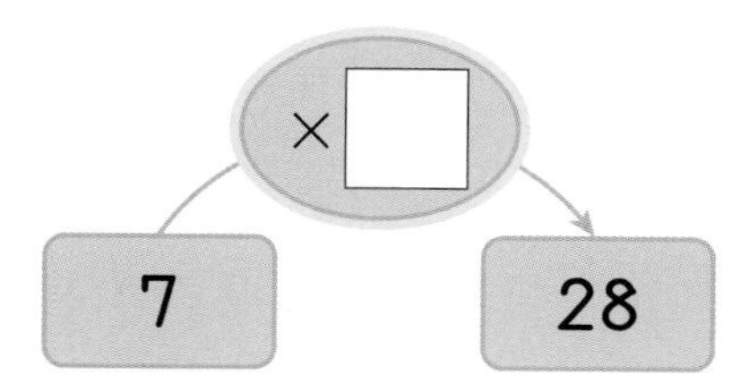

10 9단 곱셈구구의 값을 찾아 가장 작은 수부터 차례로 이어 보세요.

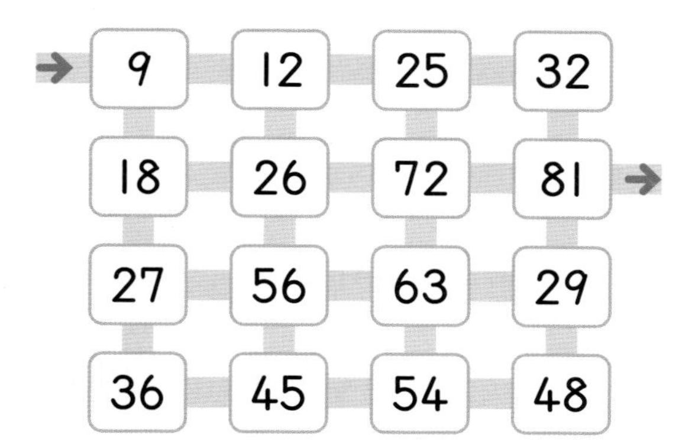

11 곱의 크기를 비교하여 ○ 안에 > 또는 <를 알맞게 써넣으세요.

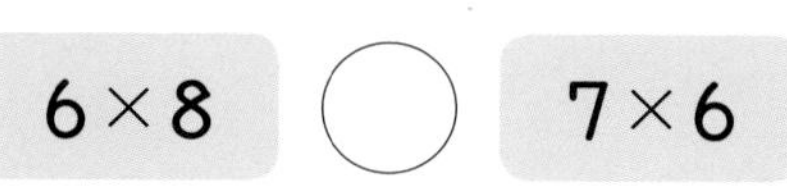

12 보기와 같이 수 카드를 한 번씩만 사용하여 □ 안에 알맞은 수를 써넣으세요.

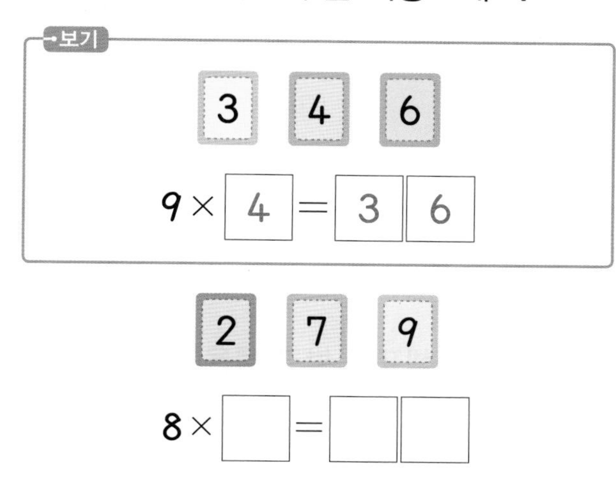

2 7 9

8×□=□□

서술형

13 곱이 큰 것부터 차례로 기호를 쓰려고 합니다. 풀이 과정을 쓰고, 답을 구해 보세요.

㉠ 3×9	㉡ 7×4
㉢ 4×8	㉣ 6×5

답 , , ,

14 곱이 나머지와 다른 하나는 어느 것인가요? (　　　)

① 1×0 ② 0×7 ③ 2×1
④ 9×0 ⑤ 0×5

15 ㉠과 ㉡에 알맞은 수를 각각 구해 보세요.

$3\times$㉠$=0$ ㉡$\times5=5$

㉠ ( )
㉡ ( )

| 16~17 | **곱셈표를 보고 물음에 답하세요.**

×	4	5	6	7	8	9
4	16	20	24	28	32	36
5	20	25	30	㉠	40	45
6	24	30	36	42	㉡	54
7	28	㉢	42	49	56	63
8	32	40	48	56	64	㉣
9	36	45	㉤	63	72	81

16 곱셈표에서 ㉠과 곱이 같은 곱셈구구를 찾아 기호를 써 보세요.

( )

17 곱셈표에서 6×6과 곱이 같은 곱셈구구를 모두 찾아 써 보세요.

$\square\times\square=\square$
$\square\times\square=\square$

18 어떤 수인지 구해 보세요.

- 5단 곱셈구구의 수입니다.
- 짝수입니다.
- 8×4보다 크고 7×6보다 작습니다.

( )

19 냉장고에 사과는 9개 있고, 귤은 사과의 7배만큼 있습니다. 귤은 모두 몇 개인가요?

( )

20 곱셈구구를 이용하여 공깃돌의 수를 구하려고 합니다. □ 안에 알맞은 수를 써넣으세요.

방법 1 5×4와 $3\times\square$을/를 더하면 공깃돌은 모두 □개입니다.

방법 2 $8\times\square$에서 □을/를 빼면 공깃돌은 모두 □개입니다.

21 지수가 화살 10개를 쏘았습니다. 지수가 얻은 점수는 모두 몇 점인지 구해 보세요.

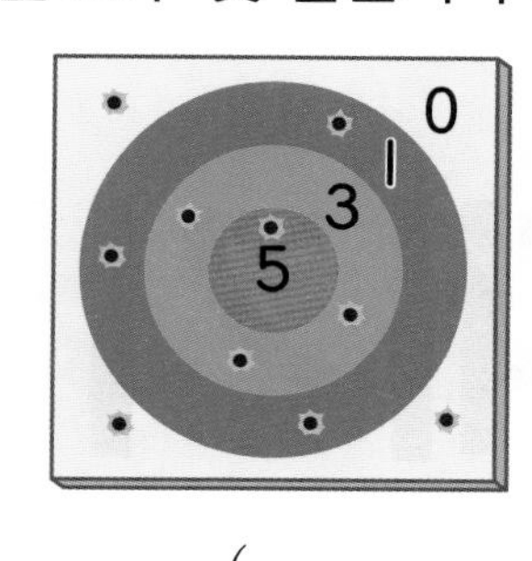

( )

22 같은 모양은 같은 수를 나타냅니다. ★에 알맞은 수를 구해 보세요.

$4 \times 6 =$ ●	$3 \times$ ★ $=$ ●

( )

서술형

23 분홍색 인형 3개와 파란색 인형 6개의 다리는 모두 몇 개인지 풀이 과정을 쓰고, 답을 구해 보세요.

답

수행 평가

24~25 곱셈구구를 이용하여 사탕의 수를 구하려고 합니다. 물음에 답하세요.

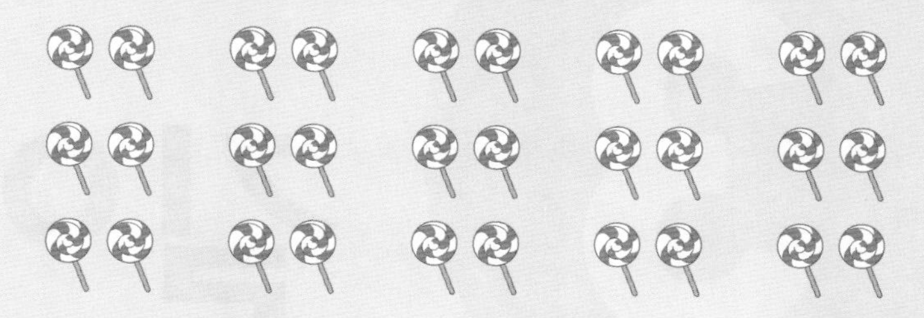

24 □ 안에 알맞은 수를 써넣으세요.

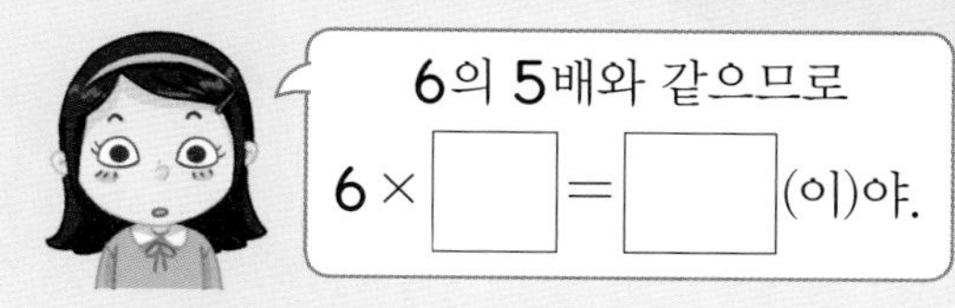

25 24와 다른 방법으로 사탕의 수를 구하려고 합니다. 사탕의 수를 구하는 방법을 2가지 설명해 보세요.

2 단원 9회

학습 결과에 색칠하세요.

3 길이 재기

이번에 배울 내용

회차	쪽수	학습 내용	학습 주제
1	66~69쪽	개념+문제 학습	cm보다 더 큰 단위 알기 / 몇 m 몇 cm 알기
2	70~73쪽	개념+문제 학습	자 비교하기 / 줄자로 길이 재어 보기
3	74~77쪽	개념+문제 학습	길이의 합 구하기 / 길이의 차 구하기
4	78~81쪽	개념+문제 학습	몸의 부분으로 1 m 재어 보기 / 길이 어림하기
5	82~85쪽	응용 학습	
6	86~89쪽	마무리 평가	

문해력을 높이는 **어휘**

줄자: 헝겊이나 철로 띠처럼 만든 자

바지를 사기 전에 줄  자 로 다리 길이를 재었어요.

굴렁쇠: 철이나 대나무로 만든 둥근 테

운동장에서 굴 렁 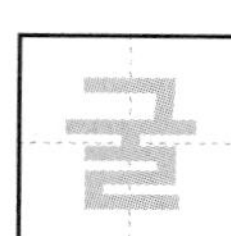 쇠 굴리기 체험을 했어요.

(76쪽)

목발: 다리가 불편한 사람이 겨드랑이에 끼고 걷는 지팡이

발목을 다쳐서 목  발 을 짚고 다녔어요.

(81쪽)

가로등: 거리를 밝게 하거나 교통의 안전을 위해 길을 따라 설치한 조명

가 로 등 이 켜진 길을 따라 달렸어요.

(89쪽)

1회 개념 학습

학습일: 월 일

개념 1 cm보다 더 큰 단위 알기

- 100 cm는 1 m와 같습니다.
- 1 m는 1미터라고 읽습니다.

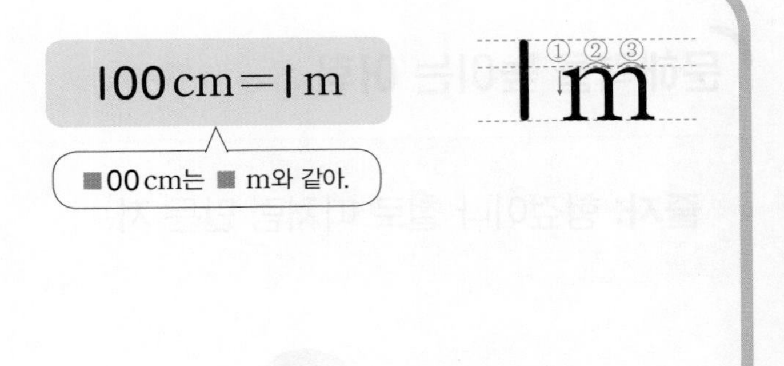

참고 1 m →
- 1 cm를 100번 이은 길이
- 1 cm의 100배인 길이
- 10 cm를 10번 이은 길이
- 10 cm의 10배인 길이

확인 1 1 m를 바르게 써 보세요.

1 m

개념 2 몇 m 몇 cm 알기

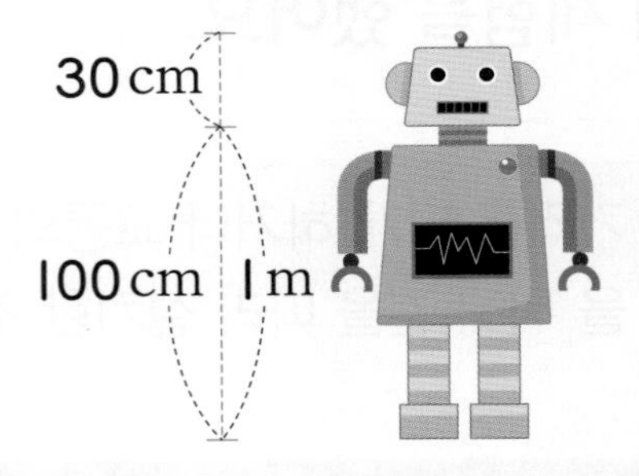

- 130 cm는 1 m보다 30 cm 더 깁니다.
- 130 cm를 1 m 30 cm라고도 씁니다.
- 1 m 30 cm를 1미터 30센티미터라고 읽습니다.

130 cm=1 m 30 cm

참고 130 cm=100 cm+30 cm=1 m+30 cm
=1 m 30 cm

확인 2 색 테이프의 길이는 140 cm입니다. □ 안에 알맞은 수를 써넣으세요.

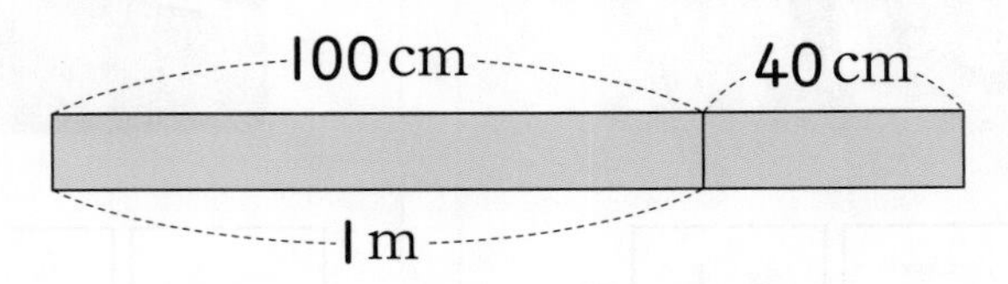

(1) 140 cm는 1 m보다 □ cm 더 깁니다.

(2) 140 cm를 1 m □ cm라고도 씁니다.

1 □ 안에 알맞은 수를 써넣으세요.

100 cm는 □ m와 같습니다.

2 길이를 바르게 써 보세요.

4 m

3 길이를 바르게 읽은 것에 ○표 하세요.

2 m 10 cm

2미터 10미터 (　　)

2미터 10센티미터 (　　)

4 막대의 길이는 200 cm입니다. 막대의 길이는 몇 m인가요?

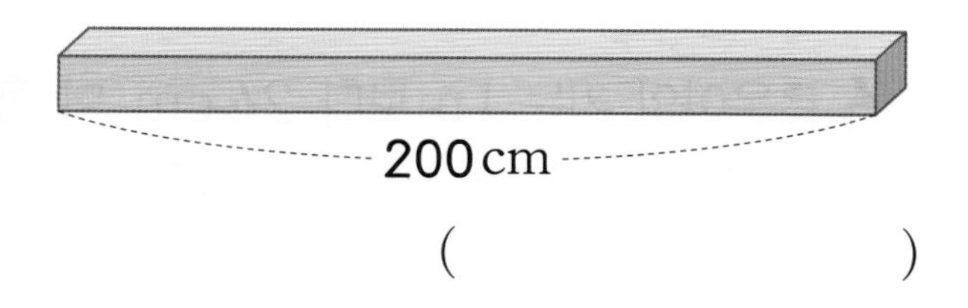

(　　　　　　)

5 다음이 나타내는 길이를 써 보세요.

3 m보다 15 cm 더 긴 길이

□ m □ cm

6 cm와 m 중 알맞은 단위를 골라 ○표 하세요.

(1)

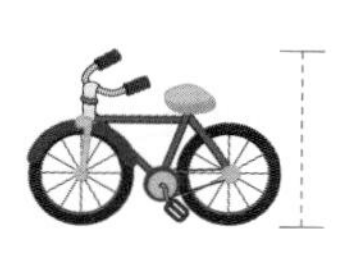

80 (cm , m)

(2)

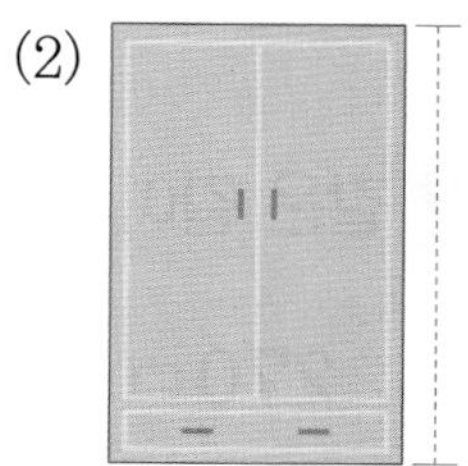

2 (cm , m)

7 □ 안에 알맞은 수를 써넣으세요.

(1) 261 cm = □ cm + 61 cm

= □ m + 61 cm

= □ m □ cm

(2) 3 m 5 cm = □ m + 5 cm

= □ cm + 5 cm

= □ cm

1회 문제 학습

01 □ 안에 알맞은 수를 써넣으세요.

(1) 700 cm= □ m

(2) 5 m= □ cm

(3) 350 cm= □ m □ cm

(4) 4 m 9 cm= □ cm

02 같은 길이끼리 이어 보세요.

270 cm ·	· 2 m 5 cm
275 cm ·	· 2 m 70 cm
205 cm ·	· 2 m 75 cm

03 cm와 m 중 알맞은 단위를 써 보세요.

(1) 연필의 길이는 약 13 □ 입니다.

(2) 교실 짧은 쪽의 길이는 약 8 □ 입니다.

(3) 칠판 긴 쪽의 길이는 약 300 □ 입니다.

04 우겸이는 길이가 7 m인 털실을 사려고 합니다. 우겸이가 사야 할 털실에 ○표 하세요.

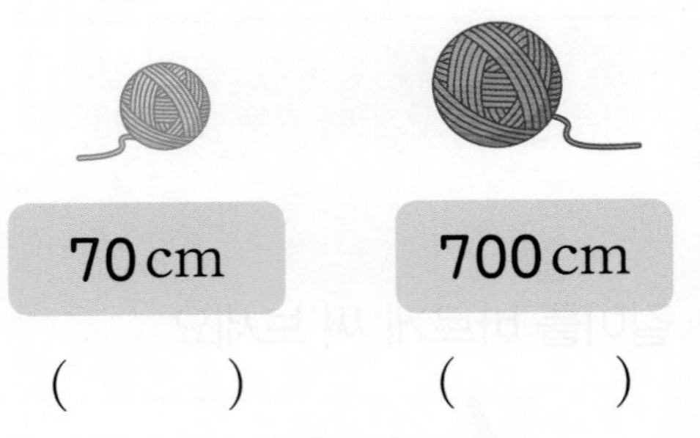

70 cm　　　700 cm

(　　)　　　(　　)

디지털 문해력

05 뉴스 화면을 보고 도마뱀의 길이를 몇 cm로 나타내 보세요.

(　　　　　)

06 로운이의 키는 1 m보다 24 cm 더 큽니다. 로운이의 키는 몇 cm인가요?

(　　　　　)

07 수 카드 3장을 한 번씩만 사용하여 길이를 써 보고, 몇 cm로 나타내 보세요.

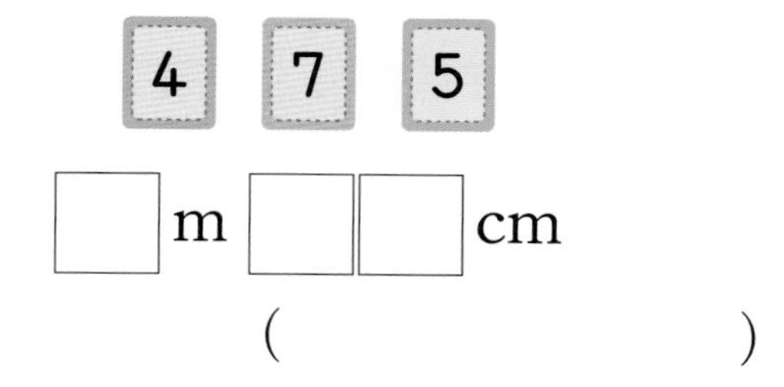

( )

08 1 m에 대한 설명으로 잘못된 것을 찾아 기호를 써 보세요.

㉠ 1 m는 1 cm를 100번 이은 길이와 같습니다.
㉡ 1 m는 1 cm보다 짧습니다.
㉢ 1 m는 10 cm의 10배인 길이와 같습니다.

( )

09 가장 짧은 길이를 찾아 색칠해 보세요.

4 m 5 cm	450 cm	415 cm

서술형 문제

10 길이를 잘못 나타낸 사람의 이름을 쓰고, 바르게 고쳐 보세요.

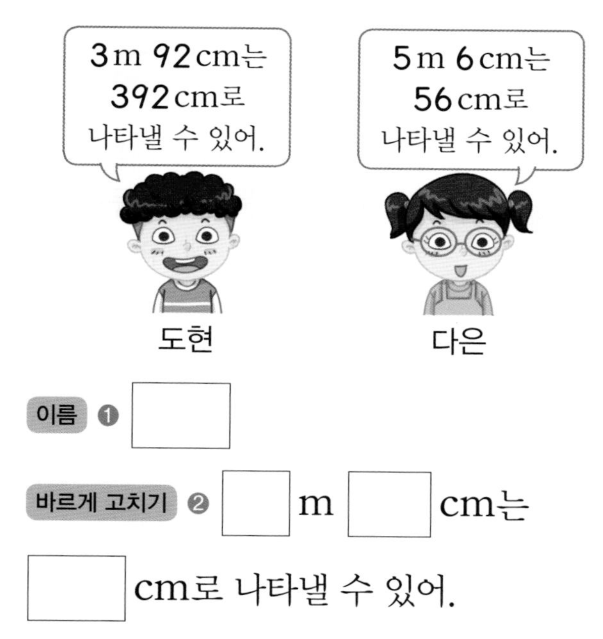

이름 ❶ □

바르게 고치기 ❷ □ m □ cm는 □ cm로 나타낼 수 있어.

11 길이를 잘못 나타낸 사람의 이름을 쓰고, 바르게 고쳐 보세요.

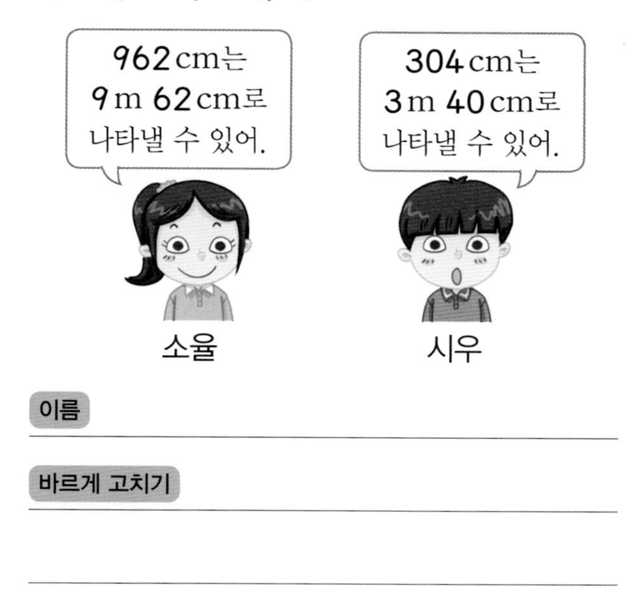

이름

바르게 고치기

3 단원 1회

학습 결과에 색칠하세요.

개념 1 자 비교하기

줄자	곧은 자
• 1 m보다 긴 물건을 재는 데 편리합니다. • 공, 나무의 둘레 등 둥근 부분이 있는 물건의 길이를 잴 수 있습니다.	• 길이가 짧습니다. • 곧은 물건의 길이를 잴 수 있습니다.

확인 1 교실 문의 높이를 재는 데 알맞은 자에 ○표 하세요.

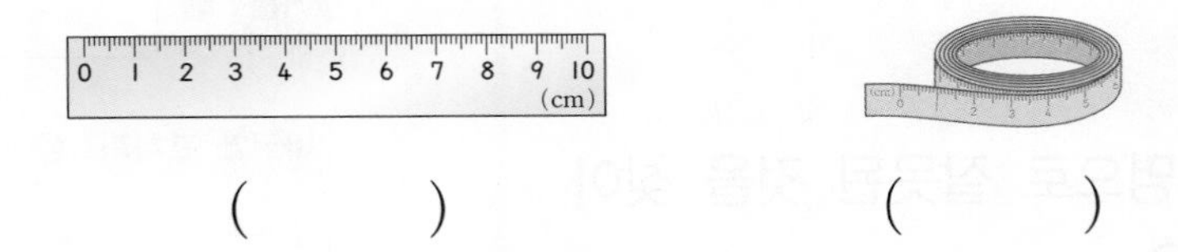

(   )   (   )

개념 2 줄자로 길이 재어 보기

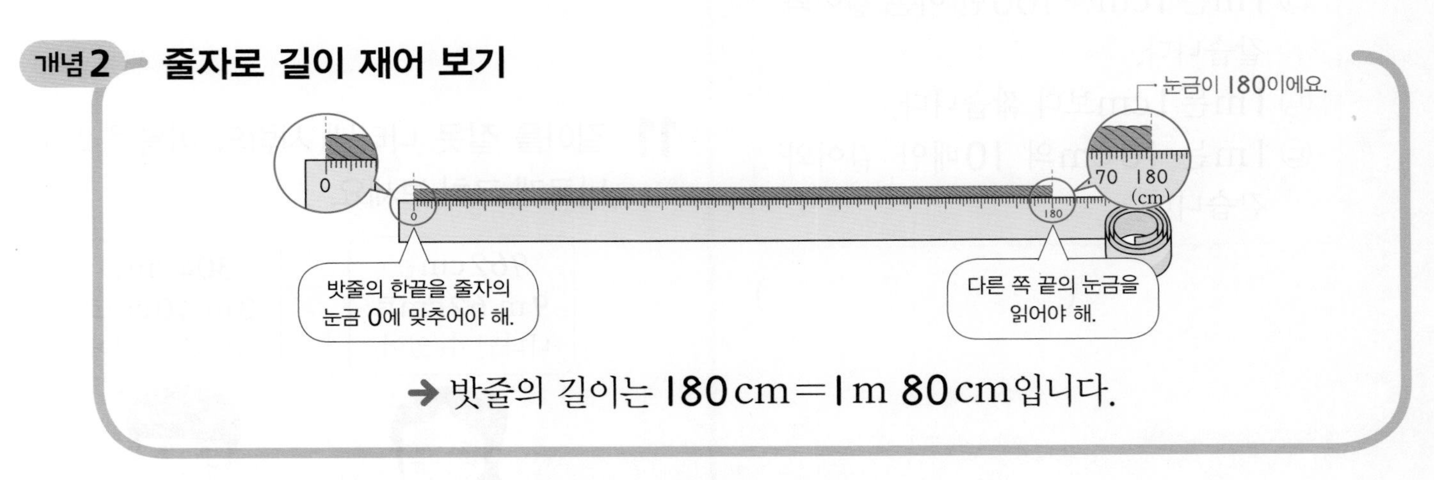

➔ 밧줄의 길이는 180 cm=1 m 80 cm입니다.

확인 2 줄자를 사용하여 액자 긴 쪽의 길이를 알아보세요.

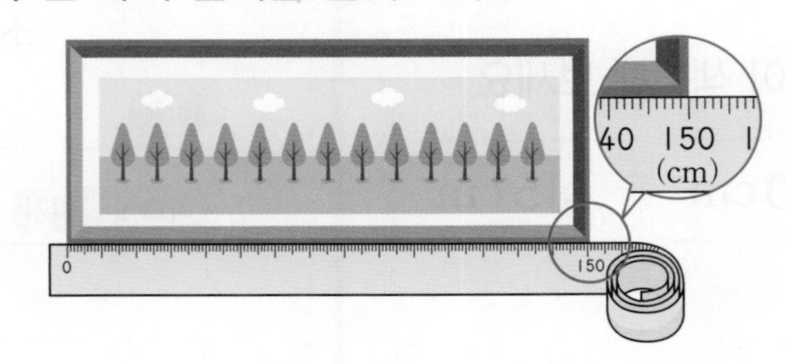

액자 긴 쪽의 한끝을 줄자의 눈금 ☐에 맞추고 다른 쪽 끝의 눈금을 읽으면 ☐입니다. ➔ 액자 긴 쪽의 길이는 ☐ cm입니다.

1 줄자를 사용하여 길이를 재기에 더 알맞은 것에 ○표 하세요.

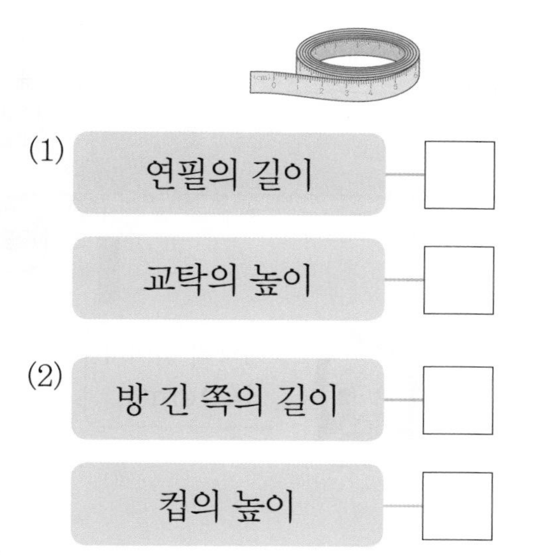

(1) 연필의 길이 ☐

교탁의 높이 ☐

(2) 방 긴 쪽의 길이 ☐

컵의 높이 ☐

2 줄자를 사용하여 서랍장의 길이를 바르게 잰 것에 ○표, 잘못 잰 것에 ×표 하세요.

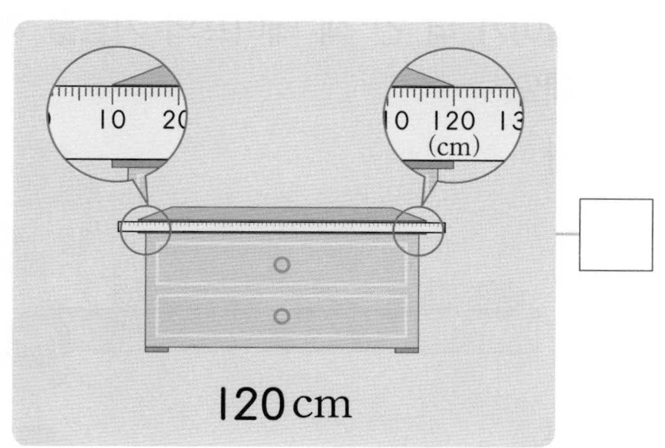

☐

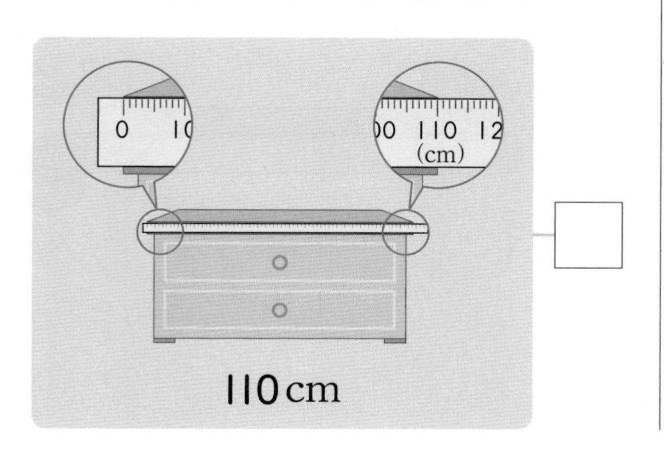

☐

3 나무 막대의 길이는 몇 cm인가요?

(1)

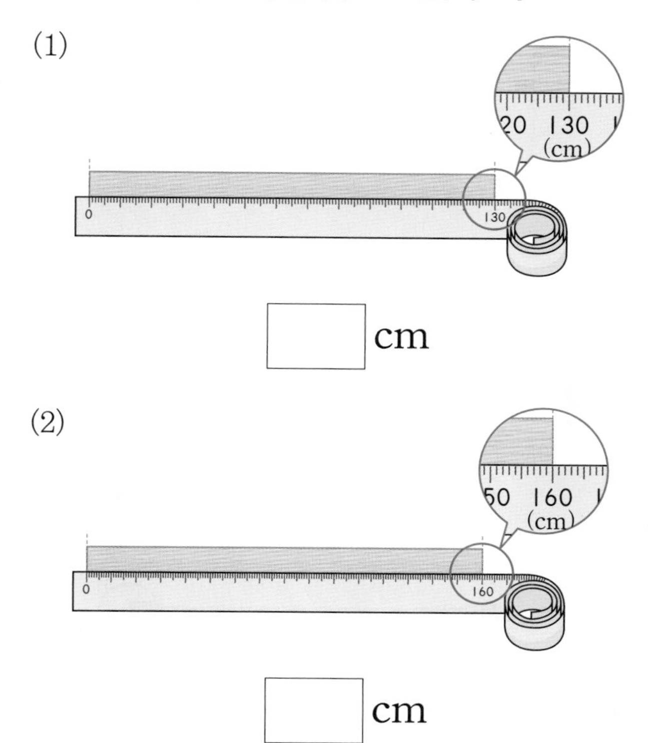

☐ cm

(2)

☐ cm

4 알림판 긴 쪽의 길이를 두 가지 방법으로 나타내 보세요.

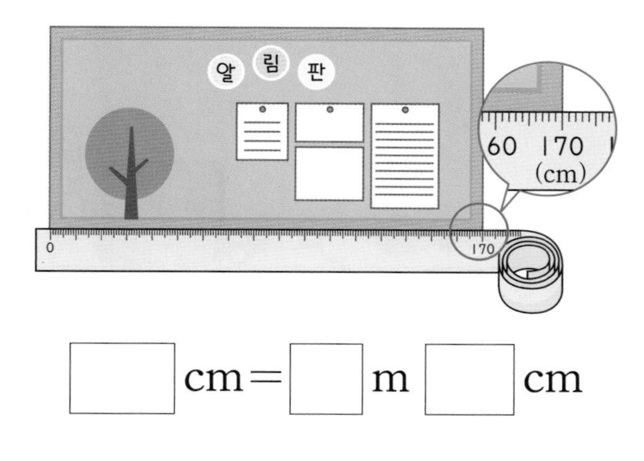

☐ cm = ☐ m ☐ cm

01 알맞은 말에 ○표 하세요.

거실 긴 쪽의 길이를 재는 데 알맞은 자는 (곧은 자 , 줄자)입니다.

02 줄넘기의 길이는 몇 m 몇 cm인가요?

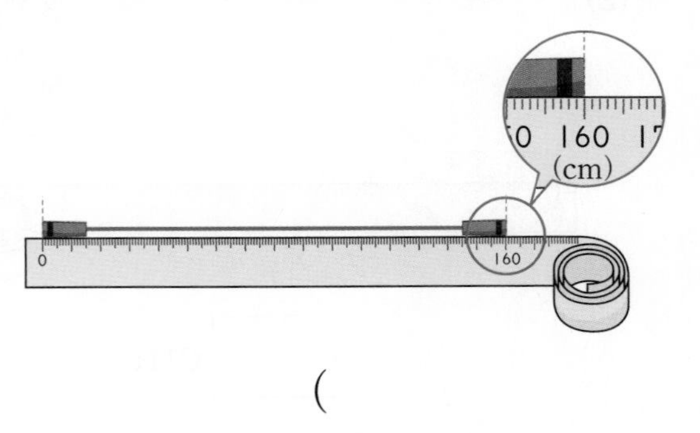

(　　　　　　　　)

03 한 줄로 놓인 물건들의 길이를 줄자로 재었습니다. 전체 길이는 몇 m 몇 cm인가요?

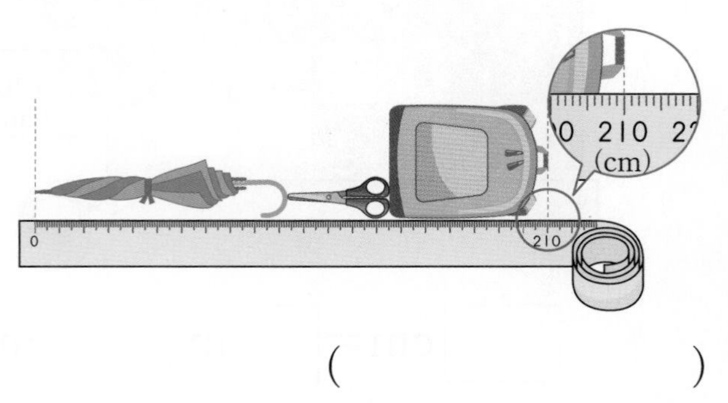

(　　　　　　　　)

창의형

04 식탁의 길이를 줄자로 재었습니다. 길이 재기가 잘못된 이유를 써 보세요.

이유 ______________________

05 색 테이프의 길이를 줄자로 재었습니다. 길이가 더 긴 색 테이프의 기호를 써 보세요.

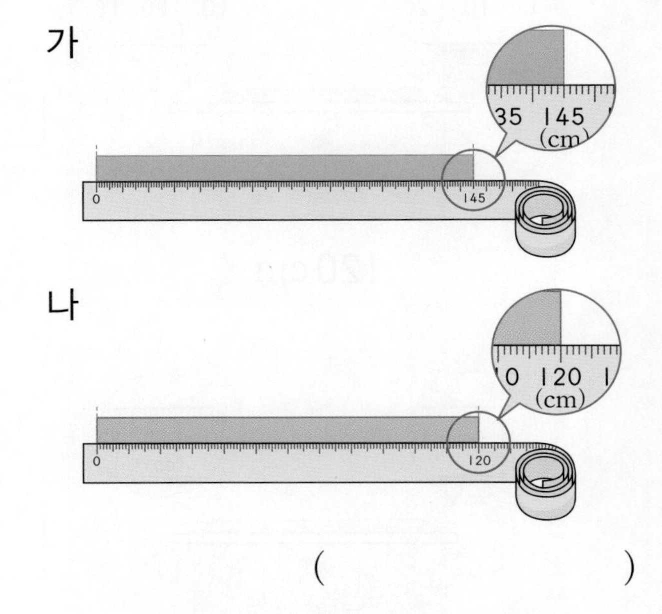

(　　　　　　　　)

06 찬우는 방의 한쪽 벽에 물건의 긴 쪽이 닿도록 놓으려고 합니다. 물건을 놓을 벽의 길이가 2 m일 때 어느 것을 놓을 수 있는지 알아보세요.

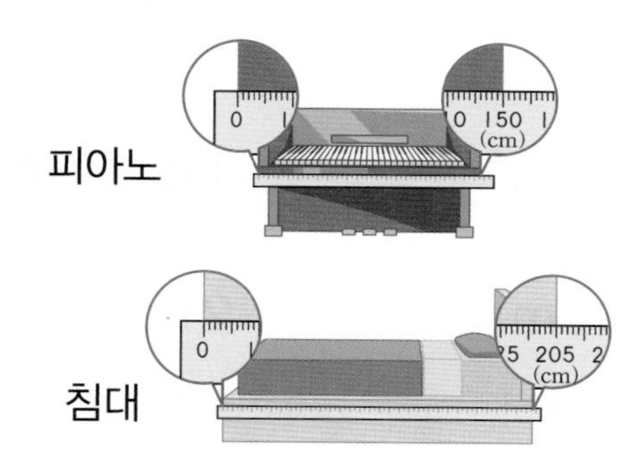

(1) 피아노 긴 쪽의 길이를 알아보세요.

□ cm=□ m □ cm

(2) 침대 긴 쪽의 길이를 알아보세요.

□ cm=□ m □ cm

(3) 방의 한쪽 벽에는 피아노와 침대 중 어느 것을 놓을 수 있을까요?

(　　　　　　　　)

창의형

07 1 m보다 긴 물건을 찾아 자로 길이를 재어 보고, 잰 길이를 두 가지 방법으로 나타내 보세요.

물건	□cm	□m □cm

서술형 문제

08 슬기와 우민이가 출발선에서 제기를 던졌습니다. 더 멀리 던진 사람의 기록은 몇 m 몇 cm인지 풀이 과정을 쓰고, 답을 구해 보세요.

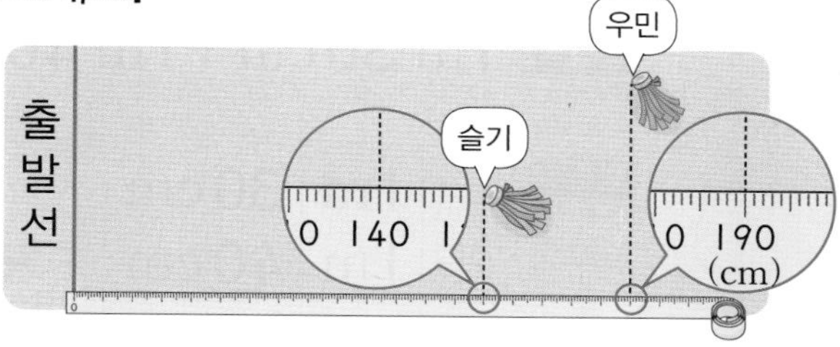

❶ 더 멀리 던진 사람은 (슬기 , 우민)입니다.

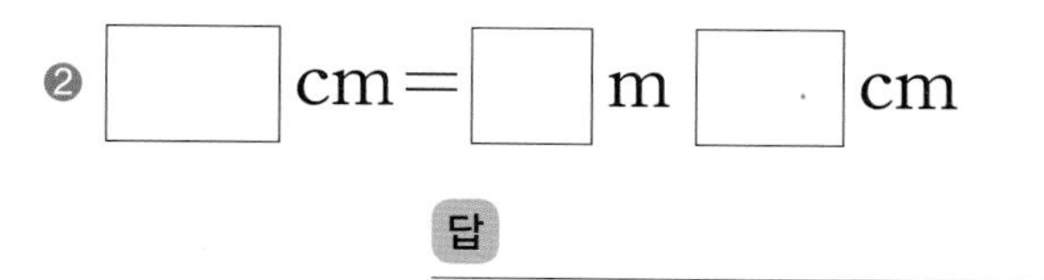

❷ □ cm=□ m □ cm

답

09 찬혁이와 수현이가 출발선에서 종이비행기를 날렸습니다. 더 멀리 날린 사람의 기록은 몇 m 몇 cm인지 풀이 과정을 쓰고, 답을 구해 보세요.

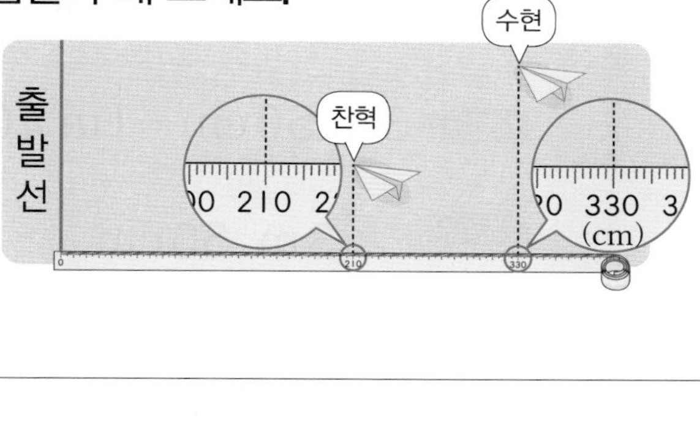

답

3 단원 2회

학습 결과에 색칠하세요.

학습일: 월 일

개념 1 길이의 합 구하기

m는 m끼리, cm는 cm끼리 더합니다.

방법 1 1 m 30 cm + 1 m 40 cm = 2 m 70 cm

방법 2

	1 m	30 cm
+	1 m	40 cm

단위끼리 맞추어 써.

→

	1 m	30 cm
+	1 m	40 cm
		70 cm

cm끼리 더해.

→

	1 m	30 cm
+	1 m	40 cm
	2 m	70 cm

m끼리 더해.

확인 1 3 m 18 cm + 4 m 50 cm를 계산해 보세요.

	3 m	18 cm
+	4 m	50 cm
		□ cm

→

	3 m	18 cm
+	4 m	50 cm
	□ m	□ cm

개념 2 길이의 차 구하기

m는 m끼리, cm는 cm끼리 뺍니다.

방법 1 3 m 50 cm − 1 m 40 cm = 2 m 10 cm

방법 2

	3 m	50 cm
−	1 m	40 cm

단위끼리 맞추어 써.

→

	3 m	50 cm
−	1 m	40 cm
		10 cm

cm끼리 빼.

→

	3 m	50 cm
−	1 m	40 cm
	2 m	10 cm

m끼리 빼.

확인 2 7 m 50 cm − 2 m 30 cm를 계산해 보세요.

	7 m	50 cm
−	2 m	30 cm
		□ cm

→

	7 m	50 cm
−	2 m	30 cm
	□ m	□ cm

1 그림을 보고 □ 안에 알맞은 수를 써넣으세요.

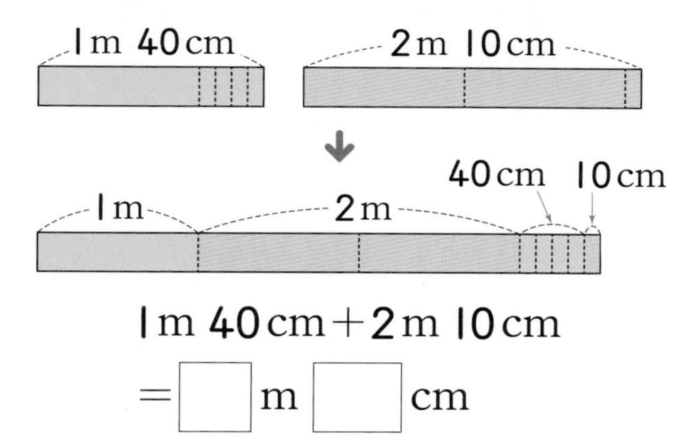

1 m 40 cm + 2 m 10 cm
= □ m □ cm

2 □ 안에 알맞은 수를 써넣으세요.

(1) 2 m 20 cm + 1 m 70 cm
= □ m □ cm

(2) 3 m 34 cm + 2 m 35 cm
= □ m □ cm

3 길이의 합을 구해 보세요.

(1)

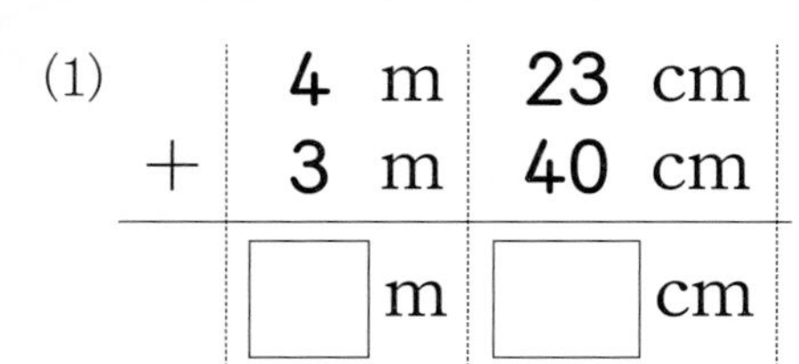

	4 m	23 cm
+	3 m	40 cm
	□ m	□ cm

(2)

	5 m	16 cm
+	1 m	62 cm
	□ m	□ cm

4 그림을 보고 □ 안에 알맞은 수를 써넣으세요.

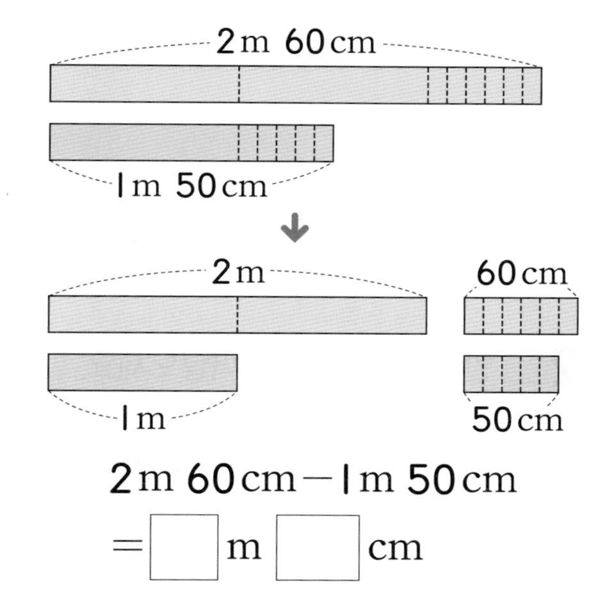

2 m 60 cm − 1 m 50 cm
= □ m □ cm

5 □ 안에 알맞은 수를 써넣으세요.

(1) 2 m 80 cm − 1 m 10 cm
= □ m □ cm

(2) 5 m 27 cm − 2 m 25 cm
= □ m □ cm

6 길이의 차를 구해 보세요.

(1)

	6 m	45 cm
−	3 m	23 cm
	□ m	□ cm

(2)

	8 m	78 cm
−	2 m	44 cm
	□ m	□ cm

3 단원 3회

3회 문제 학습

01 길이의 합을 구해 보세요.

$$\begin{array}{r} 2\text{ m}\ \ 25\text{ cm} \\ +\ 4\text{ m}\ \ 10\text{ cm} \\ \hline \end{array}$$

02 □ 안에 알맞은 수를 써넣으세요.

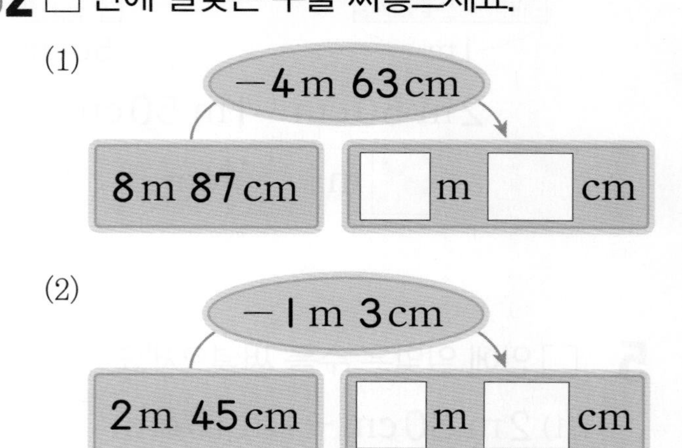

03 두 막대의 길이의 합을 구해 보세요.

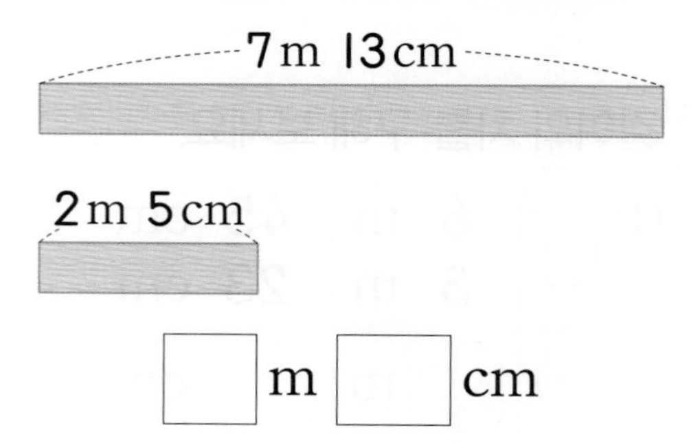

□ m □ cm

04 두 길이의 차는 몇 m 몇 cm인가요?

3 m 63 cm　　125 cm

(　　　　　　　　)

05 길이가 더 짧은 것에 ○표 하세요.

6 m 82 cm − 4 m 40 cm	
2 m 25 cm	

06 희영이는 선을 따라 굴렁쇠를 굴렸습니다. 출발점에서 도착점까지 굴렁쇠가 굴러간 거리는 몇 m 몇 cm인지 구해 보세요.

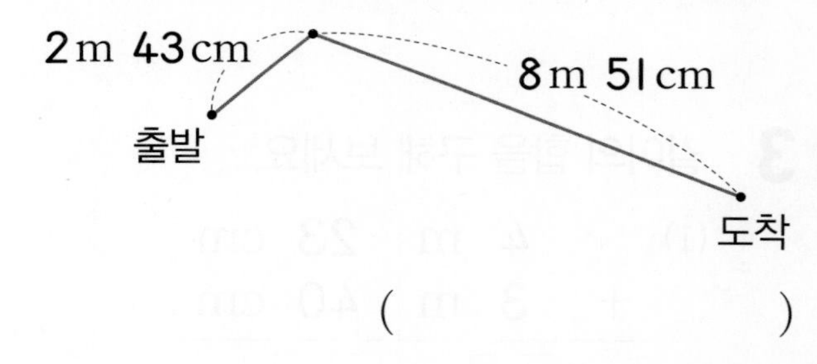

(　　　　　　　　)

07 길이가 9 m 56 cm인 색 테이프를 두 도막으로 잘랐더니 한 도막의 길이가 4 m 25 cm였습니다. 다른 한 도막의 길이는 몇 m 몇 cm인지 구해 보세요.

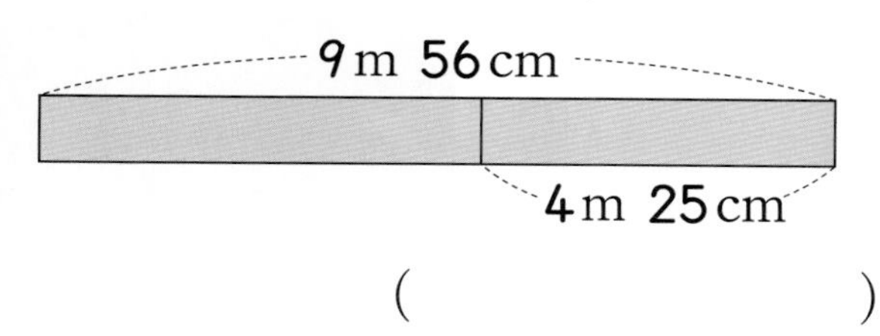

(　　　　　　　　)

08 □ 안에 알맞은 수를 써넣으세요.

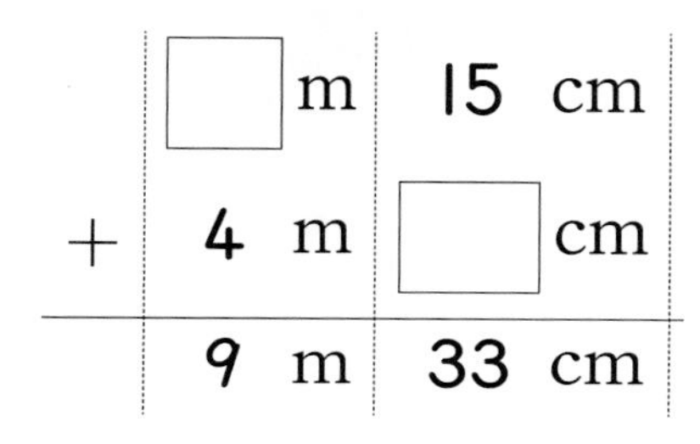

	□ m	15 cm	
+	4 m	□ cm	
	9 m	33 cm	

창의형

09 수 카드를 한 번씩만 사용하여 알맞은 길이를 만들어 보세요.

□ m □□ cm

서술형 문제

10 가장 긴 길이와 가장 짧은 길이의 합은 몇 m 몇 cm인지 풀이 과정을 쓰고, 답을 구해 보세요.

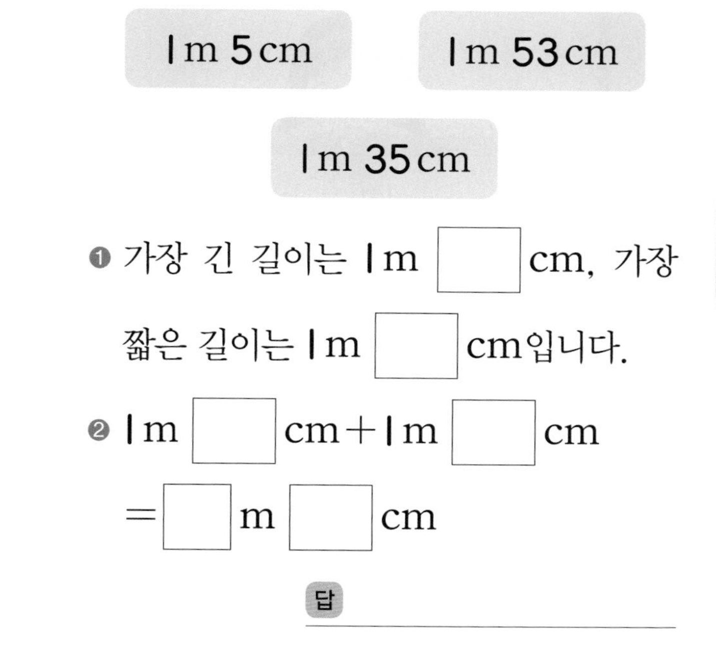

❶ 가장 긴 길이는 1 m □ cm, 가장 짧은 길이는 1 m □ cm입니다.

❷ 1 m □ cm + 1 m □ cm = □ m □ cm

답

11 가장 긴 길이와 가장 짧은 길이의 차는 몇 m 몇 cm인지 풀이 과정을 쓰고, 답을 구해 보세요.

3 m 52 cm　　2 m 30 cm　　8 m 65 cm

답

3 단원 3회

학습 결과에 색칠하세요.

학습일: 월 일

개념1 몸의 부분으로 1 m 재어 보기

• 양팔을 벌린 길이로 재기 • 한 걸음의 길이로 재기 • 한 뼘의 길이로 재기

➔ 약 1번

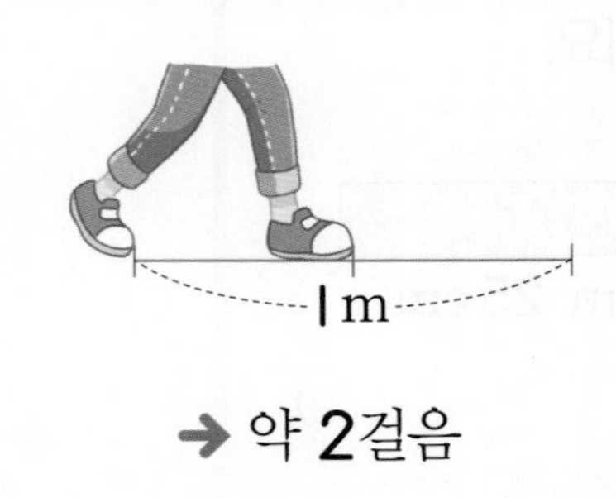

➔ 약 2걸음

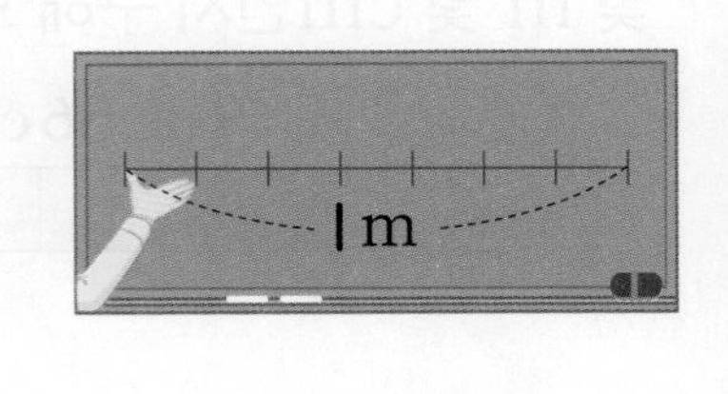

➔ 약 7뼘

참고 양팔을 벌린 길이, 2걸음의 길이, 7뼘의 길이는 모두 약 1 m이지만 사람에 따라 다를 수 있습니다.

확인1 몸에서 약 1 m인 부분을 바르게 나타낸 것을 찾아 ○표 하세요.

( ) ( ) ( )

개념2 길이 어림하기

1 m를 이용하여 2 m, 5 m, 10 m, ...를 어림할 수 있습니다.

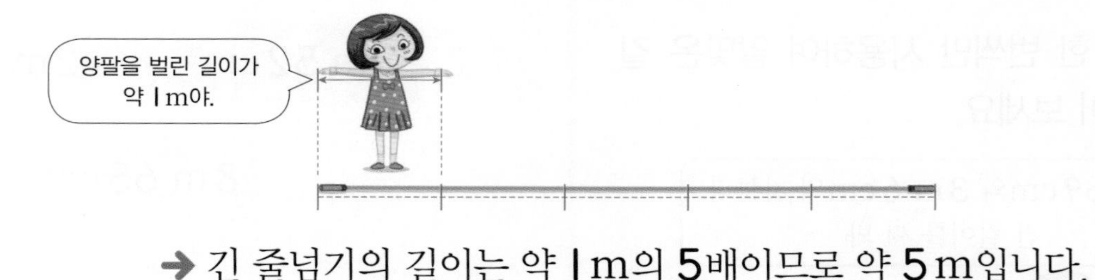

➔ 긴 줄넘기의 길이는 약 1 m의 5배이므로 약 5 m입니다.

확인2 지용이가 양팔을 벌린 길이가 약 1 m일 때 화단의 길이는 약 몇 m인가요?

화단의 길이는 약 1 m의 □배이므로 약 □m입니다.

1 1 m를 몸의 부분으로 잰 것입니다. □ 안에 알맞은 수를 써넣으세요.

2 길이가 1 m인 색 테이프로 긴 줄의 길이를 어림해 보세요.

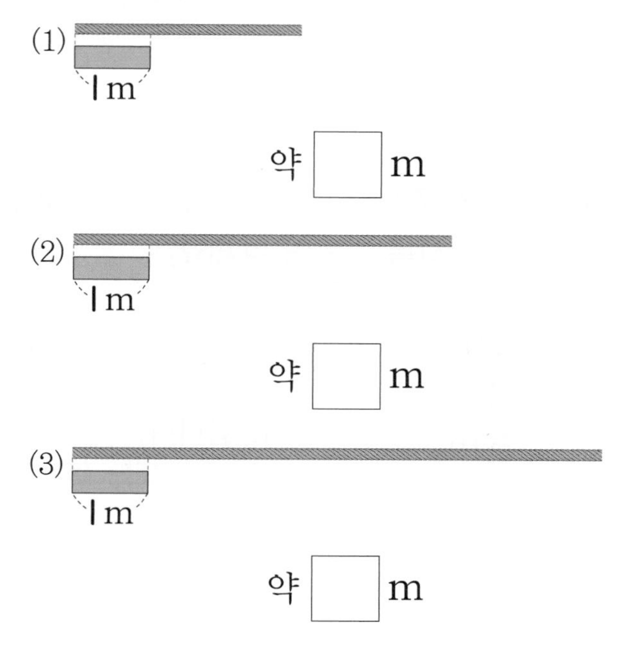

3 서준이의 두 걸음이 1 m일 때 물건의 길이를 어림해 보세요.

(1) 서준

사물함의 길이는 약 □ m입니다.

(2) 서준

자동차의 길이는 약 □ m입니다.

4 길이가 1 m보다 긴 것에는 ○표, 1 m보다 짧은 것에는 △표 하세요.

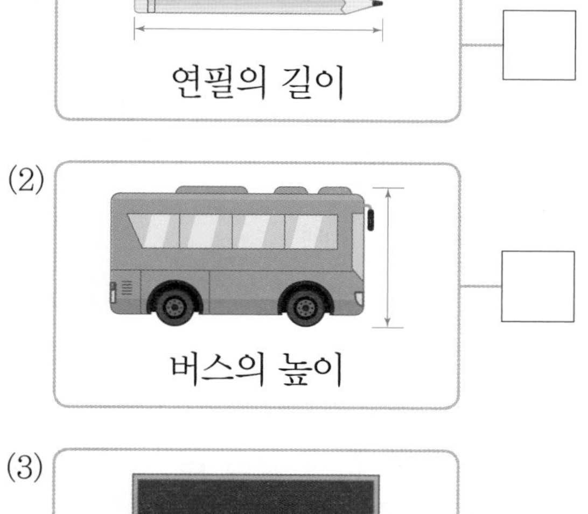

(3)

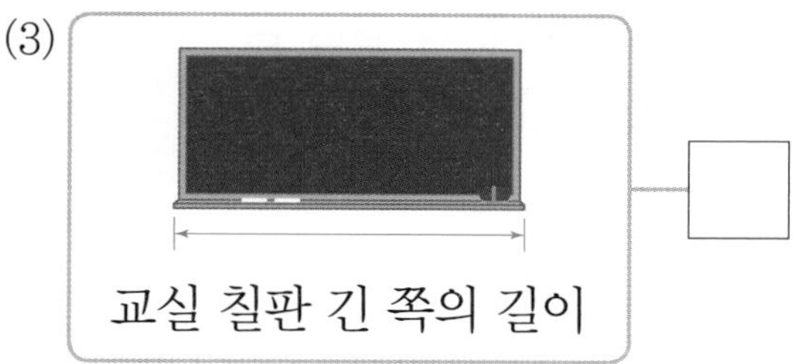

3 단원 4회

01 지후가 양팔을 벌린 길이가 약 1 m일 때 책장의 길이를 어림해 보세요.

책장의 길이는 약 ☐ m입니다.

| 02~03 | 1 m를 뼘과 걸음으로 각각 잰 것입니다. 물음에 답하세요.

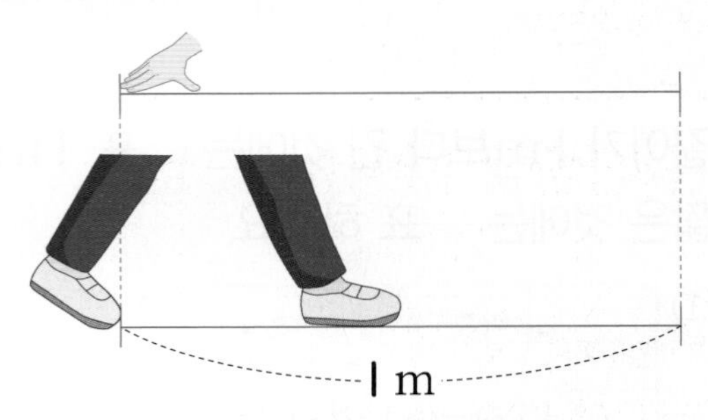

02 1 m는 뼘과 걸음으로 각각 약 몇 번인지 재어 써 보세요.

뼘 (　　　　　　)
걸음 (　　　　　　)

03 1 m를 잴 때 뼘과 걸음 중 더 적은 횟수로 잴 수 있는 것은 무엇인가요?

(　　　　　　)

04 알맞은 길이를 골라 문장을 완성해 보세요.

1 m　　5 m　　10 m　　50 m

(1) 책상의 높이는 약 ☐ 입니다.

(2) 버스의 길이는 약 ☐ 입니다.

(3) 축구 골대 긴 쪽의 길이는 약 ☐ 입니다.

05 영호가 양팔을 벌린 길이는 약 1 m입니다. 영호가 거실 긴 쪽의 길이를 양팔을 벌린 길이로 재었더니 4번이었습니다. 거실 긴 쪽의 길이는 약 몇 m인가요?

(　　　　　　)

창의형

06 보기 와 같이 주어진 길이를 사용하여 알맞은 문장을 만들어 보세요.

1 m
3 m
5 m

보기
우리 반 사물함의 높이는 약 1 m입니다.

07 길이가 10 m보다 긴 것을 모두 찾아 기호를 써 보세요.

㉠ 볼펜 10개를 이어 놓은 길이
㉡ 어른 목발 10개를 이어 놓은 길이
㉢ 학생 10명이 한 줄로 길게 누운 길이

(　　　　　　)

디지털 문해력

08 현경이가 올린 온라인 게시물을 보고 나무와 나무 사이의 거리는 약 몇 m인지 구해 보세요.

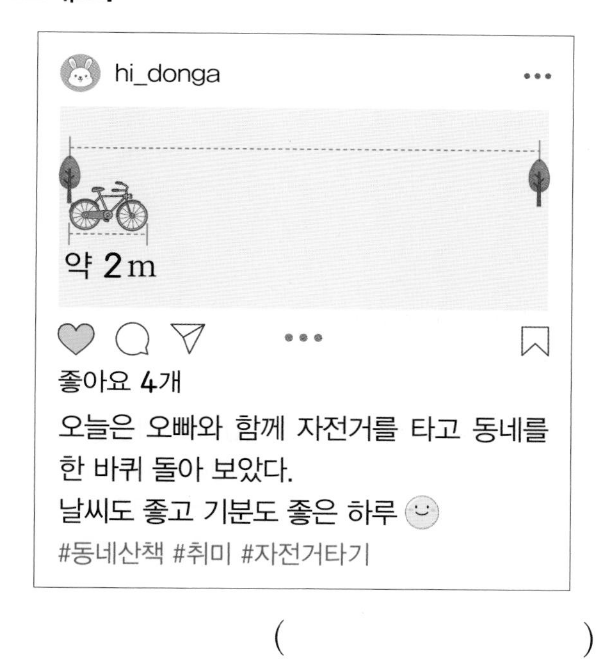

(　　　　　　)

서술형 문제

09 예나가 자동차와 식탁의 길이를 어림하였습니다. 길이가 더 긴 것은 무엇인지 풀이 과정을 쓰고, 답을 구해 보세요.

❶ 자동차의 길이는 약 □ m, 식탁의 길이는 약 □ m입니다.

❷ 따라서 길이가 더 긴 것은 □입니다.

답 ____________

10 서진이가 신발장과 책장의 길이를 어림하였습니다. 길이가 더 긴 것은 무엇인지 풀이 과정을 쓰고, 답을 구해 보세요.

답 ____________

3 단원 4회

학습 결과에 색칠하세요.

학습일: 월 일

주어진 길이가 여러 번인 길이 구하기

01 철탑의 높이는 길이가 10 cm인 막대 20개를 이은 길이와 같습니다. 철탑의 높이는 몇 m인지 구해 보세요.

1단계 철탑의 높이는 몇 cm인지 구하기

( )

2단계 철탑의 높이는 몇 m인지 구하기

( )

문제해결 TIP
10 cm가 10번인 길이는 100 cm=1 m예요.

02 윤재가 가지고 있는 리본의 길이는 1 cm의 300배인 길이와 같습니다. 윤재가 가지고 있는 리본의 길이는 몇 m인지 구해 보세요.

( )

03 철사의 길이는 10 cm의 32배인 길이와 같습니다. 철사의 길이는 몇 m 몇 cm인지 구해 보세요.

( )

10 cm의 10배인 길이는 100 cm=1 m이므로 10 cm의 30배인 길이는 300 cm=3 m야.

길이가 얼마만큼 더 긴지 비교하기

04 노란색 털실의 길이는 3 m 85 cm이고, 빨간색 털실의 길이는 1 m 17 cm입니다. 어느 색 털실이 몇 m 몇 cm 더 긴지 구해 보세요.

1단계 길이가 더 긴 털실 찾기

(노란색 털실 , 빨간색 털실)

2단계 몇 m 몇 cm만큼 더 긴지 구하기

(   )

문제해결 TIP

두 가지 색 털실의 길이를 비교한 다음 더 긴 털실의 길이에서 더 짧은 털실의 길이를 빼야 해요.

05 진주와 하로가 멀리뛰기를 하였습니다. 진주는 1 m 36 cm를 뛰었고, 하로는 1 m 8 cm를 뛰었습니다. 누가 몇 cm 더 멀리 뛰었는지 구해 보세요.

(진주 , 하로)가 ☐ cm 더 멀리 뛰었습니다.

06 집에서 학교로 바로 가는 길은 집에서 놀이터를 지나 학교로 가는 길보다 몇 m 몇 cm 더 가까운지 구해 보세요.

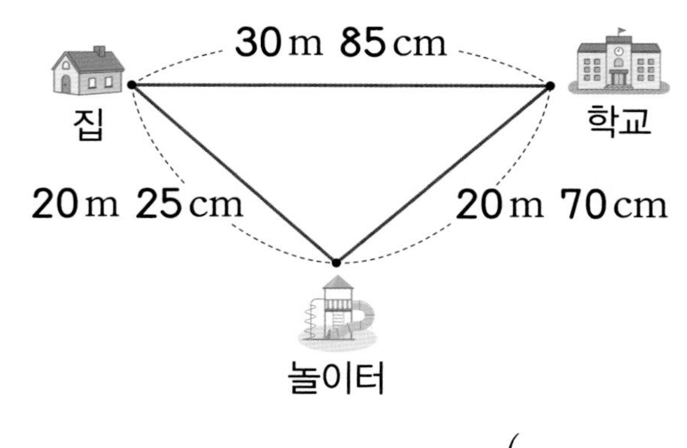

(   )

집에서 놀이터를 지나 학교로 가는 길의 거리를 먼저 구해.

수 카드로 가장 긴 길이 만들기

07 수 카드 3장을 □ 안에 한 번씩만 써넣어 가장 긴 길이를 만들어 보세요.

8 3 5 → □m □□cm

1단계 가장 긴 길이를 만드는 방법 알기

가장 긴 길이를 만들려면 m 단위부터 (큰 , 작은) 수를 차례로 써야 합니다.

2단계 만들 수 있는 가장 긴 길이 구하기

□m □□cm

문제해결 TIP

가장 긴 길이를 만들기 위해서는 m 단위부터 큰 수를 차례로 놓아야 해요.

08 수 카드 3장을 □ 안에 한 번씩만 써넣어 가장 짧은 길이를 만들어 보세요.

3 9 7 → □m □□cm

09 수 카드 5장 중 3장을 골라 □ 안에 한 번씩만 써넣어 가장 긴 길이를 만들어 보세요.

9 4 5 1 6 → □m □□cm

m 단위의 수가 클수록 더 큰 수를 만들 수 있어.

몇 개의 부분으로 나누어 길이 어림하기

10 의자의 길이는 약 4 m, 울타리 한 칸의 길이는 약 2 m입니다. 나무와 나무 사이의 거리는 약 몇 m인지 구해 보세요.

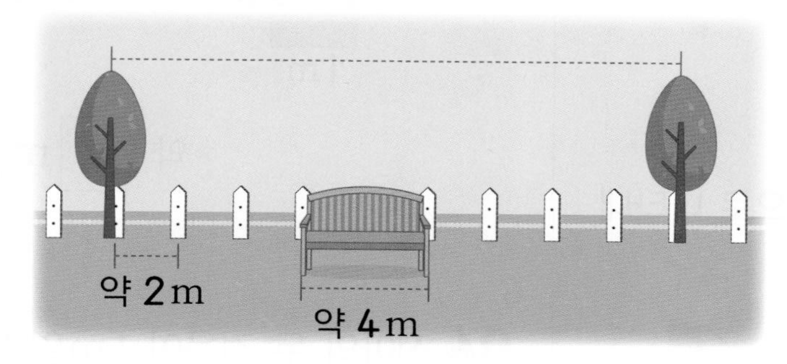

1단계 각각의 거리 구하기

- 왼쪽 나무에서 의자까지의 거리: 약 ☐ m
- 의자의 길이: 약 ☐ m
- 의자에서 오른쪽 나무까지의 거리: 약 ☐ m

2단계 나무와 나무 사이의 거리 구하기

(　　　　　　　　)

문제해결 TIP

① 왼쪽 나무에서 의자까지의 거리, ② 의자의 길이, ③ 의자에서 오른쪽 나무까지의 거리로 부분을 나누어 어림할 수 있어요.

11 축구 골대의 길이는 약 6 m이고, 기둥 한 칸의 길이는 약 3 m입니다. 깃발과 깃발 사이의 거리는 약 몇 m인지 구해 보세요.

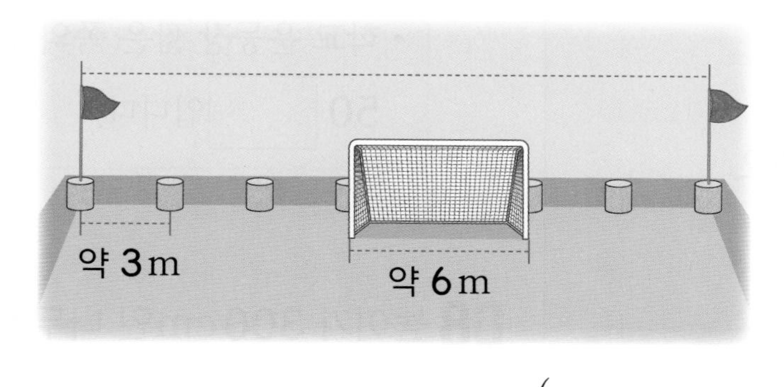

(　　　　　　　　)

깃발과 깃발 사이의 거리를 세 부분으로 나누어 보자.

학습 결과에 색칠하세요.

학습일: 월 일

01 □ 안에 알맞은 수를 써넣으세요.

112 cm = □ m □ cm

02 지팡이의 길이를 두 가지 방법으로 나타내 보세요.

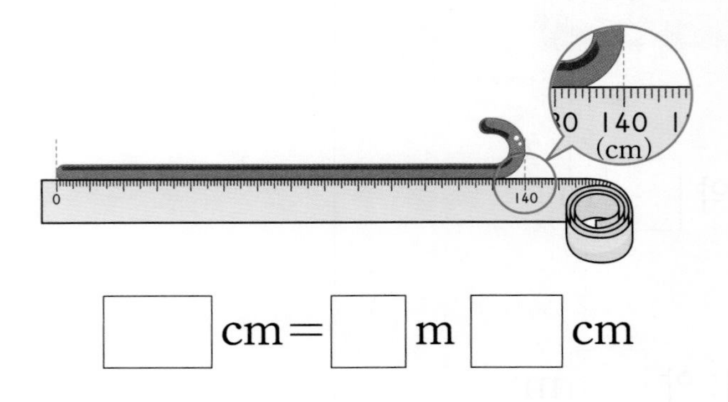

□ cm = □ m □ cm

03 길이의 합을 구해 보세요.

	4 m	22 cm
+	3 m	45 cm
	□ m	□ cm

04 □ 안에 알맞은 수를 써넣으세요.

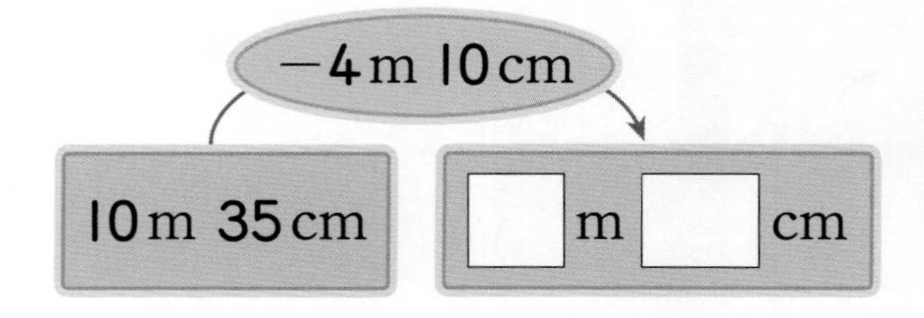

05 길이가 1 m인 색 테이프로 털실의 길이를 어림해 보세요.

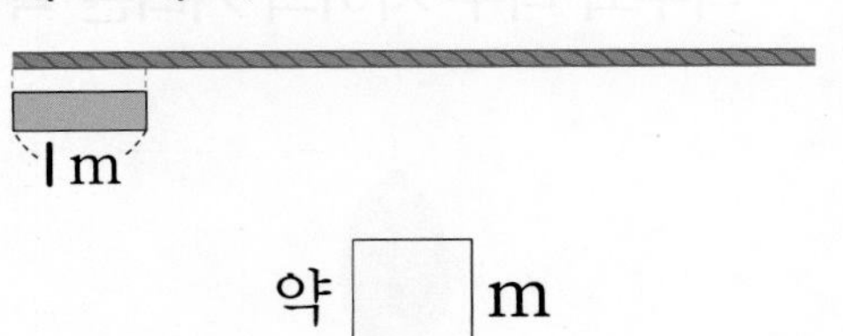

약 □ m

06 진아의 두 걸음이 1 m일 때 거실 유리창의 길이를 어림해 보세요.

거실 유리창의 길이는 약 □ m입니다.

07 cm와 m 중 알맞은 단위를 써 보세요.

- 형광펜의 길이는 약 15 □ 입니다.
- 학교 운동장 짧은 쪽의 길이는 약 50 □ 입니다.

08 높이가 300 cm인 나무가 있습니다. 이 나무의 높이는 몇 m일까요?

( )

정답 21쪽

09 길이를 잘못 나타낸 것을 찾아 기호를 써 보세요.

㉠ 605 cm=6 m 5 cm
㉡ 7 m 50 cm=750 cm
㉢ 401 cm=4 m 10 cm

(   )

10 길이가 더 긴 것에 ○표 하세요.

516 cm	5 m 60 cm
( )	( )

서술형

11 서랍장의 길이를 줄자로 재었습니다. 길이 재기가 잘못된 이유를 써 보세요.

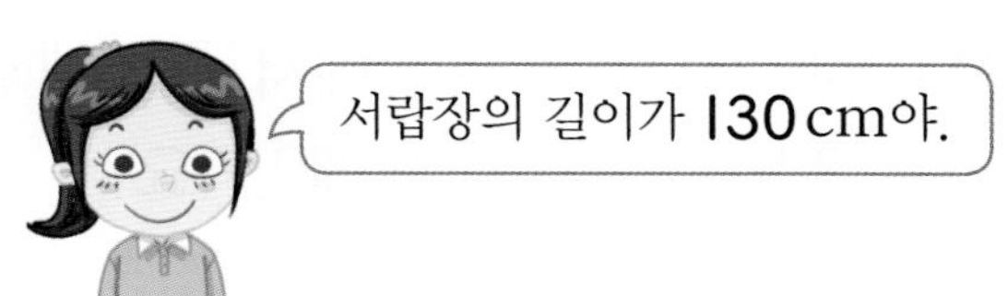

이유

12 한 줄로 놓인 물건들의 길이를 줄자로 재었습니다. 전체 길이는 몇 m 몇 cm인가요?

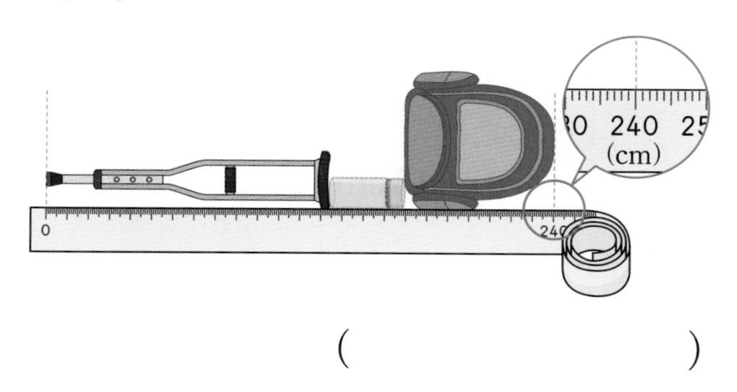

(   )

13 집에서 병원을 지나 학교로 가는 거리는 몇 m 몇 cm인지 구해 보세요.

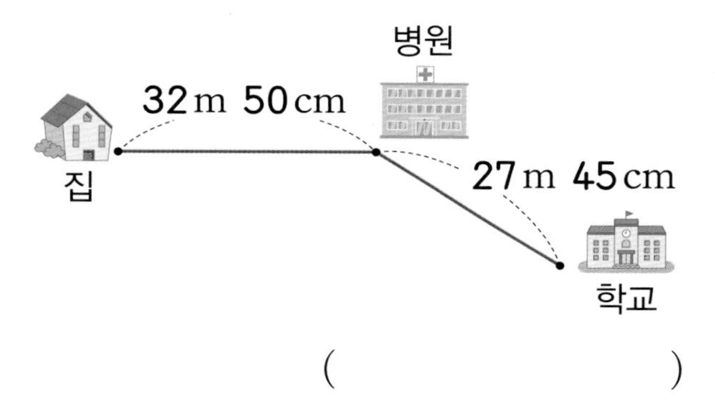

(   )

14 두 길이의 합과 차는 각각 몇 m 몇 cm인지 구해 보세요.

456 cm	2 m 21 cm

합 (   )
차 (   )

3 단원 6회

15 두 막대의 길이의 차는 몇 m 몇 cm인지 구해 보세요.

5 m 37 cm

3 m 13 cm

( )

서술형

16 가장 긴 길이와 가장 짧은 길이의 합은 몇 m 몇 cm인지 풀이 과정을 쓰고, 답을 구해 보세요.

4 m 17 cm   4 m 41 cm

3 m 50 cm

답

17 몸의 부분을 이용하여 버스의 길이를 재려고 합니다. 가장 적은 횟수로 잴 수 있는 것을 찾아 ○표 하세요.

( ) ( ) ( )

18 긴 길이를 어림한 사람부터 차례로 이름을 써 보세요.

> 지우: 내 7뼘이 약 1 m인데 책장의 길이가 14뼘과 같았어.
> 은솔: 내 양팔을 벌린 길이가 약 1 m인데 3번 잰 길이가 칠판의 길이와 같았어.
> 윤영: 내 두 걸음이 약 1 m인데 무대의 길이가 8걸음과 같았어.

(, ,)

19 길이가 10 m보다 긴 것을 모두 찾아 기호를 써 보세요.

> ㉠ 운동장 긴 쪽의 길이
> ㉡ 수학 교과서 10권을 이어 놓은 길이
> ㉢ 2학년 학생 20명이 팔을 벌린 길이

( )

20 0부터 9까지의 수 중에서 □ 안에 들어갈 수 있는 수는 모두 몇 개인가요?

> 4 m 56 cm > 4□8 cm

( )

21 □ 안에 알맞은 수를 써넣으세요.

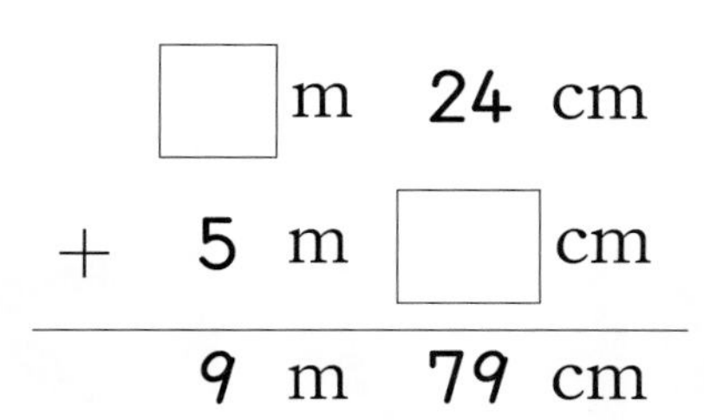

22 수 카드 5, 6, 9 를 □ 안에 한 번 씩만 써넣어 가장 긴 길이를 만들고, 만든 길이와 1 m 34 cm의 차는 몇 m 몇 cm인지 구해 보세요.

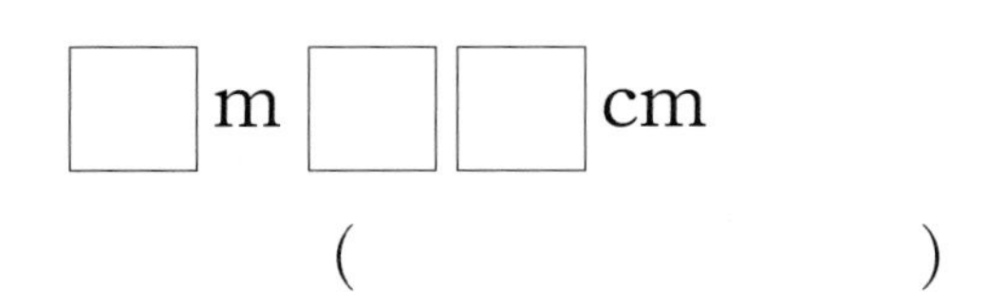

(　　　　　　　　)

23 조각상의 길이는 약 4 m, 울타리 한 칸의 길이는 약 2 m입니다. 가로등과 가로등 사이의 거리는 약 몇 m인지 구해 보세요.

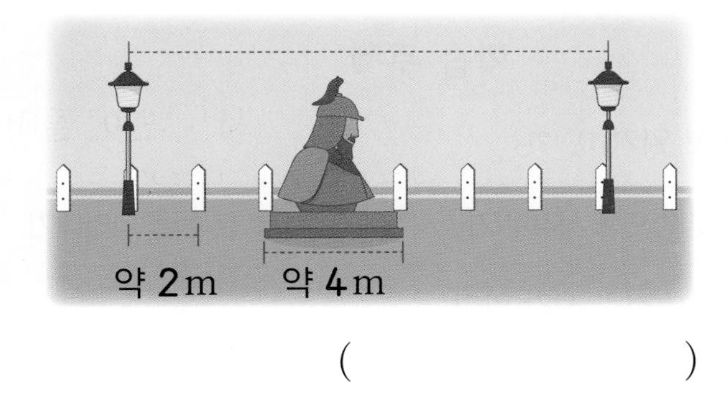

(　　　　　　　　)

수행 평가

| 24~25 | 영아네 집에서 병원으로 가는 길을 나타낸 것입니다. 물음에 답하세요.

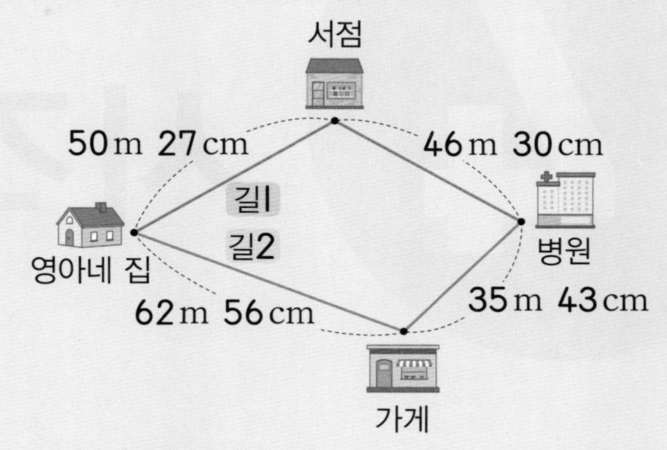

24 영아네 집에서 병원으로 가는 두 가지 길은 각각 몇 m 몇 cm인지 구해 보세요.

길 1 (　　　　　　　　)

길 2 (　　　　　　　　)

25 영아네 집에서 병원으로 가는 데 길 1과 길 2 중 어느 길이 몇 m 몇 cm 더 가까운지 풀이 과정을 쓰고, 답을 구해 보세요.

답 　　　　　,

3 단원 6회

학습 결과에 색칠하세요.

4 시각과 시간

이번에 배울 내용

회차	쪽수	학습 내용	학습 주제
1	92~95쪽	개념+문제 학습	몇 시 몇 분 읽기(1), (2)
2	96~99쪽	개념+문제 학습	여러 가지 방법으로 시각 읽기 / 시계에 몇 시 몇 분 전을 나타내기
3	100~103쪽	개념+문제 학습	1시간 알기 / 걸린 시간 알기
4	104~107쪽	개념+문제 학습	하루의 시간 알기 / 달력 알기
5	108~111쪽	응용 학습	
6	112~115쪽	마무리 평가	

문해력을 높이는 **어휘**

시간: 어떤 시각에서 다른 시각까지의 사이

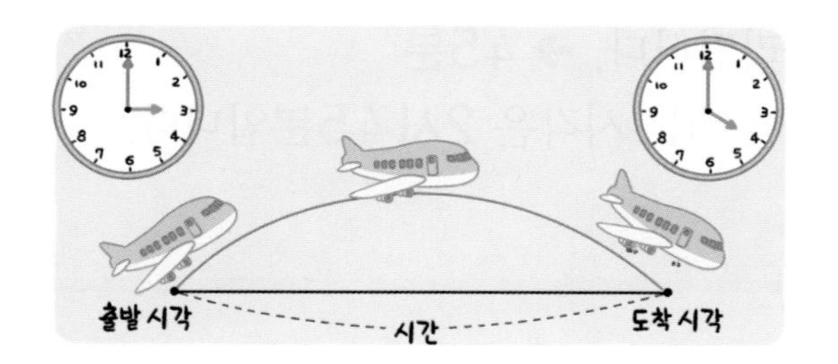

출발 시각에서 도착 시각까지를

걸린 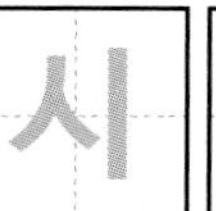 시 간 이라고 해요.

승차권: 버스, 기차, 비행기 등을 타기 위하여 돈을 주고 사는 표

부산에 가는 기차를 타기 위해

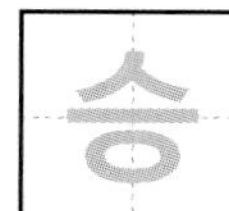 승  차  권 을 샀어요.

(102쪽)

달력: 1년 동안의 날을 각각의 월에 따라 요일, 날짜로 적어 놓은 것

달 력 에서 내 생일을

찾아 동그라미 표시를 했어요.

주일: 월요일부터 일요일까지의 7일 동안

단풍 축제는 월요일부터 일요일

까지 1  주  일 동안 열려요.

1회 개념 학습

학습일: 월 일

개념 1 몇 시 몇 분 읽기(1) — 5분 단위까지 시각 읽기

• 시계에서 긴바늘이 가리키는 작은 눈금 한 칸은 1분을 나타냅니다.

• 시계의 긴바늘이 가리키는 숫자가 1이면 5분, 2이면 10분, 3이면 15분, ...을 나타냅니다.

짧은바늘: 2와 3 사이를 가리킵니다. ➔ 2시
긴바늘: 9를 가리킵니다. ➔ 45분

따라서 시계가 나타내는 시각은 2시 45분입니다.

확인 1 시계를 보고 □ 안에 알맞은 수를 써넣으세요.

• 짧은바늘: 8과 9 사이를 가리킵니다. ➔ □시

• 긴바늘: 4를 가리킵니다. ➔ □분

따라서 시계가 나타내는 시각은 □시 □분입니다.

개념 2 몇 시 몇 분 읽기(2) — 1분 단위까지 시각 읽기

짧은바늘: 7과 8 사이를 가리킵니다. ➔ 7시
긴바늘: 10분에서 **작은 눈금 2칸 더 간** 곳을 가리킵니다. ➔ 12분

따라서 시계가 나타내는 시각은 7시 12분입니다.

확인 2 시계를 보고 □ 안에 알맞은 수를 써넣으세요.

• 짧은바늘: 2와 3 사이를 가리킵니다. ➔ □시

• 긴바늘: 40분에서 작은 눈금 2칸 더 간 곳을 가리킵니다.
➔ □분

따라서 시계가 나타내는 시각은 □시 □분입니다.

1 시계에서 각각의 숫자가 몇 분을 나타내는지 써넣으세요.

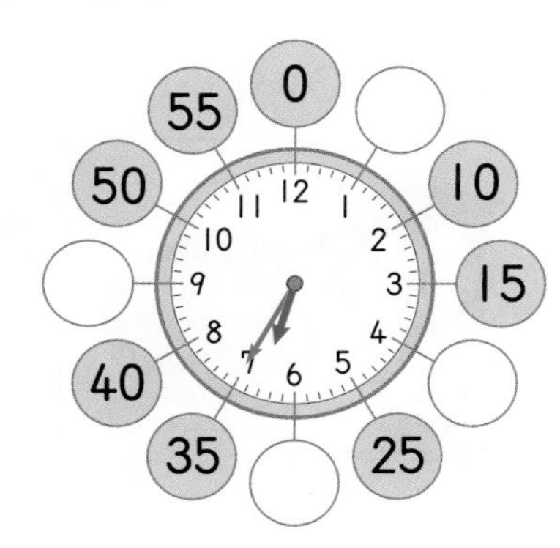

2 시계에 대한 설명입니다. 알맞은 말에 ○표 하세요.

> 시계에서 긴바늘이 가리키는 작은 눈금 한 칸은 (1분 , 5분)을 나타냅니다.

3 시계를 보고 □ 안에 알맞은 수를 써넣으세요.

- 짧은바늘은 4와 5 사이를 가리키고, 긴바늘은 □ 을/를 가리킵니다.
- 시계가 나타내는 시각은 □ 시 □ 분입니다.

4 시계를 보고 몇 시 몇 분인지 써 보세요.

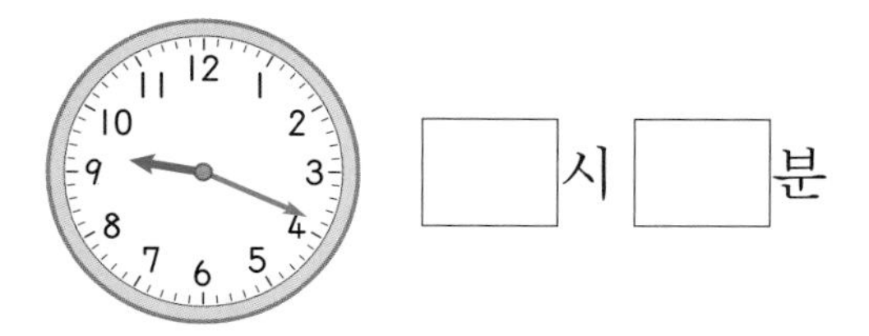

5 주어진 시각을 바르게 나타낸 시계에 ○표 하세요.

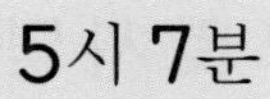

( ) ( )

6 시계에 시각을 나타내 보세요.

(1) 6시 20분 (2) 11시 35분

4단원 1회

1회 문제 학습

01 시계를 보고 빈칸에 몇 분을 나타내는지 써넣으세요.

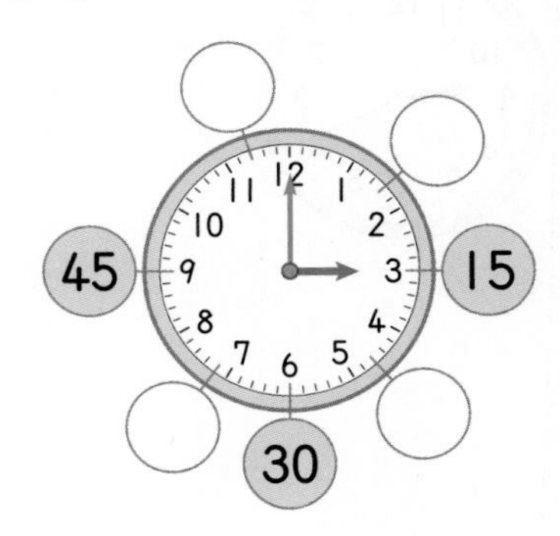

02 시계를 보고 몇 시 몇 분인지 써 보세요.

(   )

03 미연이가 줄넘기를 한 시각은 몇 시 몇 분인가요?

(   )

04 정우의 일기를 읽고 시계에 시각을 나타내 보세요.

05 같은 시각을 나타낸 것끼리 이어 보세요.

06 수호는 오늘 아침 7시 10분에 일어났습니다. 수호가 일어난 시각을 나타내는 시계를 찾아 ○표 하세요.

(   ) (   ) (   )

07 길을 따라가 시각이 맞으면 ➡, 틀리면 ⬇로 가서 발견하게 되는 음식을 써 보세요.

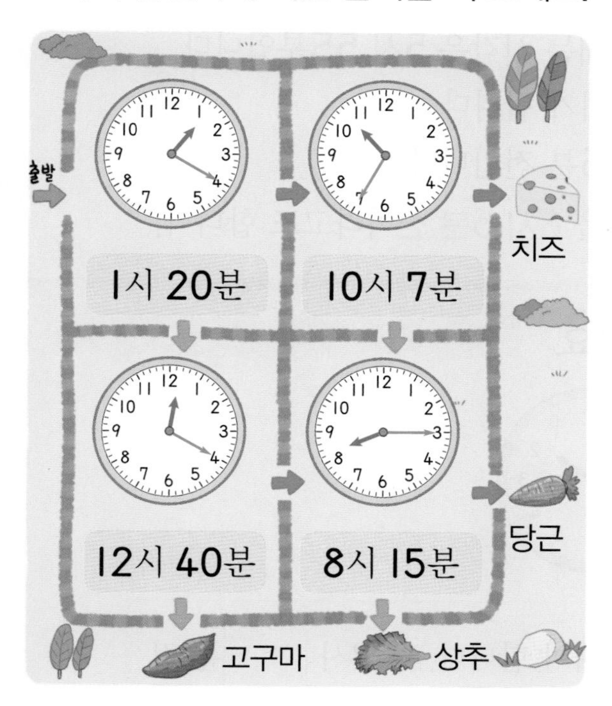

(　　　　　　　　)

창의형

08 1부터 4까지의 수 중에서 하나를 골라 □ 안에 써넣고, 두 사람이 본 시계의 시각을 써 보세요.

(　　　　　　　　)

서술형 문제

09 채아가 시각을 잘못 읽은 이유를 쓰고, 바르게 읽어 보세요.

이유 ❶ 시계의 긴바늘이 가리키는 4를 □분으로 읽어야 하는데 4분으로 읽었기 때문입니다.

시각 ❷ □시 □분

10 도현이가 시각을 잘못 읽은 이유를 쓰고, 바르게 읽어 보세요.

이유

시각

4 단원 1회

학습 결과에 색칠하세요.

2회 개념 학습

학습일: 월 일

개념 1 **여러 가지 방법으로 시각 읽기**

- 시계가 나타내는 시각은 5시 55분입니다.
- 5분 후에 6시가 됩니다.
- 6시가 되기 5분 전입니다.

➔ 5시 55분을 6시 5분 전이라고도 합니다.

확인 1 시계를 보고 □ 안에 알맞은 수를 써넣으세요.

2시가 되려면 □분이 더 지나야 합니다. ➔ 2시 □분 전

개념 2 **시계에 몇 시 몇 분 전을 나타내기**

8시 5분 전은 8시가 되려면 5분이 더 지나야 하므로 7시 55분입니다.

① 짧은바늘이 7과 8 사이에서 8에 더 가깝게 가리키도록 그립니다.

② 긴바늘이 11을 가리키도록 그립니다.

➔

확인 2 □ 안에 알맞은 수를 써넣고, 3시 10분 전을 시계에 나타내 보세요.

3시 10분 전은 2시 □분입니다.

1 여러 가지 방법으로 시계의 시각을 써 보세요.

(1) 시계가 나타내는 시각은 ☐시 ☐분입니다.

(2) 7시가 되려면 ☐분이 더 지나야 합니다.

(3) 이 시각은 ☐시 ☐분 전입니다.

2 ☐ 안에 알맞은 수를 써넣으세요.

(1) 2시 55분은 3시 ☐분 전입니다.

(2) 10시 10분 전은 ☐시 ☐분입니다.

3 시계를 보고 시각을 바르게 읽은 것에 색칠해 보세요.

4시 50분 | 4시 10분 전

4 오른쪽 시계를 보고 설명이 맞으면 ○표, 틀리면 ×표 하세요.

(1) 4시 50분입니다. ☐

(2) 5시가 되려면 5분이 더 지나야 합니다. ☐

(3) 5시 10분 전입니다. ☐

5 시각을 읽어 보세요.

(1)

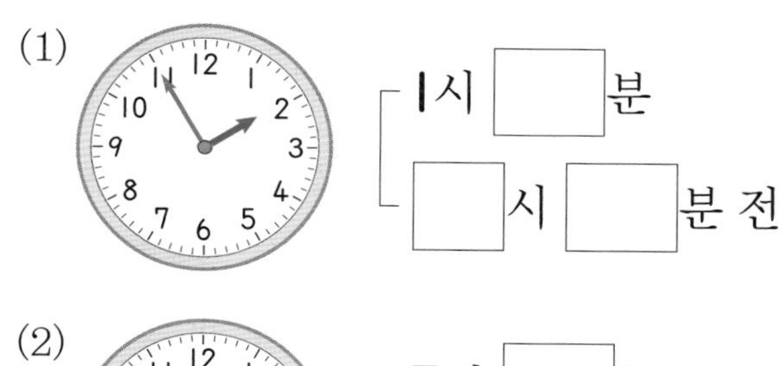

1시 ☐분

☐시 ☐분 전

(2)

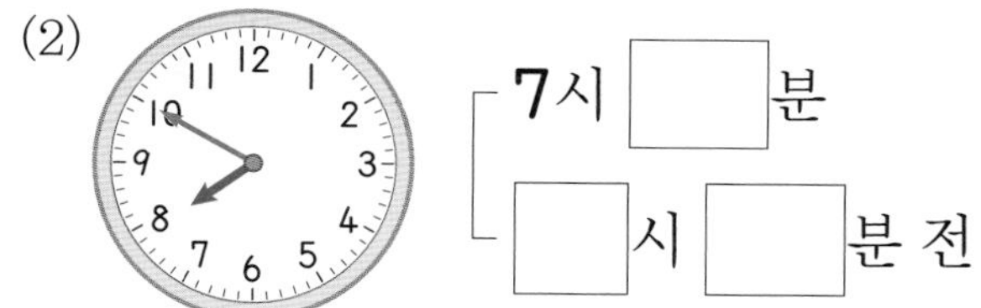

7시 ☐분

☐시 ☐분 전

6 시계에 시각을 나타내 보세요.

(1) 1시 10분 전

(2) 7시 5분 전

4 단원 2회

2회 문제 학습

01 □ 안에 알맞은 수를 써넣으세요.

5시 50분은 □시 □분 전입니다.

02 시각을 읽어 보세요.

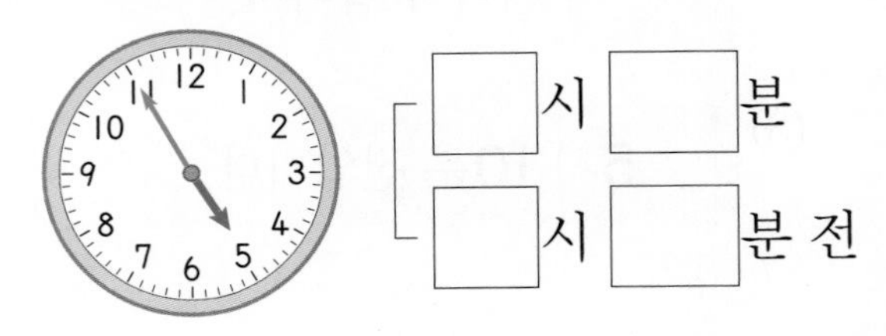

03 같은 시각을 나타낸 것끼리 이어 보세요.

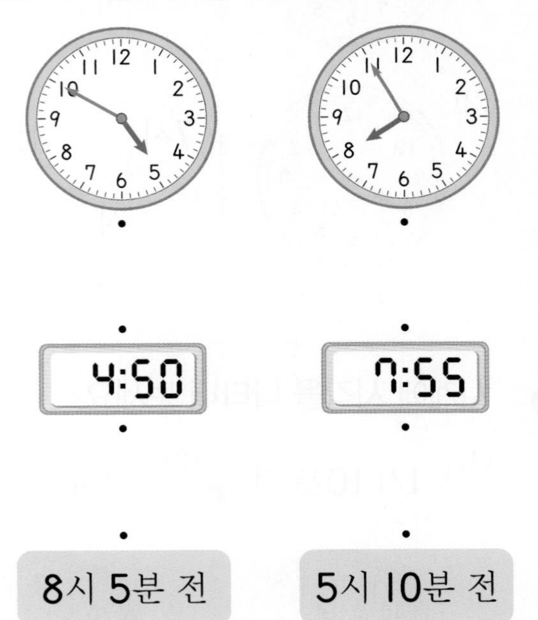

04 12시 10분 전을 시계에 나타내려고 합니다. 긴바늘은 어떤 숫자를 가리키도록 그려야 할까요?

(　　　　　　　　　　)

디지털 문해력

05 윤호의 온라인 게시물을 보고 □ 안에 알맞은 수를 써넣으세요.

나의 일기장

서둘러야지~!

아침에 눈을 떴는데
엄마께서 말씀하셨어.
"9시 □분 전이야.
공연에 늦지 않으려면
서둘러야지."

공연장 앞에서 사진을 찍는데
안내 방송이 들렸어.
"지금은 11시 □분 전
입니다. 공연 시작까지
5분 남았습니다."

공연을 보고 나오는데
형이 말했어.
"□시 □분 전
이야. 버스를 타려면
서둘러야지."

창의형

06 시계와 단어를 각각 하나씩 골라 몇 시 몇 분 전을 이용하여 지난주에 한 일을 이야기해 보세요.

07 시계를 보고 □ 안에 알맞은 수를 써넣으세요.

(1) (2)

서술형 문제

08 오른쪽 시계를 보고 잘못 말한 사람을 찾아 이름을 쓰고, 바르게 고쳐 보세요.

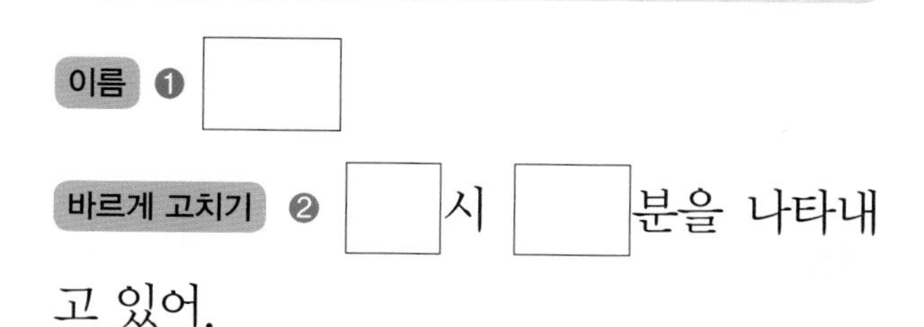
진원: 7시 55분을 나타내고 있어.
해수: 7시 5분 전이라고 말할 수 있어.
현우: 7시가 되려면 5분이 더 지나야 해.

이름 ❶ □

바르게 고치기 ❷ □시 □분을 나타내고 있어.

09 오른쪽 시계를 보고 잘못 말한 사람을 찾아 이름을 쓰고, 바르게 고쳐 보세요.

지나: 1시 50분을 나타내고 있어.
승원: 2시 5분 전이라고 말할 수 있어.
소민: 2시가 되려면 10분이 더 지나야 해.

이름

바르게 고치기

4 단원 2회

학습 결과에 색칠하세요.

개념 1 I시간 알기

시계의 긴바늘이 한 바퀴 도는 데 걸린 시간은 60분입니다. ➔ 60분=I시간

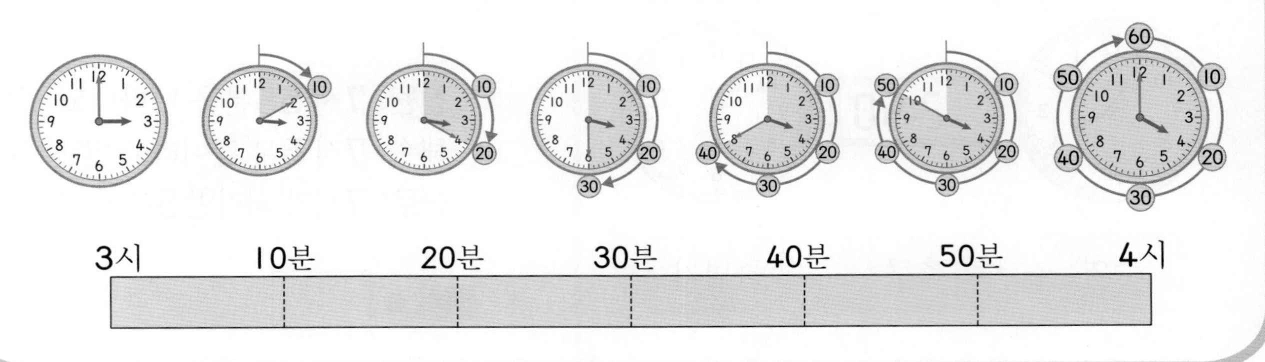

3시 | 10분 | 20분 | 30분 | 40분 | 50분 | 4시

확인 1 □ 안에 알맞은 수를 써넣으세요.

시계의 긴바늘이 한 바퀴 도는 데 걸린 시간은 □분입니다.

개념 2 걸린 시간 알기

시작한 시각 | I시간 후 | 끝난 시각

7시 10분 20분 30분 40분 50분 8시 10분 20분 30분 40분 50분 9시

I시간=60분 | 20분

I시간 20분=80분

확인 2 색칠한 시간 띠를 보고 □ 안에 알맞은 수를 써넣으세요.

3시 10분 20분 30분 40분 50분 4시 10분 20분 30분 40분 50분 5시

□시간=□분　□분

➔ 걸린 시간: □시간 □분

1 공부를 하는 데 걸린 시간을 시간 띠에 색칠하고, 구해 보세요.

공부를 하는 데 걸린 시간은

☐ (분 , 시간)입니다.

2 ☐ 안에 알맞은 수를 써넣으세요.

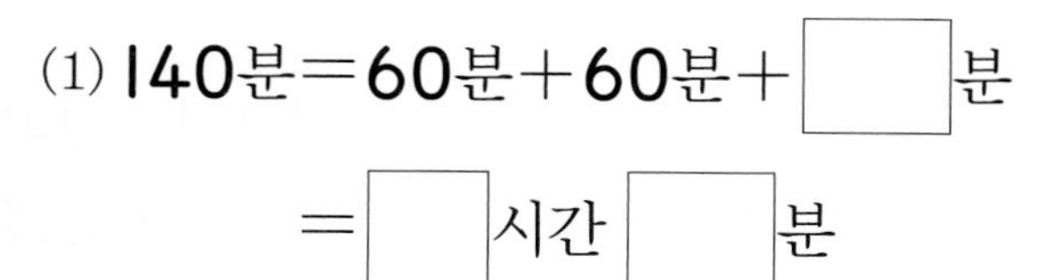

(1) 140분=60분+60분+☐분

=☐시간 ☐분

(2) 1시간 30분=☐분+30분

=☐분

3 ☐ 안에 알맞은 수를 써넣으세요.

- 시계에서 긴바늘이 ☐시간 동안 한 바퀴 돕니다.
- 시계에서 긴바늘이 3시간 동안 ☐ 바퀴 돕니다.

4 걸린 시간을 시간 띠에 색칠하고, 구해 보세요.

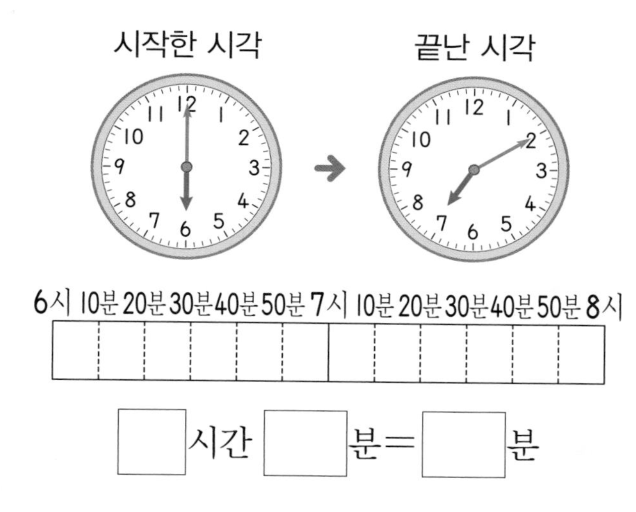

6시 10분 20분 30분 40분 50분 7시 10분 20분 30분 40분 50분 8시

☐시간 ☐분=☐분

5 공연을 보는 데 걸린 시간을 구해 보세요.

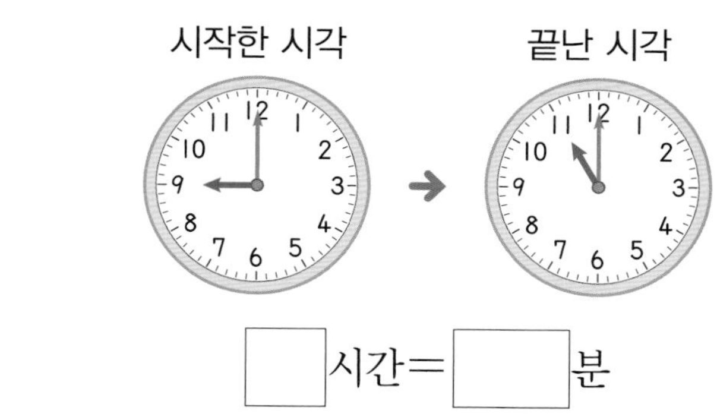

☐시간=☐분

6 걸린 시간이 1시간 20분인 것에 ○표 하세요.

3:00~4:30	1:00~2:20
( )	( )

3회 문제 학습

01 □ 안에 알맞은 수를 써넣으세요.

(1) 1시간=□분

(2) 1시간 40분=□분

(3) 90분=□시간 □분

02 수영 연습을 60분 동안 했습니다. 수영 연습을 시작한 시각을 보고 끝난 시각을 나타내 보세요.

03 걸린 시간이 같은 것끼리 이어 보세요.

책 읽기 10:00~10:40	방 청소하기 5:00~6:20
피아노 치기 2:00~3:20	아침 먹기 7:20~8:00

디지털 문해력

04 온라인으로 예약한 승차권을 보고 서울역에서 대전역까지 가는 데 걸린 시간은 몇 시간 몇 분인지 구해 보세요.

(　　　　　　　　)

창의형

05 갯벌 체험 학습 시간표입니다. 1시간이 넘는 활동 중 하나를 고르고, 걸린 시간을 이야기해 보세요.

시간	활동
1:00~1:30	안전 교육 듣기
1:30~2:50	조개 캐기
2:50~5:00	음식 만들기
5:00~5:40	쓰레기 줍기

□를 하는 데

□시간 □분 걸립니다.

06 인형극이 시작한 시각과 끝난 시각입니다. 인형극을 하는 데 걸린 시간은 몇 시간 몇 분인가요?

( )

07 은채는 1시간 동안 산책을 하려고 합니다. 시계를 보고 몇 분 더 해야 하는지 구해 보세요.

( )

08 소율이는 30분씩 4가지 전통 놀이 체험을 했습니다. 전통 놀이 체험이 끝난 시각을 시계에 나타내고, 걸린 시간은 몇 시간인지 구해 보세요.

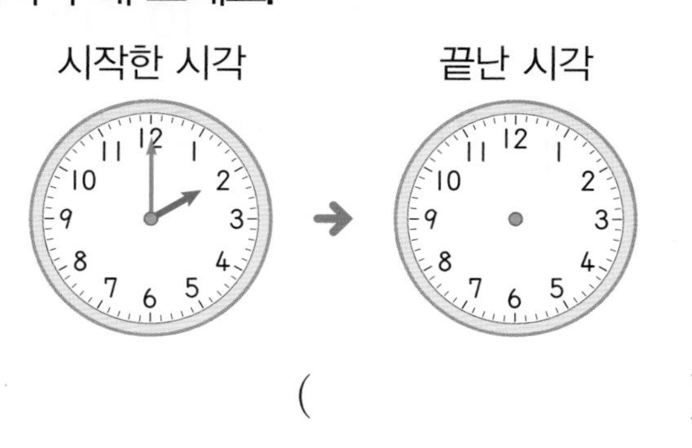

( )

서술형 문제

09 시계가 멈춰서 현재 시각으로 맞추려고 합니다. 긴바늘을 몇 바퀴만 돌리면 되는지 풀이 과정을 쓰고, 답을 구해 보세요.

멈춘 시계 현재 시각

❶ 멈춘 시계의 시각은 □시 □분이고, 현재 시각은 □시 □분입니다.

❷ □시간이 지났으므로 긴바늘을 □바퀴만 돌리면 됩니다.

10 시계가 멈춰서 현재 시각으로 맞추려고 합니다. 긴바늘을 몇 바퀴만 돌리면 되는지 풀이 과정을 쓰고, 답을 구해 보세요.

멈춘 시계 현재 시각

7:00

답

학습 결과에 색칠하세요.

4 단원 3회

4회 개념 학습

학습일: 월 일

개념 1 하루의 시간 알기

• 전날 밤 12시부터 낮 12시까지를 오전이라 하고,
낮 12시부터 밤 12시까지를 오후라고 합니다.

• 하루는 24시간입니다. ➔ 1일=24시간

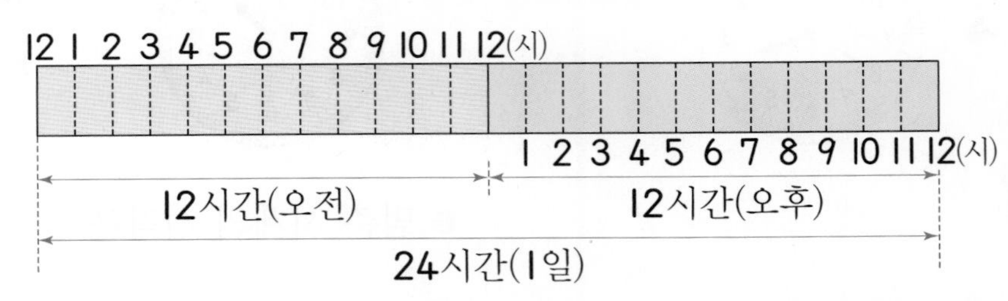

참고 시계의 짧은바늘이 한 바퀴 도는 데 12시간이 걸리므로 짧은바늘은 하루에 시계를 2바퀴 돕니다.

확인 1 알맞은 말에 ○표 하세요.

전날 밤 12시부터 낮 12시까지를 (오전 , 오후),
낮 12시부터 밤 12시까지를 (오전 , 오후)(이)라고 합니다.

개념 2 달력 알기

• 1주일은 7일입니다.

11월

일	월	화	수	목	금	토
				1	2	3
4	5	6	7	8	9	10
11	12	13	14	15	16	17
18	19	20	21	22	23	24
25	26	27	28	29	30	

+7일 +7일 +7일

➔ 7일마다 같은 요일이 반복됩니다.

• 1년은 12개월입니다.

월	1	2	3	4	5	6
날수(일)	31	28 (29)	31	30	31	30

└ 2월 29일은 4년에 한 번씩 돌아옵니다.

월	7	8	9	10	11	12
날수(일)	31	31	30	31	30	31

확인 2 □ 안에 알맞은 수를 써넣으세요.

(1) 1주일= □ 일

(2) 1년= □ 개월

1 (　　) 안에 오전과 오후를 알맞게 써넣으세요.

(1) 아침 8시 → (　　　　　)

(2) 저녁 7시 → (　　　　　)

(3) 낮 2시 → (　　　　　)

(4) 새벽 3시 → (　　　　　)

2 □ 안에 알맞은 수를 써넣으세요.

(1) 1일 6시간= □ 시간

(2) 50시간= □ 일 2시간

3 준수가 체육관에 있었던 시간을 시간 띠에 색칠하고, 구해 보세요.

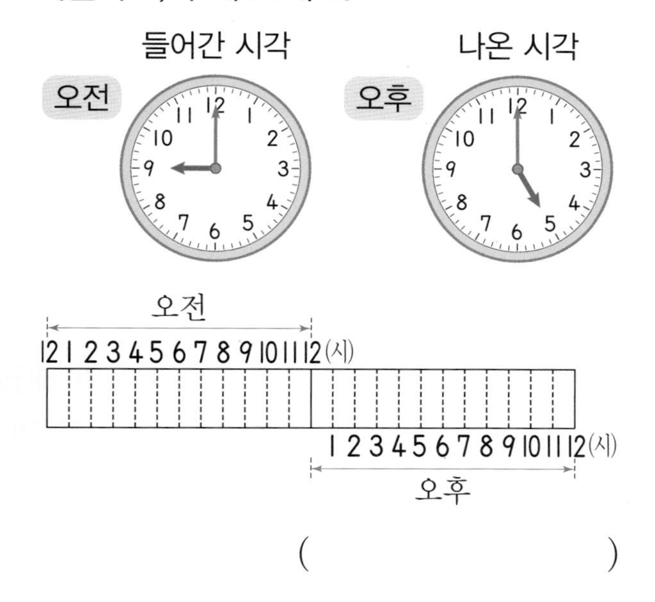

(　　　　　)

4 어느 해의 6월 달력을 보고 □ 안에 알맞은 수나 말을 써넣으세요.

6월

일	월	화	수	목	금	토
	1	2	3	4	5	6
7	8	9	10	11	12	13
14	15	16	17	18	19	20
21	22	23	24	25	26	27
28	29	30				

(1) 화요일이 □ 번 있습니다.

(2) 셋째 수요일은 □ 일입니다.

(3) 6월 6일 현충일은 □ 요일입니다.

5 날수가 30일인 월에 ○표 하세요.

5월　　11월

6 어느 해의 7월 달력을 완성해 보세요.

7월

일	월		수	목		토
	8		10			13
					19	
21			24			

01 은혁이의 생활 계획표를 보고 오후에 한 활동에 모두 ○표 하세요.

(피아노 연습 , 공부 , 독서 , 운동)

02 다음 중 날수가 나머지와 다른 하나는 어느 것인가요? (　　　)

① 4월　② 6월　③ 8월　④ 9월　⑤ 11월

03 성주가 버스를 타고 부산에 가는 데 걸린 시간은 몇 시간인지 구해 보세요.

출발한 시각

도착한 시각

(　　　　　　)

04~05 어느 해의 1월 달력을 보고 물음에 답하세요.

1월

일	월	화	수	목	금	토
			1	2	3	4
5	6	7	8	9	10	11
12	13	14	15	16	17	18
19	20	21	22	23	24	25
26	27	28	29	30	31	

04 달력을 보고 시우와 예나의 생일은 각각 1월 며칠인지 써 보세요.

시우 (　　　　　　)
예나 (　　　　　　)

창의형

05 시우의 생일과 예나의 생일은 매년 요일이 같은지 다른지 설명해 보세요.

06 은수는 태권도를 2년 3개월 동안 배웠습니다. 은수가 태권도를 배운 기간은 몇 개월인가요?

(　　　　　　)

| 07~08 | 도현이네 가족의 1박 2일 가족 캠프 일정표를 보고 물음에 답하세요.

첫날

시간	일정
9:00~12:00	캠핑장으로 이동
12:00~1:30	점심 식사
1:30~5:00	낚시하기
⋮	⋮

다음날

시간	일정
8:00~9:00	아침 식사
9:00~12:00	숲속 체험하기
12:00~1:00	점심 식사
⋮	⋮
5:00~8:00	집으로 이동

07 알맞은 말에 ○표 하세요.

첫날 (오전 , 오후)에 낚시를 하고, 다음날 (오전 , 오후)에 숲속 체험을 했어.

08 도현이네 가족이 가족 캠프를 다녀오는 데 걸린 시간은 몇 시간인지 구해 보세요.

첫날 출발한 시각: 오전 9:00

다음날 도착한 시각: 오후 8:00

(   )

서술형 문제

09 그림 그리기를 창현이는 1년 6개월 동안 배웠고, 다은이는 20개월 동안 배웠습니다. 그림 그리기를 더 오래 배운 사람은 누구인지 풀이 과정을 쓰고, 답을 구해 보세요.

❶ 1년 6개월=□개월+6개월

=□개월

❷ 18개월 ○ 20개월이므로 그림 그리기를 더 오래 배운 사람은 □이입니다.

답 ______

10 방송 댄스를 재민이는 30개월 동안 배웠고, 현철이는 2년 8개월 동안 배웠습니다. 방송 댄스를 더 오래 배운 사람은 누구인지 풀이 과정을 쓰고, 답을 구해 보세요.

______

______

______

______

답 ______

4 단원 4회

학습 결과에 색칠하세요.

5회 응용 학습

학습일: 월 일

거울에 비친 시계의 시각 알아보기

01 거울에 비친 시계가 나타내는 시각은 몇 시 몇 분인지 써 보세요.

1단계 긴바늘과 짧은바늘이 가리키는 곳 알아보기

짧은바늘은 (1과 2 , 10과 11) 사이,
긴바늘은 □을/를 가리키고 있습니다.

2단계 시계가 나타내는 시각은 몇 시 몇 분인지 쓰기

( )

문제해결 TIP

거울에 비친 시계는 바늘의 방향이 아니라 바늘이 가리키는 숫자를 찾아 읽어야 해요.

02 거울에 비친 시계가 나타내는 시각을 써 보세요.

( )

03 거울에 비친 시계가 나타내는 시각을 읽어 보세요.

□시 □분
□시 □분 전

먼저 거울에 비친 시계가 몇 시 몇 분인지 읽고, 다른 방법으로도 읽어 봐!

정답 28쪽

더 오래 걸린 시간 구하기

04 지나와 도겸이가 책을 읽기 시작한 시각과 마친 시각을 나타낸 표입니다. 책을 더 오래 읽은 사람의 이름을 써 보세요.

	시작한 시각	마친 시각
지나	4시 30분	6시
도겸	5시	6시 20분

1단계 지나와 도겸이가 책을 읽은 시간은 각각 몇 분인지 구하기

지나 (　　　　　　　　)

도겸 (　　　　　　　　)

2단계 책을 더 오래 읽은 사람의 이름 쓰기

(　　　　　　　　)

문제해결 TIP

먼저 두 사람이 책을 읽은 시간은 각각 몇 분인지 구해요.

4 단원 5회

05 지현이와 연우가 공부를 시작한 시각과 마친 시각을 나타낸 표입니다. 공부를 더 오래 한 사람의 이름을 써 보세요.

	시작한 시각	마친 시각
지현	5시 10분	7시
연우	6시	8시 10분

(　　　　　　　　)

06 운동을 더 오래 한 사람의 이름을 써 보세요.

나는 운동을 1시 30분에 시작해서 2시 40분에 마쳤어.

나는 운동을 2시 40분에 시작해서 4시에 마쳤어.

서진이와 다은이가 운동을 한 시간은 각각 몇 분인지 먼저 구해 봐.

(　　　　　　　　)

5회 응용 학습

걸린 시간의 합 구하기

07 공연 시간표를 보고 공연하는 데 걸린 시간은 몇 시간 몇 분인지 구해 보세요.

공연 시간표	
1부	7:00~8:20
쉬는 시간	10분
2부	8:30~9:20

1단계 공연하는 데 걸린 시간을 시간 띠에 색칠해 보세요.

7시	10분	20분	30분	40분	50분	8시	10분	20분	30분	40분	50분	9시	10분	20분	30분	40분	50분	10시

2단계 공연하는 데 걸린 시간은 몇 시간 몇 분인지 구해 보세요.

( )

문제해결 TIP

시간 띠에 시작한 시각부터 끝난 시각까지 색칠해 보고, 색칠한 칸이 몇 칸인지 세어 봐요.

08 행사 시간표를 보고 행사가 진행된 시간은 몇 시간 몇 분인지 구해 보세요.

행사 시간표	
1부	4:00~5:10
쉬는 시간	20분
2부	5:30~6:10

( )

09 수업 시간표를 보고 1교시 수업 시작부터 2교시 수업이 끝날 때까지 걸린 시간은 몇 시간 몇 분인지 구해 보세요.

수업 시간표	
1교시	9:00~9:40
쉬는 시간	10분
2교시	9:50~10:30

( )

한 칸이 10분을 나타내는 시간 띠를 그려 걸린 시간을 알아보자.

기간 구하기

10 8월 20일부터 9월 3일까지 지역 축제를 열기로 했습니다. 지역 축제를 하는 기간은 며칠인지 구해 보세요.

1단계 8월에 지역 축제를 하는 기간은 며칠인지 구하기

(　　　　　　　　　　)

2단계 9월에 지역 축제를 하는 기간은 며칠인지 구하기

(　　　　　　　　　　)

3단계 지역 축제를 하는 기간은 며칠인지 구하기

(　　　　　　　　　　)

문제해결 TIP

8월의 날수를 먼저 생각해요.

11 11월 25일부터 12월 10일까지 '어린이 장터'를 열기로 했습니다. 장터를 하는 기간은 며칠인지 구해 보세요.

(　　　　　　　　　　)

12 5월 15일부터 7월 10일까지 '어린이 미술 전시회'를 열기로 했습니다. 전시회를 하는 기간은 며칠인지 구해 보세요.

(　　　　　　　　　　)

5월의 날수와 6월의 날수를 각각 생각해야 해.

학습 결과에 색칠하세요.

6회 마무리 평가

학습일: 월 일

01 시계의 긴바늘이 가리키는 숫자와 분에 알맞게 수를 써넣으세요.

가리키는 숫자	1	3			10
분	5		30	45	

02 시계를 보고 □ 안에 알맞은 수를 써넣으세요.

짧은바늘이 5와 6 사이를, 긴바늘이 35분에서 작은 눈금 □칸 더 간 곳을 가리키므로 5시 □분입니다.

03 시각을 읽어 보세요.

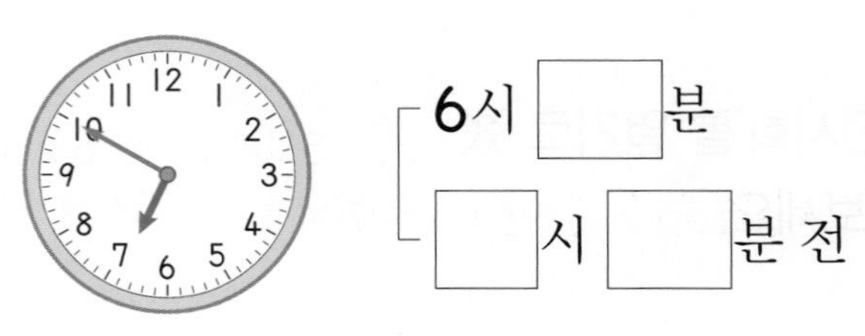

6시 □분

□시 □분 전

04 □ 안에 알맞은 수를 써넣으세요.

114분=□시간 □분

05 하루의 시간에 대한 설명입니다. 알맞은 말에 ○표 하세요.

> 전날 밤 12시부터 낮 12시까지를 (오전 , 오후)(이)라 하고,
> 낮 12시부터 밤 12시까지를 (오전 , 오후)(이)라고 합니다.

06 날수가 같은 월끼리 짝 지은 것을 찾아 기호를 써 보세요.

㉠ 3월, 9월 ㉡ 5월, 8월
㉢ 6월, 12월 ㉣ 2월, 11월

( )

07 그림을 보고 □ 안에 알맞은 수를 써넣으세요.

□시 □분에 축구를 했습니다.

08 시계에 시각을 나타내 보세요.

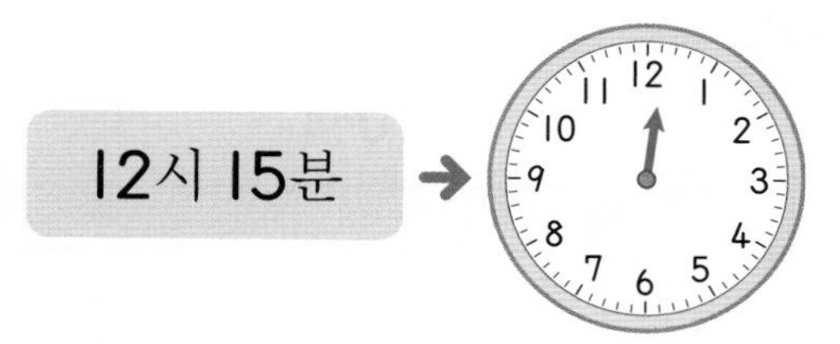

09 정미가 본 시계는 짧은바늘이 1과 2 사이, 긴바늘이 8에서 작은 눈금 2칸 더 간 곳을 가리키고 있습니다. 정미가 본 시계의 시각을 써 보세요.

( )

서술형

10 소율이가 시각을 잘못 읽은 이유를 쓰고, 바르게 읽어 보세요.

이유

시각

11 4시 5분 전을 시계에 나타냈습니다. 긴바늘이 가리키는 숫자는 무엇일까요?

( )

12 같은 시각을 나타낸 것끼리 이어 보세요.

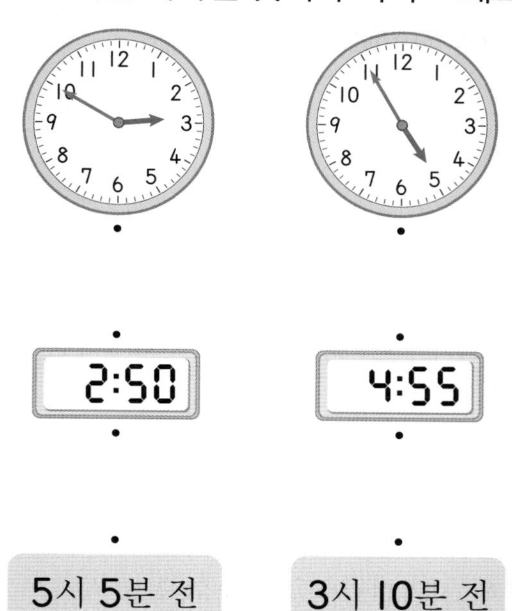

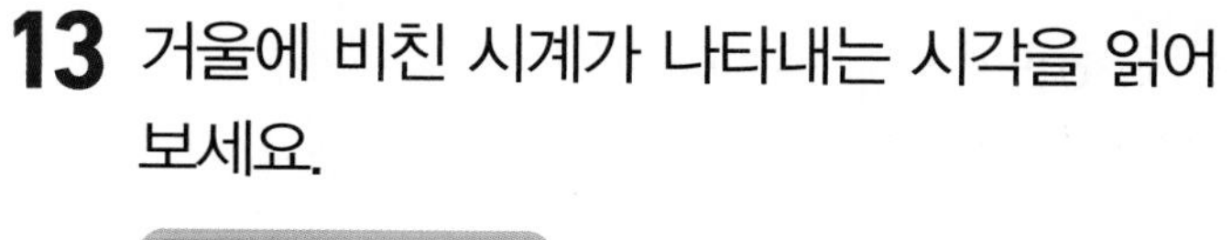

5시 5분 전　　3시 10분 전

13 거울에 비친 시계가 나타내는 시각을 읽어 보세요.

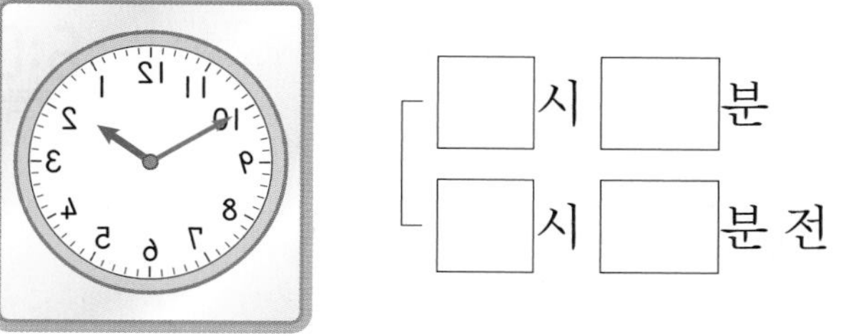

14 승수가 1시간짜리 영화를 보려고 합니다. 시계를 보고 몇 분 더 봐야 하는지 구해 보세요.

( )

4 단원 6회

15 봉사 활동을 하는 데 걸린 시간을 시간 띠에 색칠하고, 구해 보세요.

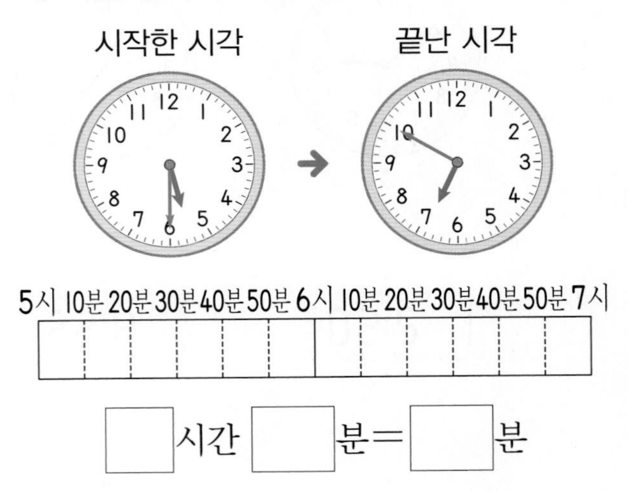

16 박물관을 관람할 수 있는 시간은 몇 시간인지 구해 보세요.

(　　　　　　　　　　)

17 짧은 기간부터 차례로 기호를 써 보세요.

㉠ 2년 5개월
㉡ 21개월
㉢ 27개월

(　　　　　　　　　　)

18~19 어느 해의 10월 달력을 보고 물음에 답하세요.

10월

일	월	화	수	목	금	토
		1	2	3	4	5
6	7	8	9	10	11	12
13	14	15	16	17	18	19
20	21	22	23	24	25	26
27	28	29	30	31		

18 주희의 생일은 10월 마지막 날입니다. 주희의 생일은 무슨 요일인가요?

(　　　　　　　　　　)

19 선미의 생일은 주희 생일 2주일 전입니다. 선미의 생일은 10월 며칠인가요?

(　　　　　　　　　　)

20 현재 시각은 2시 30분입니다. 시계의 긴바늘이 5바퀴를 돌면 몇 시 몇 분이 되는지 구해 보세요.

(　　　　　　　　　　)

21 윤후네 학교의 수업 시간은 40분씩이고, 수업이 끝난 후 10분씩 쉽니다. 1교시 수업이 9시 10분에 시작했을 때 2교시 수업이 끝나는 시각은 몇 시 몇 분인지 구해 보세요.

(　　　　　　　　)

22 지혜와 원재가 로봇 조립을 시작한 시각과 마친 시각입니다. 로봇 조립을 더 오래 한 사람의 이름을 써 보세요.

	시작한 시각	마친 시각
지혜	2시 30분	4시 50분
원재	2시 10분	4시 40분

(　　　　　　　　)

서술형

23 4월 20일부터 5월 4일까지 '어린이 사진전'을 열기로 했습니다. 사진전을 하는 기간은 며칠인지 풀이 과정을 쓰고, 답을 구해 보세요.

답

수행 평가

|24~25| **어느 극장에서 어린이 뮤지컬을 공연합니다. 공연 안내를 보고 물음에 답하세요.**

24 공연을 관람하는 데 걸리는 시간은 몇 시간인지 구해 보세요.

(　　　　　　　　)

25 8월 달력을 보고 8월에 공연을 모두 몇 번 하는지 구해 보세요.

8월

일	월	화	수	목	금	토
1	2	3	4	5	6	7
8	9	10	11	12	13	14
15	16	17	18	19	20	21
22	23	24	25	26	27	28
29	30	31				

답

4 단원 6회

학습 결과에 색칠하세요.

5 표와 그래프

이번에 배울 내용

회차	쪽수	학습 내용	학습 주제
1	118~121쪽	개념+문제 학습	자료를 분류하여 표로 나타내기
2	122~125쪽	개념+문제 학습	자료를 분류하여 그래프로 나타내기
3	126~129쪽	개념+문제 학습	표와 그래프를 보고 알 수 있는 내용 이야기하기
4	130~133쪽	개념+문제 학습	표와 그래프로 나타내기
5	134~137쪽	응용 학습	
6	138~141쪽	마무리 평가	

문해력을 높이는 **어휘**

표: 조사한 내용을 일정한 기준에 따라 알아보기 쉽게 정리한 것

그동안 모은 카드가 몇 장인지

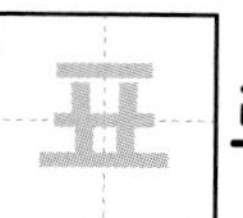

로 정리해 보았어요.

그래프: 자료를 점, 선, 막대, 그림 등을 사용하여 나타낸 것

그 래 프 로 가장 많은 수의 카드를 한눈에 찾았어요.

가로: 왼쪽에서 오른쪽의 방향 또는 그 길이

거실 바닥에
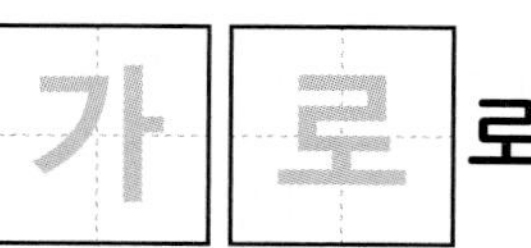

로 누워 낮잠을 잤어요.

세로: 위에서 아래의 방향 또는 그 길이

옛날 책들은 글씨가 모두

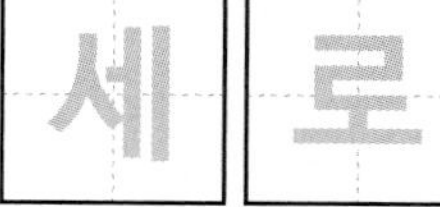

로 쓰여 있어요.

1회 개념 학습

학습일: 월 일

개념 1 자료를 분류하여 표로 나타내기

좋아하는 과일

은지	도윤	혜정	연주	준수	세정	나영	형우	석호	민성

① 자료를 기준에 따라 분류하기

분류 기준	좋아하는 과일

과일	사과	복숭아	바나나	귤
학생 이름	은지, 석호	도윤, 나영, 민성	혜정, 연주, 세정	준수, 형우

② 분류한 결과를 보고 표로 나타내기

좋아하는 과일별 학생 수

과일	사과	복숭아	바나나	귤	합계
학생 수(명)	2	3	3	2	10

전체 학생 수

표로 나타내면 좋아하는 과일별 학생 수를 한눈에 알아보기 쉬워.

확인 1 지민이네 반 학생들이 좋아하는 동물을 조사하였습니다. 자료를 분류하여 학생들의 이름을 쓰고, 좋아하는 동물별 학생 수를 표로 나타내 보세요.

지민이네 반 학생들이 좋아하는 동물

토끼 / 고양이 / 강아지

지민	소희	소라	현지	한솔	은수	미진	준오	주현	수호

분류 기준	좋아하는 동물

동물	토끼	고양이	강아지
학생 이름			

지민이네 반 학생들이 좋아하는 동물별 학생 수

동물	토끼	고양이	강아지	합계
학생 수(명)				

[1~4] 민주네 반 학생들이 가지고 있는 우산입니다. 물음에 답하세요.

민주네 반 학생들이 가지고 있는 우산

1 민주가 가지고 있는 우산을 찾아 ○표 하세요.

2 빨간색 우산을 가지고 있는 학생의 이름을 모두 써 보세요.

(　　　　　　　　　　　　　　　)

3 민주네 반 학생은 모두 몇 명인가요?

(　　　　　　　　)

4 자료를 보고 표로 나타내 보세요.

민주네 반 학생들이 가지고 있는 우산 색깔별 학생 수

색깔	노란색	파란색	빨간색	합계
학생 수(명)	~~////~~	~~////~~	~~////~~	

5 자료를 조사하여 표로 나타내고 있습니다. 순서대로 기호를 써 보세요.

㉠ 표로 나타냅니다.

㉡ 자료를 조사합니다.

봄 여름 가을 겨울

㉢ 무엇을 조사할지 정합니다.

㉣ 조사할 방법을 정합니다.

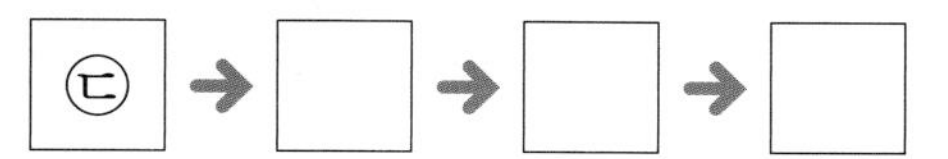

5 단원 1회

| 01~03 | 석진이네 반 학생들이 좋아하는 위인을 조사하였습니다. 자료를 보고 물음에 답하세요.

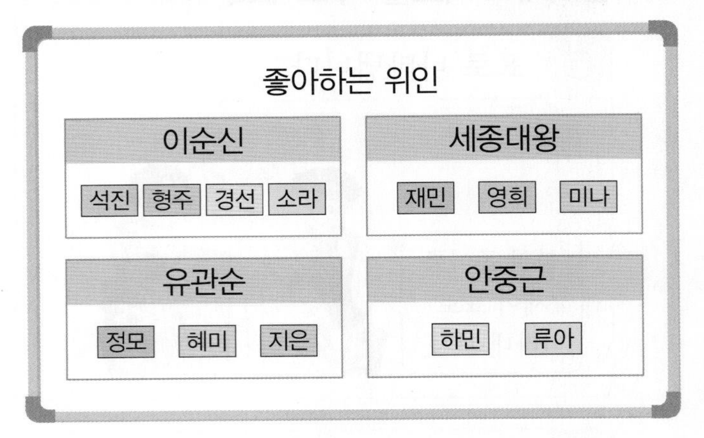

01 어떤 방법으로 조사한 것인지 찾아 기호를 써 보세요.

㉠ 이름을 쓴 붙임 종이를 좋아하는 위인 칸에 붙였습니다.
㉡ 좋아하는 위인을 쓴 붙임 종이를 붙였습니다.
㉢ 한 사람씩 좋아하는 위인을 말했습니다.

(　　　　　　　　)

02 석진이네 반 학생은 모두 몇 명인가요?

(　　　　　　　　)

03 조사한 자료를 보고 표로 나타내 보세요.

석진이네 반 학생들이 좋아하는 위인별 학생 수

위인	이순신	세종대왕	유관순	안중근	합계
학생 수(명)					

| 04~05 | 연지네 반 학생들의 취미를 조사하였습니다. 물음에 답하세요.

연지네 반 학생들의 취미

(독서, 운동, 게임)

연지	기성	수정	건하	민성	대호	정수
정혁	민지	호진	세희	혜성	동우	민혜

04 연지네 반 학생들의 취미는 몇 가지인가요?

(　　　　　　　　)

05 조사한 자료를 보고 표로 나타내 보세요.

연지네 반 학생들의 취미별 학생 수

취미	독서	운동	게임	합계
학생 수(명)				

디지털 문해력

06 지호가 '아프리카의 동물들' 영상을 보고 있습니다. 동물 수를 표로 나타내 보세요.

동물 수

동물	코끼리	기린	하마	합계
동물 수(마리)				

07 ▲, ■, ▱으로 원하는 모양을 만들고, 모양을 만드는 데 사용한 조각 수를 표로 나타내 보세요.

모양을 만드는 데 사용한 조각 수

조각	▲	■	▱	합계
조각 수(개)				

| 08~09 | 채아네 모둠이 가지고 있는 구슬입니다. 물음에 답하세요.

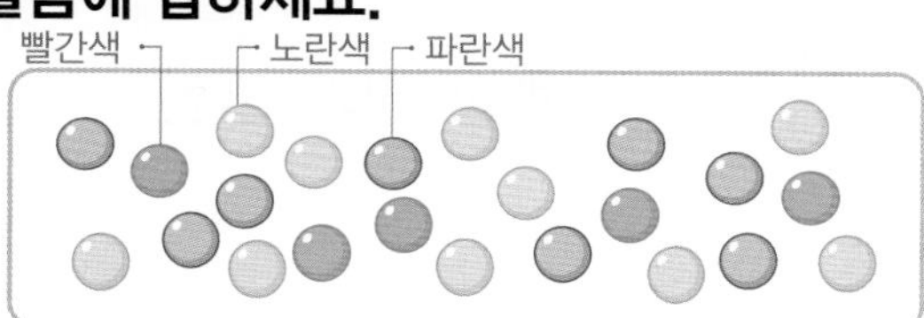

08 표로 나타내 보세요.

채아네 모둠이 가지고 있는 색깔별 구슬 수

색깔	파란색	빨간색	노란색	합계
구슬 수(개)				

09 08의 표를 보고 이야기를 완성해 보세요.

파란색 구슬은 ☐개, 빨간색 구슬은 ☐개가 없어졌네.

서술형 문제

10 은수네 반 학생들이 좋아하는 운동을 조사하여 표로 나타냈습니다. 수영을 좋아하는 학생은 몇 명인지 풀이 과정을 쓰고, 답을 구해 보세요.

은수네 반 학생들이 좋아하는 운동별 학생 수

운동	축구	수영	야구	합계
학생 수(명)	6		4	15

❶ 축구를 좋아하는 학생과 야구를 좋아하는 학생은 모두 $6+4=$ ☐(명)입니다.

❷ 따라서 수영을 좋아하는 학생은 $15-$ ☐ $=$ ☐(명)입니다.

답 ______

11 정수네 반 학생들이 좋아하는 새를 조사하여 표로 나타냈습니다. 까치를 좋아하는 학생은 몇 명인지 풀이 과정을 쓰고, 답을 구해 보세요.

정수네 반 학생들이 좋아하는 새별 학생 수

새	참새	까치	제비	합계
학생 수(명)	9		5	18

답 ______

학습 결과에 색칠하세요.

2회 개념 학습

학습일: 월 일

개념 1 자료를 분류하여 그래프로 나타내기

① 조사한 자료 살펴보기

좋아하는 꽃별 학생 수

꽃	백합	장미	튤립	합계
학생 수(명)	2	5	3	10

② 그래프의 가로와 세로에 나타낼 것 정하기

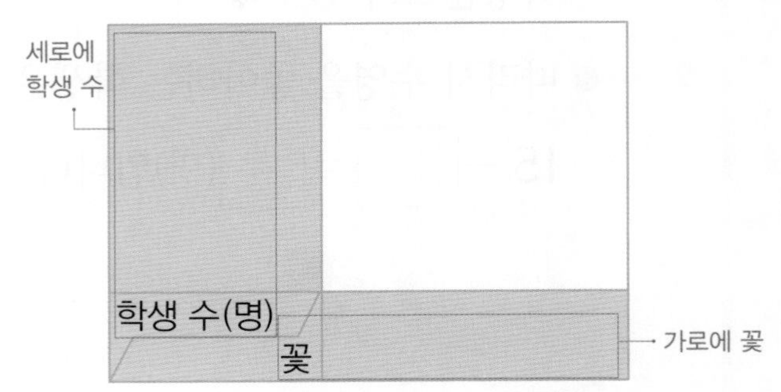

③ 가로와 세로의 칸수 정하기

5			
4			
3			
2			
1			
학생 수(명) / 꽃	백합	장미	튤립

④ 나타낼 수만큼 기호로 표시하기 — ○, ×, / 중 하나

5		○	
4		○	
3		○	○
2	○	○	○
1	○	○	○
학생 수(명) / 꽃	백합	장미	튤립

○를 아래에서 위로, 한 칸에 하나씩 표시합니다.

참고 그래프의 제목을 쓰는 것은 처음이나 마지막에 모두 가능합니다.

확인 1 준오가 가지고 있는 장난감의 종류를 조사하여 표로 나타냈습니다. 표를 보고 ○를 이용하여 그래프를 완성해 보세요.

준오가 가지고 있는 종류별 장난감 수

종류	곰 인형	로봇	자동차	합계
장난감 수(개)	3	4	2	9

준오가 가지고 있는 종류별 장난감 수

4			
3	○		
2	○		
1	○		
장난감 수(개) / 종류	곰 인형	로봇	자동차

| 1~4 | 수희네 반 학생들이 가 보고 싶은 나라를 조사하였습니다. 물음에 답하세요.

수희네 반 학생들이 가 보고 싶은 나라

(프랑스, 미국, 태국)

수희	동하	지윤	형석
정선	재정	홍균	진형
수인	재희	소정	승주

1 자료를 분류하여 학생들의 이름을 써 보세요.

분류 기준	가 보고 싶은 나라

나라	학생 이름
프랑스	
미국	
태국	

2 자료를 보고 표로 나타내 보세요.

수희네 반 학생들이 가 보고 싶은 나라별 학생 수

나라	프랑스	미국	태국	합계
학생 수(명)				

3 그래프로 나타내는 순서를 기호로 써 보세요.

㉠ 나라별 학생 수를 ○로 표시합니다.

5			
4			
3	○		
2	○		
1	○		
학생 수(명) / 나라	프랑스	미국	태국

㉡ 가로와 세로를 각각 몇 칸으로 할지 정합니다.

5			
4			
3			
2			
1			
학생 수(명) / 나라	프랑스	미국	태국

㉢ 조사한 자료를 살펴봅니다.

㉣ 가로와 세로에 무엇을 쓸지 정합니다.

㉢ → ☐ → ☐ → ☐

4 조사한 자료를 보고 ○를 이용하여 그래프를 완성해 보세요.

수희네 반 학생들이 가 보고 싶은 나라별 학생 수

태국					
미국					
프랑스	○	○	○		
나라 / 학생 수(명)	1	2	3	4	5

5 단원 2회

01~06 보라네 반 학생들이 좋아하는 과일을 조사하였습니다. 물음에 답하세요.

보라네 반 학생들이 좋아하는 과일

(사과, 귤, 딸기)

보라	정환	대경	영서	채윤	재윤
태희	지효	연아	용준	은찬	성희

01 조사한 자료를 보고 표로 나타내 보세요.

보라네 반 학생들이 좋아하는 과일별 학생 수

과일	사과	귤	딸기	합계
학생 수(명)				

02 자료를 분류하여 그래프로 나타내려고 합니다. 순서대로 기호를 써 보세요.

㉠ 가로와 세로에 무엇을 쓸지 정합니다.
㉡ 제목을 씁니다.
㉢ 조사한 자료를 살펴봅니다.
㉣ 가로와 세로를 각각 몇 칸으로 할지 정합니다.
㉤ 좋아하는 과일별 학생 수를 ○로 표시합니다.

㉢ → □ → □ → □ → ㉡

03 01의 표를 보고 ○를 이용하여 그래프로 나타내 보세요.

보라네 반 학생들이 좋아하는 과일별 학생 수

5			
4			
3			
2			
1			
학생 수(명) / 과일	사과	귤	딸기

04 03의 그래프에서 세로에 나타낸 것은 무엇인지 써 보세요.

( )

05 01의 표를 보고 ×를 이용하여 학생 수를 가로로 하는 그래프로 나타내 보세요.

보라네 반 학생들이 좋아하는 과일별 학생 수

사과					
과일 / 학생 수(명)					

창의형

06 03과 05의 그래프를 비교하여 같은 점과 다른 점을 하나씩 써 보세요.

같은 점

다른 점

| 07~08 | 은지네 반 학생들이 받고 싶은 선물을 조사하여 표로 나타냈습니다. 물음에 답하세요.

은지네 반 학생들이 받고 싶은 선물별 학생 수

선물	인형	게임기	책	자전거	합계
학생 수(명)	7	6	3	4	20

07 표를 보고 /를 이용하여 그래프로 나타내 보세요.

4				
3				
2				
1				
학생 수(명) / 선물				

08 학교 앞 문구점 주인이 되어 은지네 반 학생들에게 편지를 써 보세요.

> 얘들아, 안녕?
> 그래프를 보니 가장 많은 학생들이 받고 싶은 선물은 ☐(이)구나.
> 받고 싶은 선물을 그래프로 나타내니 ☐ 좋구나.
> ○○월 ○○일 문구점 주인 씀.

서술형 문제

| 09~10 | 준수네 반 학생들이 좋아하는 채소를 조사하여 표로 나타냈습니다. 물음에 답하세요.

준수네 반 학생들이 좋아하는 채소별 학생 수

채소	당근	오이	감자	배추	합계
학생 수(명)	2	5	7	4	18

09 표를 보고 그래프의 세로에 학생 수를 나타내려고 합니다. 예나가 그래프를 완성할 수 없는 이유를 써 보세요.

이유 그래프의 세로는 좋아하는 채소별 학생 수만큼 표시해야 하므로 세로를 적어도 ☐칸으로 나누어야 합니다.

10 표를 보고 그래프의 가로에 채소를 나타내려고 합니다. 서진이가 그래프를 완성할 수 없는 이유를 써 보세요.

이유

5 단원 2회

학습 결과에 색칠하세요.

3회 개념 학습

학습일: 월 일

개념 1 표와 그래프를 보고 알 수 있는 내용 이야기하기

• 표를 보고 알 수 있는 내용

좋아하는 간식별 학생 수

간식	피자	떡볶이	빵	합계
학생 수(명)	5	4	1	10

피자를 좋아하는 학생은 5명이야.

조사한 학생은 모두 10명이야.

➔ 조사한 전체 학생 수, 좋아하는 간식별 학생 수를 알아보기 편리합니다.

• 그래프를 보고 알 수 있는 내용

좋아하는 간식별 학생 수

5	○		
4	○	○	
3	○	○	
2	○	○	
1	○	○	○
학생 수(명) / 간식	피자	떡볶이	빵

가장 많아.

가장 적어.

➔ 가장 많은(또는 가장 적은) 학생들이 좋아하는 간식을 한눈에 알아보기 편리합니다.

확인 1 지난주의 날씨를 조사하여 표와 그래프로 나타냈습니다. 표와 그래프를 보고 □ 안에 알맞은 수 또는 말을 써넣으세요.

지난주의 날씨별 날수

날씨	맑음	흐림	비	합계
일수(일)	3	2	2	7

지난주의 날씨별 날수

3	○		
2	○	○	○
1	○	○	○
일수(일) / 날씨	맑음	흐림	비

(1) 지난주에 비가 온 날은 □ 일입니다.

(2) 지난주에 날씨가 □ 인 날이 가장 많았습니다.

| 1~2 | 소유네 반 학생들이 가 보고 싶은 체험 학습 장소를 조사하여 표로 나타냈습니다. 물음에 답하세요.

소유네 반 학생들이 가 보고 싶은 체험 학습 장소별 학생 수

장소	미술관	동물원	박물관	과학관	합계
학생 수(명)	5	7	6	4	22

1 미술관에 가 보고 싶은 학생은 몇 명인가요?

( )

2 소유네 반 학생은 모두 몇 명인가요?

( )

| 3~4 | 성주네 반 학생들이 좋아하는 책의 종류를 조사하여 표로 나타냈습니다. 물음에 답하세요.

성주네 반 학생들이 좋아하는 책 종류별 학생 수

종류	위인전	만화책	과학책	동화책	합계
학생 수(명)	5	6	2	3	16

3 가장 많은 학생들이 좋아하는 책 종류는 무엇인가요?

( )

4 좋아하는 학생 수가 많은 책 종류부터 차례로 써 보세요.

(, , ,)

| 5~7 | 미희네 반 학생들이 좋아하는 붕어빵의 종류를 조사하여 그래프로 나타냈습니다. 물음에 답하세요.

미희네 반 학생들이 좋아하는 붕어빵 종류별 학생 수

7	○			
6	○			
5	○			
4	○		○	
3	○	○	○	
2	○	○	○	○
1	○	○	○	○
학생 수(명) / 종류	팥	슈크림	고구마	치즈

5 그래프를 보고 알 수 있는 내용에 ○표, 알 수 없는 내용에 ×표 하세요.

(1) 치즈 붕어빵을 좋아하는 학생 수 [ ]

(2) 미희가 좋아하는 붕어빵 종류 [ ]

6 가장 많은 학생들이 좋아하는 붕어빵 종류는 무엇인가요?

( )

7 가장 적은 학생들이 좋아하는 붕어빵 종류는 무엇인가요?

( )

5 단원 3회

3회 문제 학습

| 01~04 | 혜주네 반과 진규네 반 학생들이 좋아하는 학급 티셔츠 색깔을 조사하여 표로 나타냈습니다. 물음에 답하세요.

혜주네 반 학생들이 좋아하는 티셔츠 색깔별 학생 수

색깔	초록색	노란색	파란색	빨간색	합계
학생 수(명)	2	4	5	9	20

진규네 반 학생들이 좋아하는 티셔츠 색깔별 학생 수

색깔	초록색	노란색	파란색	빨간색	합계
학생 수(명)	2	8	6	4	20

01 혜주네 반에서 가장 많은 학생들이 좋아하는 티셔츠 색깔은 무엇인가요?

( )

02 진규네 반 학생들 중 초록색 티셔츠를 좋아하는 학생은 몇 명인가요?

( )

03 혜주네 반과 진규네 반의 표를 보고 알맞은 말에 ○표 하세요.

> 파란색 티셔츠를 좋아하는 혜주네 반 학생이 파란색 티셔츠를 좋아하는 진규네 반 학생보다 더 (많습니다 , 적습니다).

04 혜주네 반과 진규네 반의 학급 티셔츠 색깔을 정해 보세요.

혜주네 반 ( )

진규네 반 ( )

| 05~07 | 연주네 반 학생들이 좋아하는 채소를 조사하여 그래프로 나타냈습니다. 물음에 답하세요.

연주네 반 학생들이 좋아하는 채소별 학생 수

8				○
7				○
6		○		○
5		○		○
4	○	○		○
3	○	○	○	○
2	○	○	○	○
1	○	○	○	○
학생 수(명) / 채소	오이	호박	당근	감자

05 가장 많은 학생들이 좋아하는 채소는 무엇인가요?

( )

06 5명보다 적은 학생들이 좋아하는 채소를 모두 찾아 써 보세요.

( )

07 □ 안에 알맞은 말을 써넣으세요.

> 연주네 반 학생들은 호박보다 □을/를 더 좋아합니다.

| 08 ~ 09 | 건우네 반 학생들이 좋아하는 음식을 조사하여 표와 그래프로 나타냈습니다. 물음에 답하세요.

건우네 반 학생들이 좋아하는 음식별 학생 수

음식	라면	카레	만두	김밥	합계
학생 수(명)	5	2	1	4	12

건우네 반 학생들이 좋아하는 음식별 학생 수

5	○			
4	○			○
3	○			○
2	○	○		○
1	○	○	○	○
학생 수(명) / 음식	라면	카레	만두	김밥

08 표와 그래프 중 어느 것에 대한 설명인가요?

(1) 좋아하는 음식별 학생 수를 알기 쉽습니다.

( )

(2) 가장 많은 학생들이 좋아하는 음식을 한눈에 알아보기 쉽습니다.

( )

창의형

09 표와 그래프를 보고 알 수 있는 내용을 써 보세요.

서술형 문제

10 지수네 모둠 학생들이 가지고 있는 연필 수를 조사하여 표로 나타냈습니다. 잘못 설명한 것의 기호를 쓰고, 바르게 고쳐 보세요.

지수네 모둠 학생들이 가지고 있는 연필 수

이름	지수	태현	시연	합계
연필 수(자루)	3	1	6	10

㉠ 태현이의 연필은 3자루입니다.
㉡ 지수네 모둠 학생은 모두 3명입니다.

기호 ❶ □

바르게 고치기 ❷ 태현이의 연필은 □자루입니다.

11 3월부터 5월까지 비가 온 일수를 조사하여 그래프로 나타냈습니다. 잘못 설명한 것의 기호를 쓰고, 바르게 고쳐 보세요.

월별 비 온 일수

5월	/	/	/	/			
4월	/	/	/	/	/		
3월	/	/	/	/	/	/	/
월 / 일수(일)	1	2	3	4	5	6	7

㉠ 4월이 3월보다 비가 온 날이 더 많습니다.
㉡ 비 온 날이 가장 많은 월은 3월입니다.

기호

바르게 고치기

학습 결과에 색칠하세요.

4회 개념 학습

학습일:　　월　　일

개념 1 표와 그래프로 나타내기

① 자료 조사하기

좋아하는 우유

연수	예은	정수	현진	수빈
하준	재민	지호	민진	선우

② 조사한 자료를 표로 나타내기

좋아하는 우유별 학생 수

우유				합계
학생 수(명)	5	2	3	10

③ 표를 보고 그래프로 나타내기

좋아하는 우유별 학생 수

5	○		
4	○		
3	○		○
2	○	○	○
1	○	○	○
학생 수(명) / 우유			

확인 1 편의점에 있는 삼각김밥입니다. 물음에 답하세요.

(1) 자료를 보고 표를 완성해 보세요.

종류별 삼각김밥의 수

종류	참치	불고기	김치	합계
삼각김밥 수(개)	4			

(2) 표를 보고 그래프를 완성해 보세요.

종류별 삼각김밥의 수

4	△		
3	△		
2	△		
1	△		
삼각김밥 수(개) / 종류	참치	불고기	김치

| 1~2 | **헤리네 반 학생들이 좋아하는 꽃을 조사하였습니다. 물음에 답하세요.**

헤리네 반 학생들이 좋아하는 꽃

이름	꽃	이름	꽃	이름	꽃
헤리	장미	성희	국화	은미	튤립
소희	백합	지욱	장미	성호	백합
영진	장미	석현	튤립	정민	국화
혜정	튤립	혜영	백합	지훈	장미
승호	장미	종수	튤립	민수	장미

1 조사한 자료를 보고 표를 완성해 보세요.

헤리네 반 학생들이 좋아하는 꽃별 학생 수

꽃	장미	백합	튤립	국화	합계
학생 수(명)	6			2	15

2 1의 표를 보고 ○를 이용하여 그래프를 완성해 보세요.

헤리네 반 학생들이 좋아하는 꽃별 학생 수

6	○			
5	○			
4	○			
3	○			
2	○			○
1	○			○
학생 수(명) / 꽃	장미	백합	튤립	국화

| 3~5 | **현우네 반 학생들이 배우고 싶은 악기를 조사하였습니다. 물음에 답하세요.**

현우네 반 학생들이 배우고 싶은 악기

(피아노, 기타, 리코더, 드럼)

현우	예은	시완	채영	승호	경민
선영	윤우	은별	지윤	대현	지훈

3 조사한 자료를 보고 표를 완성해 보세요.

현우네 반 학생들이 배우고 싶은 악기별 학생 수

악기	피아노	기타	리코더	드럼	합계
학생 수(명)	3				12

4 3의 표를 보고 ×를 이용하여 그래프를 완성해 보세요.

현우네 반 학생들이 배우고 싶은 악기별 학생 수

4				
3	×			
2	×			
1	×			
학생 수(명) / 악기	피아노	기타	리코더	드럼

5 표와 그래프를 보고 □ 안에 알맞은 말을 써넣으세요.

가장 많은 학생들이 배우고 싶은 악기는 □ 입니다.

4회 문제 학습

| 01~03 | 서아네 반 학생들이 좋아하는 운동을 조사하였습니다. 물음에 답하세요.

서아네 반 학생들이 좋아하는 운동

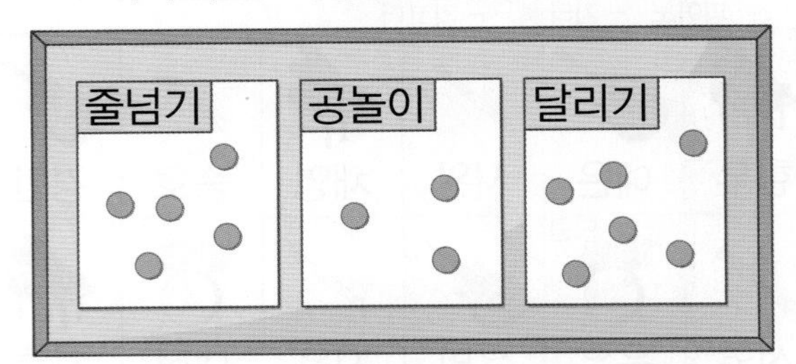

01 조사한 자료를 보고 표로 나타내 보세요.

서아네 반 학생들이 좋아하는 운동별 학생 수

운동	줄넘기	공놀이	달리기	합계
학생 수(명)				

02 01의 표를 보고 ○를 이용하여 그래프로 나타내 보세요.

서아네 반 학생들이 좋아하는 운동별 학생 수

달리기						
공놀이						
줄넘기						
운동 / 학생 수(명)	1	2	3	4	5	6

창의형

03 서아가 표와 그래프를 보고 다음 주에 할 운동을 어떻게 정하면 좋을지 선생님께 쪽지를 쓰고 있습니다. 쪽지를 완성해 보세요.

선생님, 우리 반 학생들이 좋아하는 운동을 조사하였습니다.

디지털 문해력

| 04~06 | 뉴스 화면을 보고 물음에 답하세요.

04 자료를 보고 표로 나타내 보세요.

12월의 날씨별 일수

날씨	맑음	흐림	비	눈	합계
일수(일)					

05 04의 표를 보고 /를 이용하여 그래프로 나타내 보세요.

12월의 날씨별 일수

10				
9				
8				
7				
6				
5				
4				
3				
2				
1				
일수(일) / 날씨	맑음	흐림	비	눈

06 일수가 많은 날씨부터 차례로 써 보세요.

(, , ,)

| 07~09 | 연재네 반 학생들이 겨울 방학에 가고 싶은 장소를 조사하여 표로 나타냈습니다. 물음에 답하세요.

연재네 반 학생들이 겨울 방학에 가고 싶은 장소별 학생 수

장소	바다	산	썰매장	합계
학생 수(명)		8	5	20

07 표를 완성해 보세요.

08 위의 표를 보고 ×를 이용하여 그래프로 나타내 보세요.

연재네 반 학생들이 겨울 방학에 가고 싶은 장소별 학생 수

8			
7			
6			
5			
4			
3			
2			
1			
학생 수(명) / 장소	바다	산	썰매장

09 표와 그래프를 보고 알 수 없는 것을 찾아 기호를 써 보세요.

㉠ 연재가 가고 싶은 장소
㉡ 가장 많은 학생들이 가고 싶은 장소
㉢ 바다에 가고 싶은 학생 수

( )

서술형 문제

10 2반의 안경을 쓴 학생은 몇 명인지 풀이 과정을 쓰고, 답을 구해 보세요.

반별 안경을 쓴 학생 수

반	학생 수(명)
1반	2
2반	
3반	
합계	6

3반	○		
2반			
1반			
반 / 학생 수(명)	1	2	3

❶ 1반의 안경을 쓴 학생은 2명, 3반의 안경을 쓴 학생은 □명입니다.

❷ 따라서 2반의 안경을 쓴 학생은 6－2－□＝□(명)입니다.

답

11 3반의 예선을 통과한 학생은 몇 명인지 풀이 과정을 쓰고, 답을 구해 보세요.

반별 예선을 통과한 학생 수

반	학생 수(명)
1반	
2반	3
3반	
합계	7

3반			
2반			
1반	○	○	○
반 / 학생 수(명)	1	2	3

답

5 단원 4회

학습 결과에 색칠하세요.

5회 응용 학습

○ 학습일: 월 일

조사한 자료와 나타낸 표 비교하기

01 가은이네 반 학생들이 사는 마을을 조사하여 표로 나타냈습니다. 조사한 자료에서 가은이의 붙임 종이가 떨어졌다면 가은이가 사는 마을은 어느 마을인지 찾아 써 보세요.

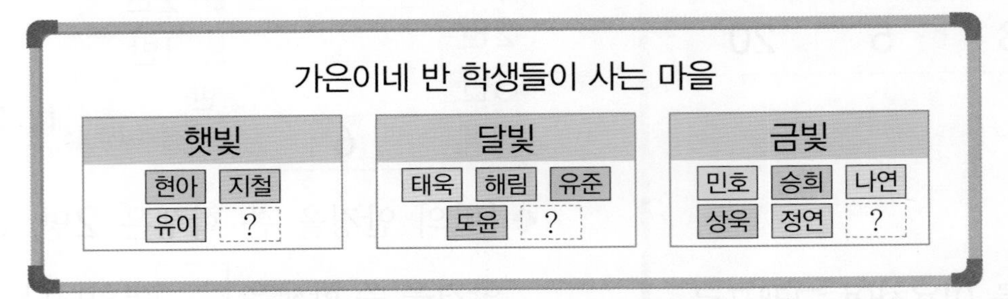

가은이네 반 학생들이 사는 마을별 학생 수

마을	햇빛	달빛	금빛	합계
학생 수(명)	3	4	6	13

1단계 자료와 표에서 학생 수가 다른 마을 찾기

(햇빛 , 달빛 , 금빛) 마을

2단계 가은이가 사는 마을 찾아 쓰기

( )

문제해결 TIP

가은이의 붙임 종이가 떨어진 자료에서 마을별 학생 수를 세어 표와 비교해요.

02 규리네 모둠 학생들이 좋아하는 분식을 조사하여 표로 나타냈습니다. 동우가 좋아하는 분식은 무엇인지 찾아 보세요.

규리네 모둠이 좋아하는 분식

규리네 모둠이 좋아하는 분식별 학생 수

분식	김밥	떡볶이	튀김	합계
학생 수(명)	3	2	3	8

( )

동우를 뺀 자료에서 분식별 학생 수를 세어 표와 비교해 봐.

합계를 이용하여 모르는 수 구하기

03 신발장에 있는 신발의 종류를 조사하여 표로 나타냈습니다. 운동화가 장화보다 4켤레 더 많습니다. 구두는 몇 켤레인가요?

신발장에 있는 종류별 신발 수

종류	운동화	구두	장화	샌들	합계
신발 수(켤레)			2	5	20

1단계 운동화는 몇 켤레인지 구하기

( )

2단계 구두는 몇 켤레인지 구하기

( )

문제해결 TIP

운동화의 수를 먼저 구한 다음 합계를 이용하여 구두의 수를 구해요.

04 민호네 반 학생들이 좋아하는 김밥의 종류를 조사하여 표로 나타냈습니다. 야채김밥을 좋아하는 학생이 치즈김밥을 좋아하는 학생보다 2명 더 적습니다. 참치김밥을 좋아하는 학생은 몇 명인가요?

민호네 반 학생들이 좋아하는 김밥 종류별 학생 수

종류	야채	불고기	치즈	참치	합계
학생 수(명)		8	7		30

( )

05 소미네 반 학생들이 가 보고 싶은 장소를 조사하여 표로 나타냈습니다. 놀이공원에 가 보고 싶은 학생 수와 수족관에 가 보고 싶은 학생 수가 같을 때 박물관에 가 보고 싶은 학생은 몇 명일까요?

가 보고 싶은 장소별 학생 수

장소	동물원	놀이공원	박물관	수족관	합계
학생 수(명)	6			9	28

( )

놀이공원에 가 보고 싶은 학생이 몇 명인지 먼저 구해.

조사한 자료의 수를 알 때 그래프에서 모르는 수 구하기

06 수지네 반 학생들의 혈액형을 조사하여 그래프로 나타냈습니다. 조사한 학생이 모두 14명일 때 B형인 학생은 몇 명인지 구해 보세요.

수지네 반 학생들의 혈액형별 학생 수

5			/	
4	/		/	
3	/		/	
2	/		/	/
1	/		/	/
학생 수(명) / 혈액형	A형	B형	AB형	O형

1단계 A형, AB형, O형인 학생은 모두 몇 명인지 구하기

$\square + \square + \square = \square$(명)

2단계 B형인 학생은 몇 명인지 구하기

(　　　　　　)

문제해결 TIP

B형인 학생 수는 조사한 학생 수에서 A형, AB형, O형인 학생 수를 빼면 돼요.

07 미란이네 농장에서 기르는 동물을 조사하여 그래프로 나타냈습니다. 조사한 동물이 모두 20마리일 때 돼지는 몇 마리인지 구해 보세요.

미란이네 농장에서 기르는 동물 수

6				×	
5				×	×
4				×	×
3	×			×	×
2	×		×	×	×
1	×		×	×	×
동물 수(마리) / 동물	닭	돼지	오리	염소	토끼

(　　　　　　)

돼지의 수는 조사한 동물 수에서 닭, 오리, 염소, 토끼의 수를 빼면 돼.

그래프를 보고 조사한 학생 수 구하기

08 희재네 반 학생들이 좋아하는 악기를 조사하여 그래프로 나타냈습니다. 북을 좋아하는 학생 수가 꽹과리를 좋아하는 학생 수의 2배일 때 조사한 학생은 모두 몇 명인지 구해 보세요.

희재네 반 학생들이 좋아하는 악기별 학생 수

꽹과리	○	○	○						
장구	○	○	○	○	○	○	○	○	○
북									
징	○	○	○	○	○	○	○		
악기 / 학생 수(명)	1	2	3	4	5	6	7	8	9

1단계 북을 좋아하는 학생은 몇 명인지 구하기

( )

2단계 조사한 학생은 모두 몇 명인지 구하기

( )

문제해결 TIP

북을 좋아하는 학생은 몇 명인지 먼저 구한 다음 좋아하는 악기별 학생 수를 모두 더해요.

09 연우네 반 학생들이 태어난 계절을 조사하여 그래프로 나타냈습니다. 가을에 태어난 학생 수가 겨울에 태어난 학생 수의 3배일 때 조사한 학생은 모두 몇 명인지 구해 보세요.

연우네 반 학생들이 태어난 계절별 학생 수

7	△			
6	△			
5	△	△		
4	△	△		
3	△	△		
2	△	△		△
1	△	△		△
학생 수(명) / 계절	봄	여름	가을	겨울

( )

가을에 태어난 학생은 몇 명인지 먼저 구해야 해!

학습 결과에 색칠하세요.

5 단원 5회

6회 마무리 평가

학습일: 월 일

| 01~05 | **유미네 반 학생들이 좋아하는 과일을 조사하였습니다. 물음에 답하세요.**

유미네 반 학생들이 좋아하는 과일

(바나나, 사과, 귤, 포도)

유미	현민	은아	재윤	리나	진호
바나나	사과	귤	바나나	포도	사과
형진	예은	재영	린지	서윤	서린
사과	포도	사과	사과	귤	바나나
소율	지한	시은	우주	영서	준서
귤	바나나	포도	사과	귤	귤

01 서린이가 좋아하는 과일은 무엇인지 ○표 하세요.

(바나나 , 사과 , 귤 , 포도)

02 귤을 좋아하는 학생의 이름을 모두 써 보세요.

( )

03 자료를 보고 표로 나타내 보세요.

유미네 반 학생들이 좋아하는 과일별 학생 수

과일	바나나	사과	귤	포도	합계
학생 수(명)					

04 사과를 좋아하는 학생은 몇 명인가요?

( )

05 유미네 반 학생은 모두 몇 명인가요?

( )

06 자료를 조사하여 표로 나타내려고 합니다. 순서에 맞게 기호를 써 보세요.

㉠ 무엇을 조사할지 정하기
㉡ 조사할 방법 정하기
㉢ 조사한 자료를 표로 나타내기
㉣ 정한 방법으로 자료 조사하기

| 07~08 | **슬기는 종류별로 6개씩 가지고 있는 조각을 사용하여 모양을 만들었습니다. 물음에 답하세요.**

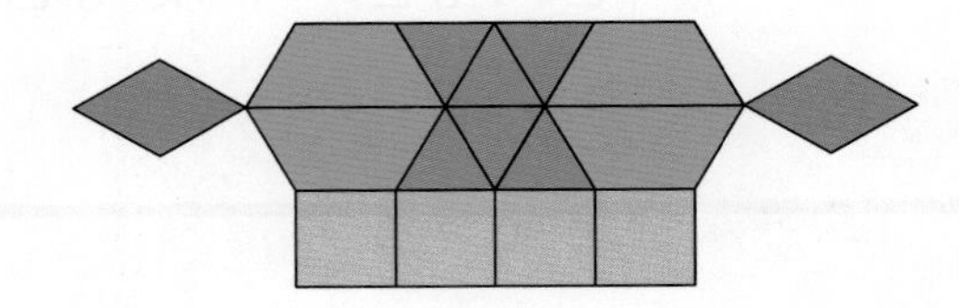

07 모양을 만드는 데 사용한 조각을 표로 나타내 보세요.

모양을 만드는 데 사용한 조각 수

조각	△	□	▱	⏢	합계
조각 수(개)					

08 슬기가 모양을 만드는 데 가지고 있는 조각 중 모두 사용한 조각은 무엇인지 ○표 하세요.

(△ , □ , ▱ , ⏢)

| 09~11 | 도현이네 반 학생들이 좋아하는 생선을 조사하여 표로 나타냈습니다. 물음에 답하세요.

도현이네 반 학생들이 좋아하는 생선별 학생 수

생선	갈치	고등어	삼치	조기	합계
학생 수(명)	4	2	1	3	10

09 고등어를 좋아하는 학생은 몇 명인가요?

( )

10 표를 보고 그래프의 세로에 학생 수를 나타내려고 합니다. 도현이가 그래프를 완성할 수 없는 이유를 써 보세요.

이유

11 표를 보고 /를 이용하여 그래프로 나타내 보세요.

도현이네 반 학생들이 좋아하는 생선별 학생 수

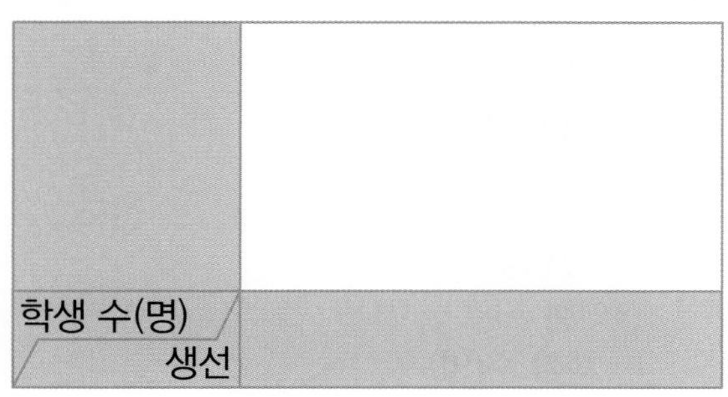

서술형

12 지유네 반 학생들이 태어난 계절을 조사하여 표로 나타냈습니다. 겨울에 태어난 학생은 몇 명인지 풀이 과정을 쓰고, 답을 구해 보세요.

지유네 반 학생들이 태어난 계절별 학생 수

계절	봄	여름	가을	겨울	합계
학생 수(명)	5	1	3		13

답

13 경주네 반 학생들이 좋아하는 곤충을 조사하여 그래프로 나타냈습니다. 그래프의 가로와 세로에 나타낸 것은 각각 무엇인지 써 보세요.

경주네 반 학생들이 좋아하는 곤충별 학생 수

6		○		
5		○		
4	○	○		
3	○	○	○	○
2	○	○	○	○
1	○	○	○	○
학생 수(명) / 곤충	개미	잠자리	메뚜기	나비

가로 ( )

세로 ( )

| 14~15 | 도일이네 반 학생들이 좋아하는 떡을 조사하여 표로 나타냈습니다. 물음에 답하세요.

도일이네 반 학생들이 좋아하는 떡별 학생 수

떡	꿀떡	백설기	인절미	찹쌀떡	합계
학생 수(명)	6	4	2	3	15

14 백설기를 좋아하는 학생은 몇 명인가요?

( )

15 인절미를 좋아하는 학생과 찹쌀떡을 좋아하는 학생은 모두 몇 명인가요?

( )

| 16~17 | 지나네 반 학생들이 좋아하는 민속놀이를 조사하여 그래프로 나타냈습니다. 물음에 답하세요.

지나네 반 학생들이 좋아하는 민속놀이별 학생 수

비사치기	○	○	○	○	○	○	
팽이치기	○	○	○	○			
딱지치기	○	○	○	○	○	○	○
연날리기	○	○	○				
민속놀이 / 학생 수(명)	1	2	3	4	5	6	7

16 가장 적은 학생들이 좋아하는 민속놀이는 무엇인가요?

( )

17 5명보다 많은 학생들이 좋아하는 민속놀이를 모두 찾아 써 보세요.

( )

| 18~20 | 진주네 반 학생들의 혈액형을 조사하여 표와 그래프로 나타냈습니다. 물음에 답하세요.

진주네 반 학생들의 혈액형별 학생 수

혈액형	A형	B형	AB형	O형	합계
학생 수(명)	4		3		

진주네 반 학생들의 혈액형별 학생 수

5				○
4				○
3				○
2		○		○
1		○		○
학생 수(명) / 혈액형	A형	B형	AB형	O형

18 표와 그래프를 각각 완성해 보세요.

19 표와 그래프를 보고 알 수 없는 내용을 찾아 기호를 써 보세요.

㉠ 진주의 혈액형
㉡ 진주네 반 학생 수
㉢ B형인 학생 수

( )

20 위의 그래프에서 가로와 세로를 바꾸고, ×를 이용하여 그래프로 나타내 보세요.

진주네 반 학생들의 혈액형별 학생 수

O형	
AB형	
B형	
A형	
혈액형 / 학생 수(명)	

21 채율이가 모은 구슬이 경지가 모은 구슬보다 2개 더 적습니다. 승혜가 모은 구슬은 몇 개인가요?

경지네 모둠 학생별 모은 구슬 수

이름	경지	채율	승혜	합계
구슬 수(개)	7			16

( )

22 희철이네 반 학생이 10명입니다. 그래프를 완성해 보세요.

희철이네 반 학생들이 받고 싶은 선물별 학생 수

4		/	
3	/	/	
2	/	/	
1	/	/	
학생 수(명) / 선물	옷	게임기	인형

23 젤리를 좋아하는 학생 수가 사탕을 좋아하는 학생 수의 2배입니다. 조사한 학생은 모두 몇 명인가요?

민규네 반 학생들이 좋아하는 간식별 학생 수

4				△
3	△			△
2	△		△	△
1	△		△	△
학생 수(명) / 간식	과자	젤리	사탕	초콜릿

( )

수행 평가

| 24~25 | 하린이가 미술 시간에 그린 그림입니다. 그림을 보고 물음에 답하세요.

24 하린이가 그린 그림 속 사각형 수를 세어 표와 그래프로 각각 나타내 보세요.

하린이의 그림 속 색깔별 사각형 수

색깔	빨간색	파란색	노란색	흰색	합계
사각형 수(개)					

하린이의 그림 속 색깔별 사각형 수

5				
4				
3				
2				
1				
사각형 수(개) / 색깔	빨간색	파란색	노란색	흰색

25 24의 그래프를 보고 알 수 있는 내용을 2가지 써 보세요.

5 단원 6회

학습 결과에 색칠하세요.

6 규칙 찾기

이번에 배울 내용

회차	쪽수	학습 내용	학습 주제
1	144~147쪽	개념+문제 학습	무늬에서 규칙 찾기(1), (2)
2	148~151쪽	개념+문제 학습	쌓은 모양에서 규칙 찾기(1), (2)
3	152~155쪽	개념+문제 학습	덧셈표에서 규칙 찾기 / 곱셈표에서 규칙 찾기
4	156~159쪽	개념+문제 학습	생활에서 규칙 찾기
5	160~163쪽	응용 학습	
6	164~167쪽	마무리 평가	

문해력을 높이는 **어휘**

회전: 어떤 것을 중심으로 빙빙 돎

마차가 움직일 때마다 바퀴가

회 전 해요.

성벽: 성을 둘러싼 벽

경복궁의 성 벽 은

잘 깎은 돌로 쌓아 올려졌어요.

(150쪽)

덧셈표: 세로와 가로가 만나는 칸에 두 수의 합을 써넣은 표

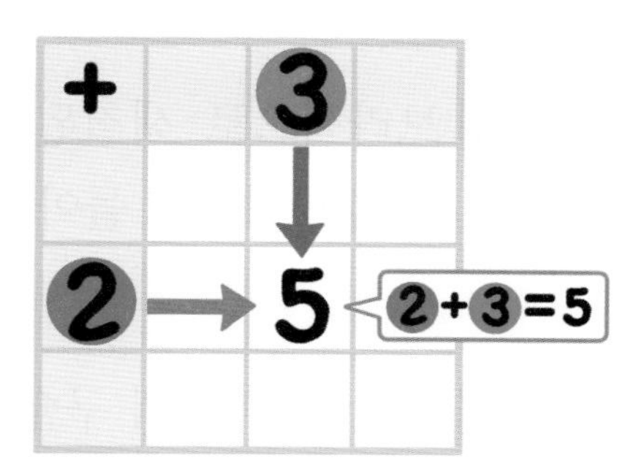

덧 셈 표 에서 2와

3이 만나는 칸에 5를 써넣어요.

곱셈표: 세로와 가로가 만나는 칸에 두 수의 곱을 써넣은 표

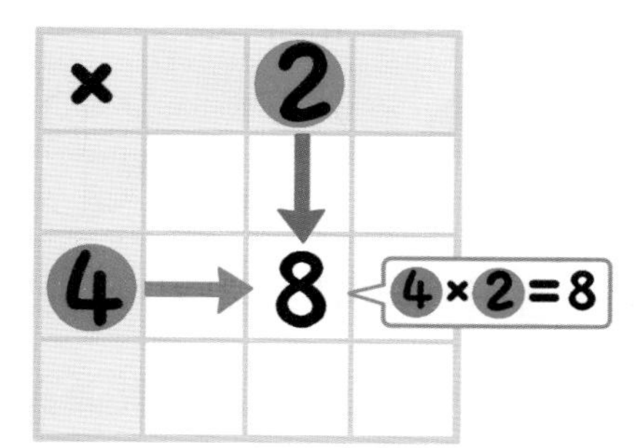

곱 셈 표 에서 4와

2가 만나는 칸에 8을 써넣어요.

1회 개념 학습

학습일: 월 일

개념 1 무늬에서 규칙 찾기(1)

• 색깔의 규칙 찾기

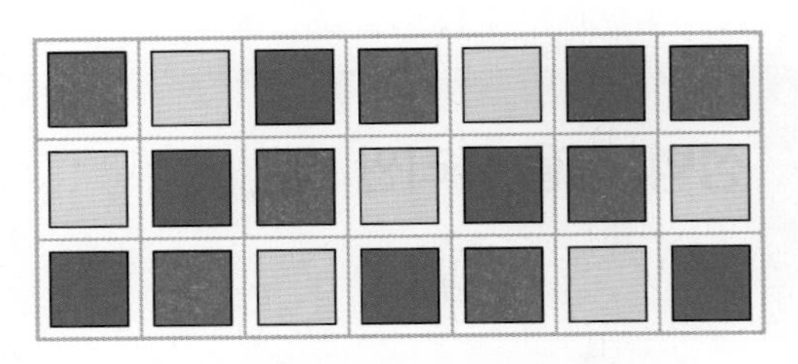

[규칙] 빨간색, 노란색, 파란색이 반복됩니다.
[규칙] ↙ 방향으로 같은 색이 반복됩니다.

• 색깔과 모양의 규칙 찾기

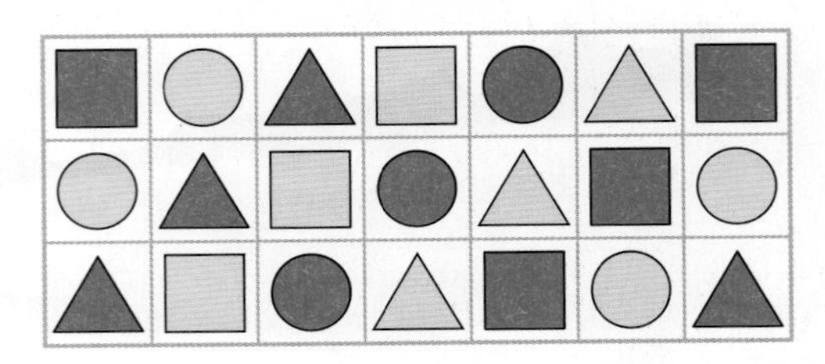

[규칙] 빨간색, 노란색이 반복됩니다.
[규칙] 사각형, 원, 삼각형이 반복됩니다.

확인 1 무늬에서 색깔의 규칙을 찾아 써 보세요.

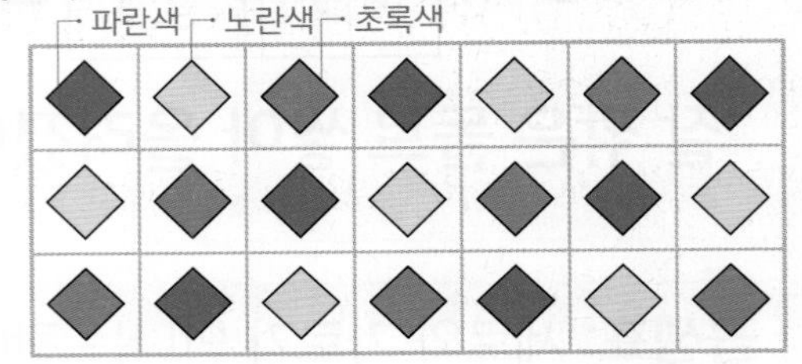

파란색, [ ], [ ]이 반복됩니다.

개념 2 무늬에서 규칙 찾기(2)

• 회전하는 규칙 찾기

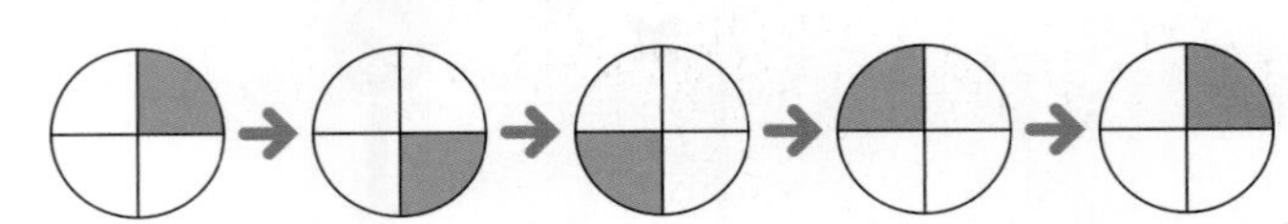

[규칙] 보라색으로 색칠된 부분이 시계 방향으로 돌아갑니다.

• 늘어나는 규칙 찾기

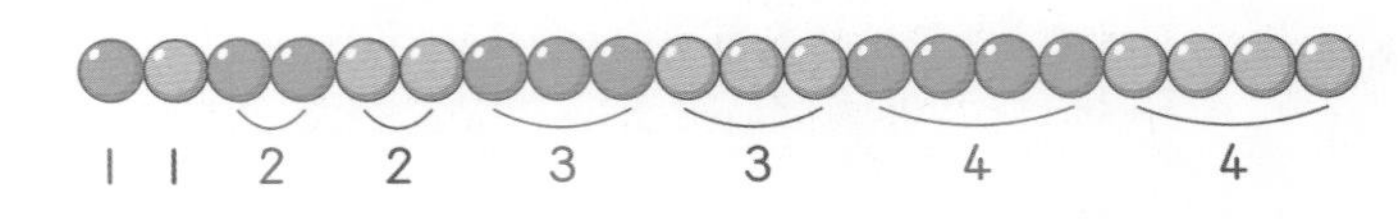

[규칙] 빨간색, 파란색 구슬이 각각 1개씩 늘어나며 반복됩니다.

확인 2 규칙을 찾아 ●을 알맞게 그려 넣으세요.

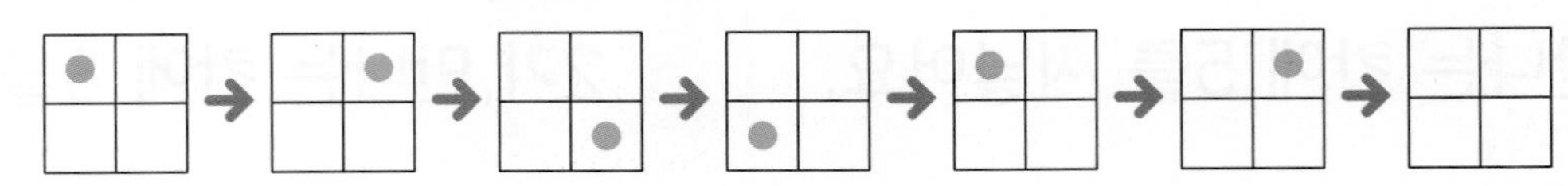

| 1~2 | 그림을 보고 물음에 답하세요.

1 반복되는 무늬를 찾아 색칠해 보세요.

2 빈칸에 알맞은 모양을 그려 넣으세요.

3 무늬에서 반복되는 색깔과 모양의 규칙을 찾고, ㉠에 알맞은 모양을 그려 넣으세요.

(1)

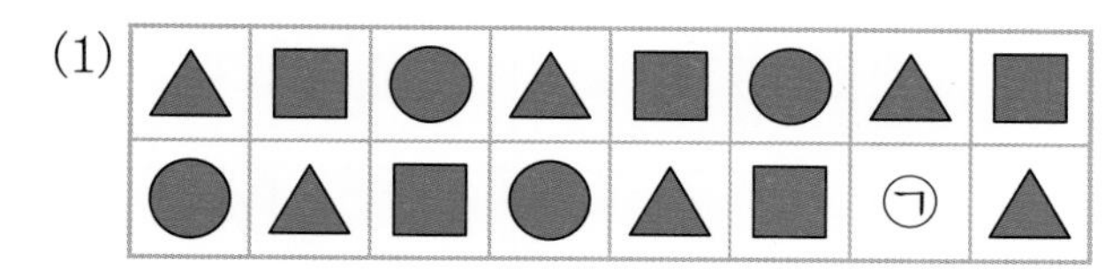

▲, ■, □이 반복되므로

㉠에 알맞은 모양은 □입니다.

(2)

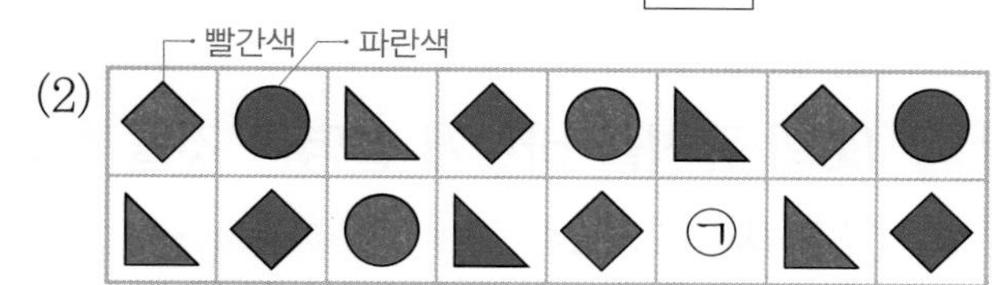

◇, ○, □이 반복되고

빨간색, □이 반복되므로

㉠에 알맞은 모양은 □입니다.

4 그림을 보고 규칙을 찾아 알맞은 말에 ○표 하세요.

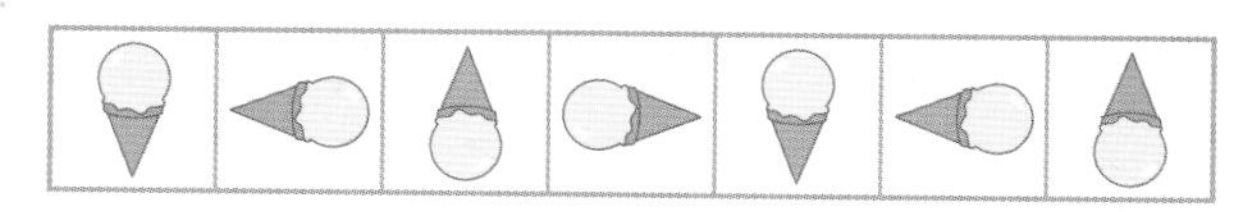

아이스크림 모양이
(시계 방향 , 시계 반대 방향)으로
돌아갑니다.

5 규칙을 찾아 빈칸에 알맞은 모양을 그려 넣으세요.

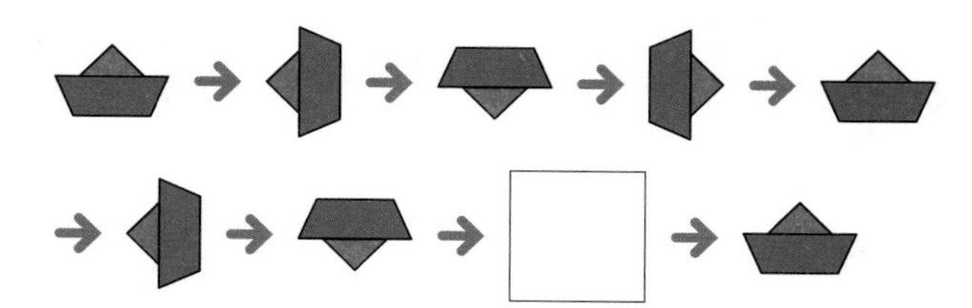

6 규칙을 찾아 □ 안에 알맞은 수를 써넣으세요.

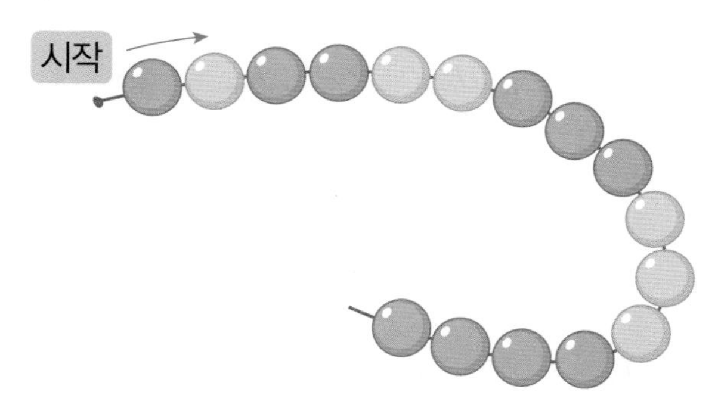

빨간색, 노란색 구슬이 각각 □개씩 늘어나며 반복됩니다.

1회 문제 학습

01 규칙을 찾아 그림을 완성해 보세요.

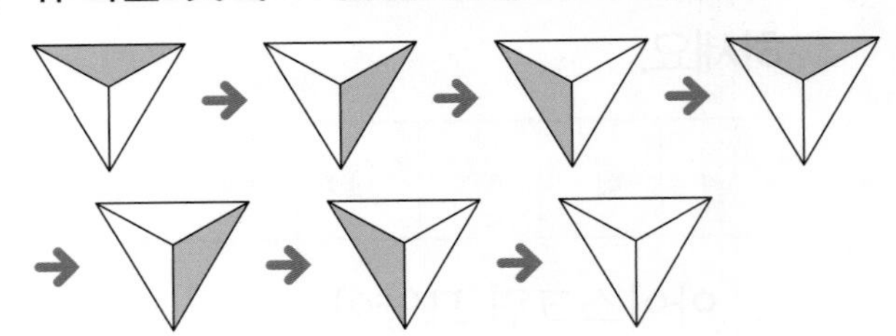

| **02~03** | 그림을 보고 물음에 답하세요.

02 반복되는 무늬를 찾아 ○표 하세요.

( )　　　　( )

03 빈칸에 알맞은 무늬를 찾아 기호를 써 보세요.

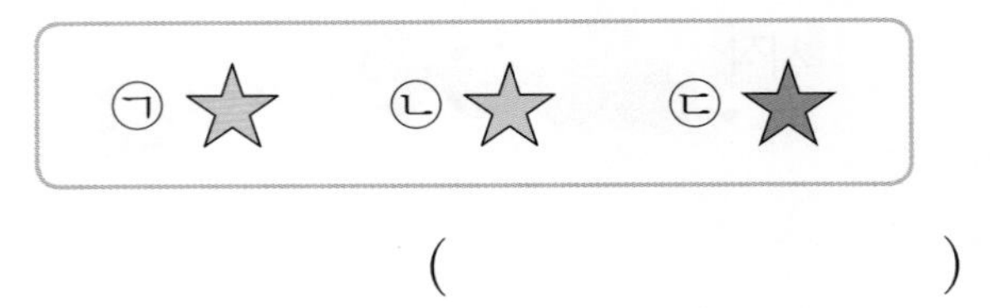

( )

04 규칙을 찾아 빈칸에 알맞은 인형의 색깔을 써 보세요.

( )

| **05~07** | 그림을 보고 물음에 답하세요.

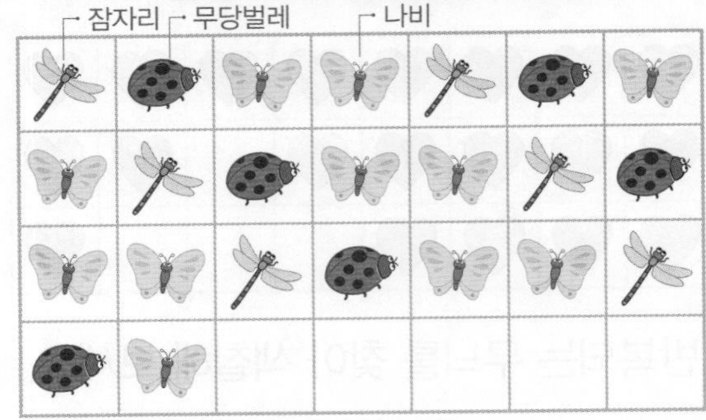

05 규칙을 찾아 빈칸에 알맞은 곤충의 이름을 써넣으세요.

06 위 그림에서 는 1, 는 2, 는 3으로 바꾸어 나타내 보세요.

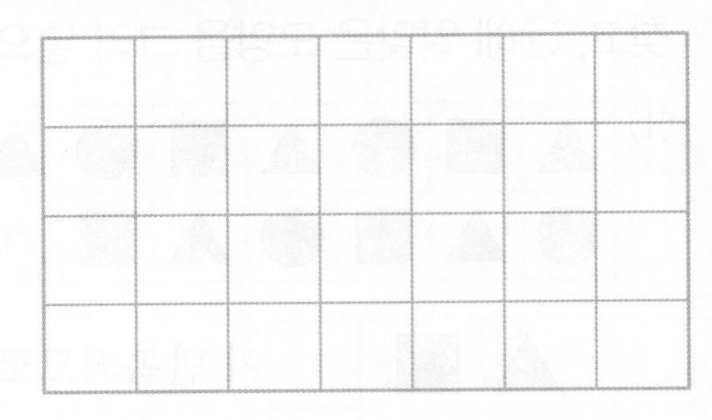

07 06의 규칙을 바르게 설명한 것을 찾아 기호를 써 보세요.

㉠ 1, 2, 3이 반복됩니다.
㉡ 1, 2, 3, 3이 반복됩니다.
㉢ 1, 2, 3, 1이 반복됩니다.

( )

디지털 문해력

08 텔레비전에 이불 광고가 나오고 있습니다. 이불 무늬에서 규칙을 찾아 써 보세요.

09 규칙을 찾아 ㉠에 알맞은 과일의 이름을 써 보세요.

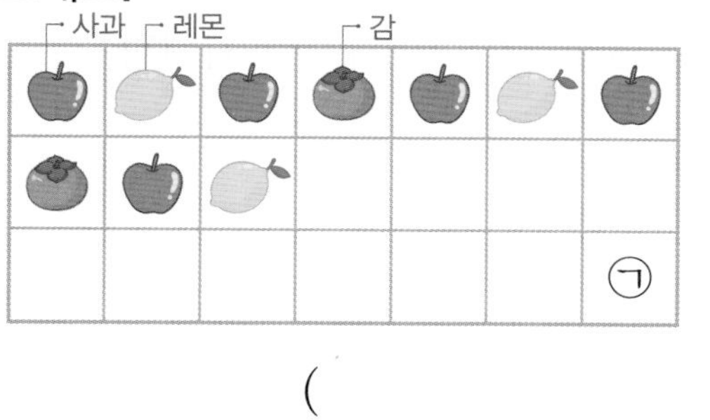

(　　　　　　　　　)

창의형

10 규칙을 정해 종이의 무늬를 만들어 보세요.

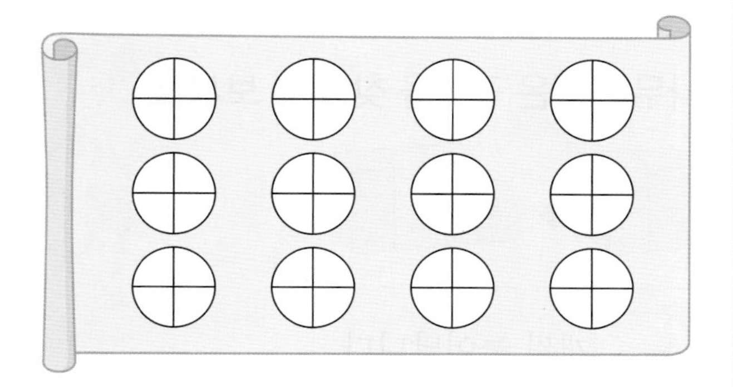

서술형 문제

11 팔찌의 규칙을 찾아 ㉠에 알맞은 색깔을 구하려고 합니다. 풀이 과정을 쓰고, 답을 구해 보세요.

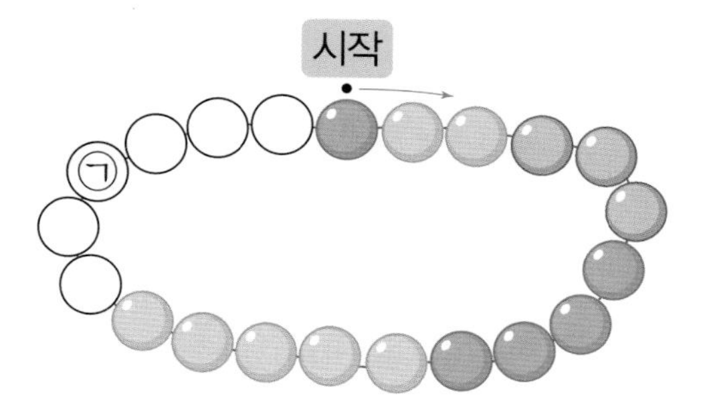

❶ 빨간색, 노란색, 파란색이 반복되고, 구슬이  개씩 늘어납니다.

❷ 따라서 ㉠에 알맞은 색깔은 (빨간색 , 노란색 , 파란색)입니다.

답

12 구슬을 끼운 줄의 규칙을 찾아 ㉠에 알맞은 색깔을 구하려고 합니다. 풀이 과정을 쓰고, 답을 구해 보세요.

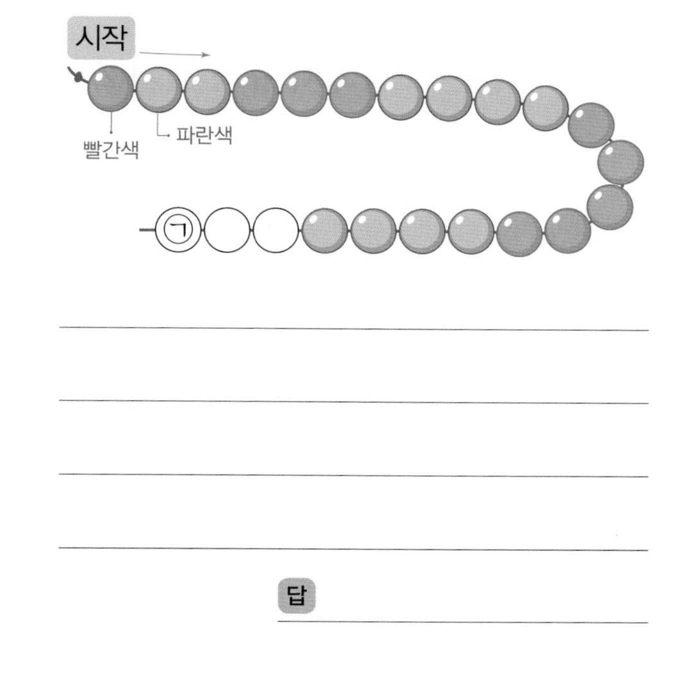

답

학습 결과에 색칠하세요.

6 단원 1회

2회 개념 학습

학습일: 월 일

개념 1 쌓은 모양에서 규칙 찾기(1)

• 번갈아 가며 나타나는 규칙 찾기

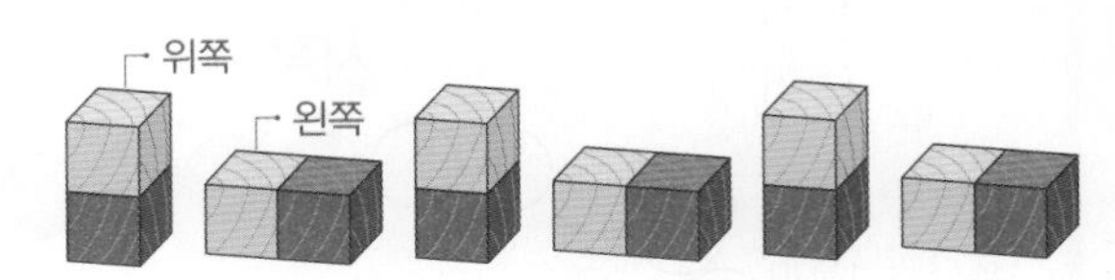

[규칙] 빨간색 쌓기나무가 있고 쌓기나무 1개가 위쪽, 왼쪽으로 번갈아 가며 나타납니다.

• 반복되는 규칙 찾기

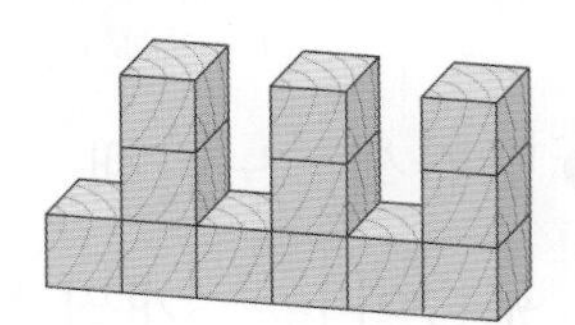

[규칙] 쌓기나무의 수가 왼쪽에서 오른쪽으로 1개, 3개씩 반복됩니다.

확인 1 규칙에 따라 쌓기나무를 쌓았습니다. 쌓기나무를 쌓은 규칙을 찾아 써 보세요.

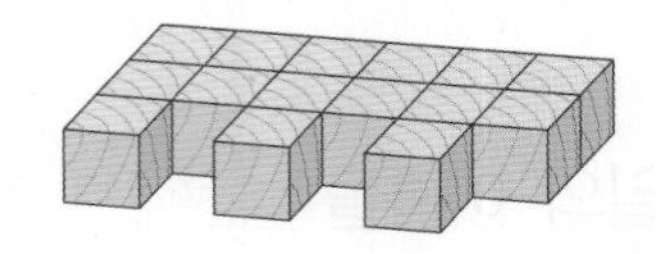

쌓기나무의 수가 왼쪽에서 오른쪽으로 3개, ☐개씩 반복됩니다.

개념 2 쌓은 모양에서 규칙 찾기(2)

쌓기나무의 수가 늘어나는 규칙을 찾을 수 있습니다.

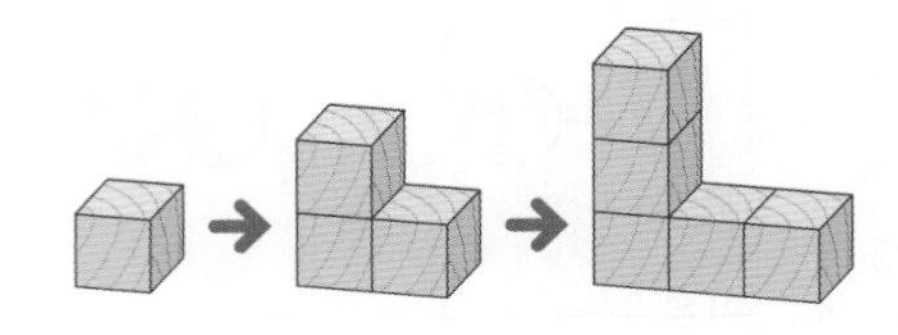

[규칙] 쌓기나무가 위쪽, 오른쪽으로 각각 1개씩 늘어납니다.

확인 2 규칙에 따라 쌓기나무를 쌓았습니다. 쌓기나무를 쌓은 규칙을 찾아 써 보세요.

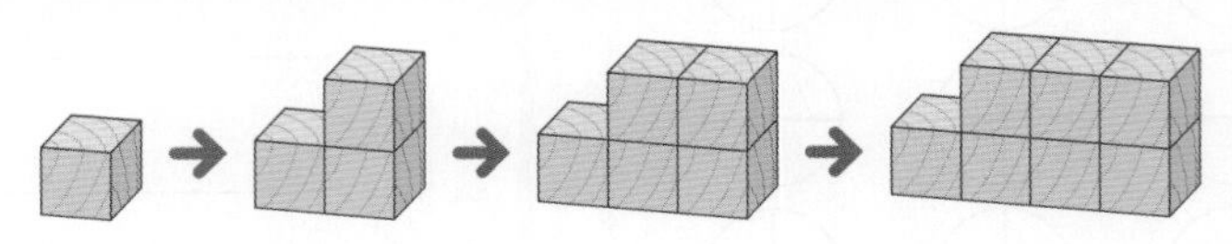

쌓기나무가 오른쪽으로 ☐개씩 늘어납니다.

1 쌓기나무를 쌓은 규칙을 찾아 □ 안에 알맞은 수를 써넣으세요.

(1)

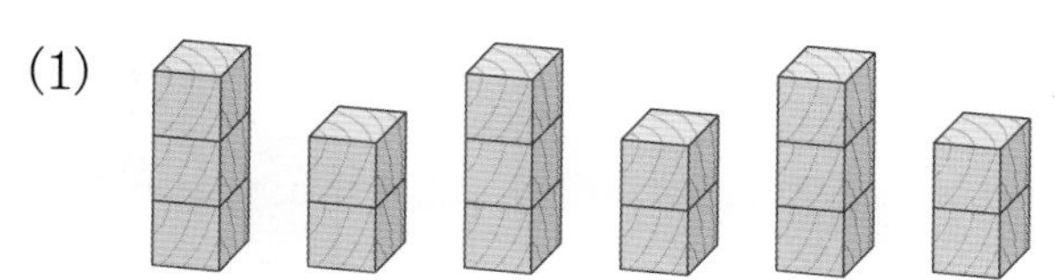

쌓기나무가 □층, □층으로 반복됩니다.

(2)

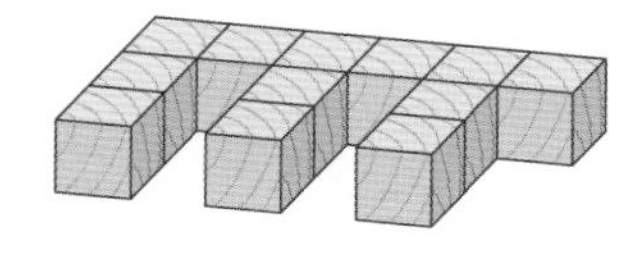

쌓기나무의 수가 왼쪽에서 오른쪽으로 □개, □개씩 반복됩니다.

2 쌓기나무를 쌓은 규칙으로 알맞은 것에 ○표 하세요.

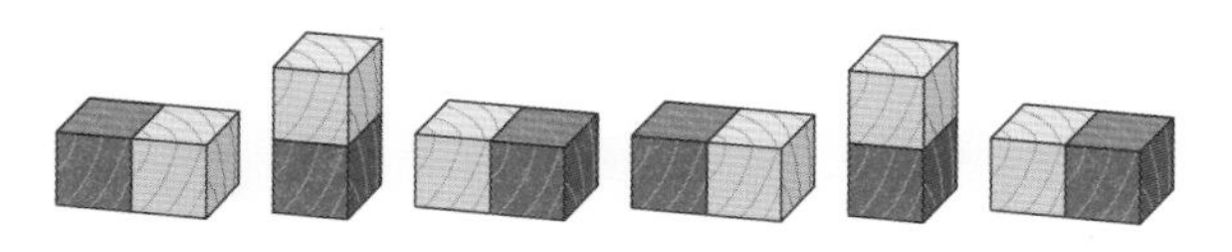

빨간색 쌓기나무가 있고 쌓기나무 1개가 오른쪽, 위쪽, 왼쪽으로 번갈아 가며 나타납니다. □

빨간색 쌓기나무가 있고 쌓기나무 1개가 왼쪽, 위쪽, 오른쪽으로 번갈아 가며 나타납니다. □

3 쌓기나무를 쌓은 규칙을 설명한 것입니다. 맞으면 ○표, 틀리면 ×표 하세요.

(1)

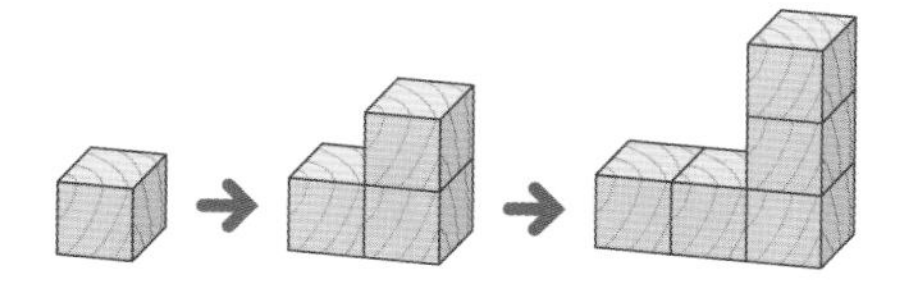

쌓기나무가 오른쪽으로 1개씩 늘어납니다.

(　　　)

(2)

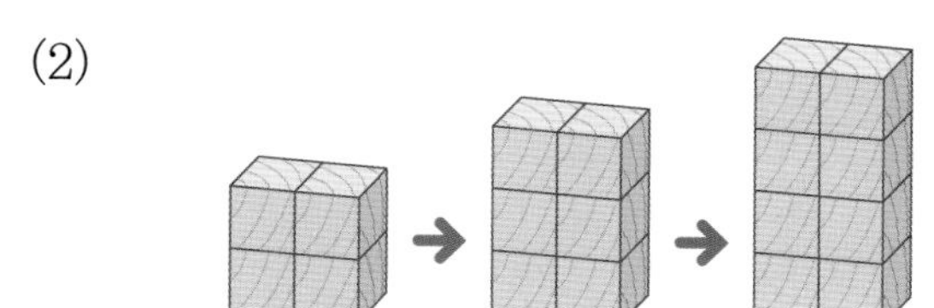

쌓기나무가 위쪽으로 2개씩 늘어납니다.

(　　　)

4 규칙에 따라 쌓기나무를 쌓았습니다. □ 안에 알맞은 수를 써넣으세요.

(1)

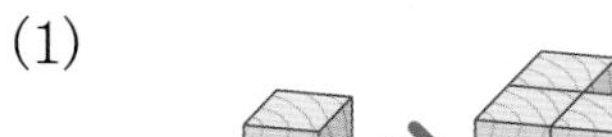

쌓기나무가 □개씩 늘어납니다.

(2)

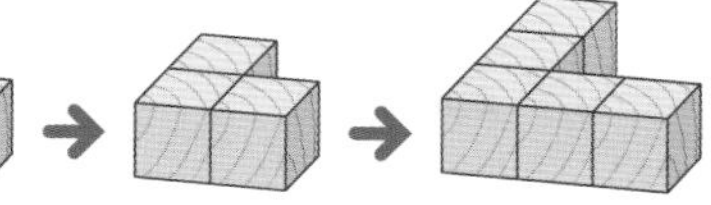

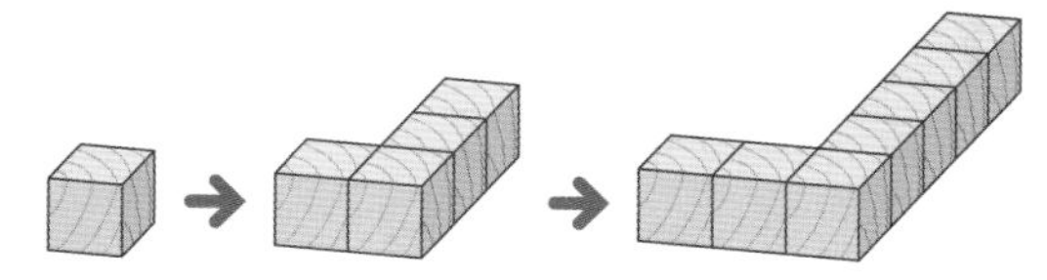

쌓기나무가 □개씩 늘어납니다.

6 단원 2회

01 성벽을 보고 쌓기나무를 쌓았습니다. 쌓은 규칙을 찾아 □ 안에 알맞은 수를 써넣으세요.

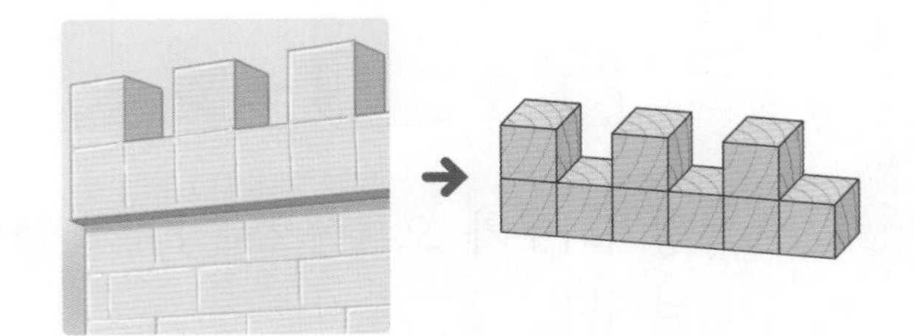

쌓기나무의 수가 왼쪽에서 오른쪽으로 □개, □개씩 반복됩니다.

02 규칙에 따라 쌓기나무를 쌓았습니다. 규칙을 바르게 말한 사람은 누구인가요?

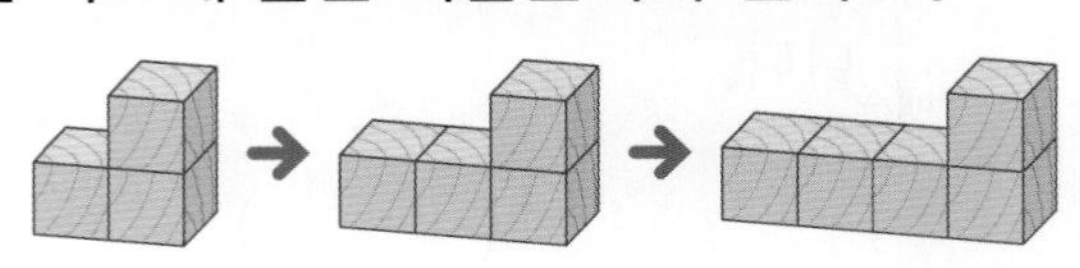

(　　　　　　)

창의형

03 규칙에 따라 쌓기나무를 쌓았습니다. 규칙을 찾아 써 보세요.

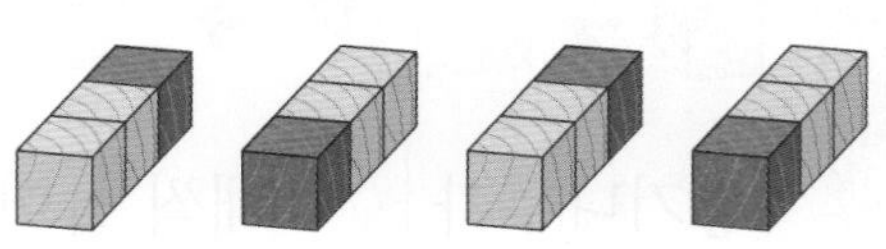

____

____

04 규칙에 따라 쌓은 모양을 보고 빈칸에 들어갈 모양을 찾아 기호를 써 보세요.

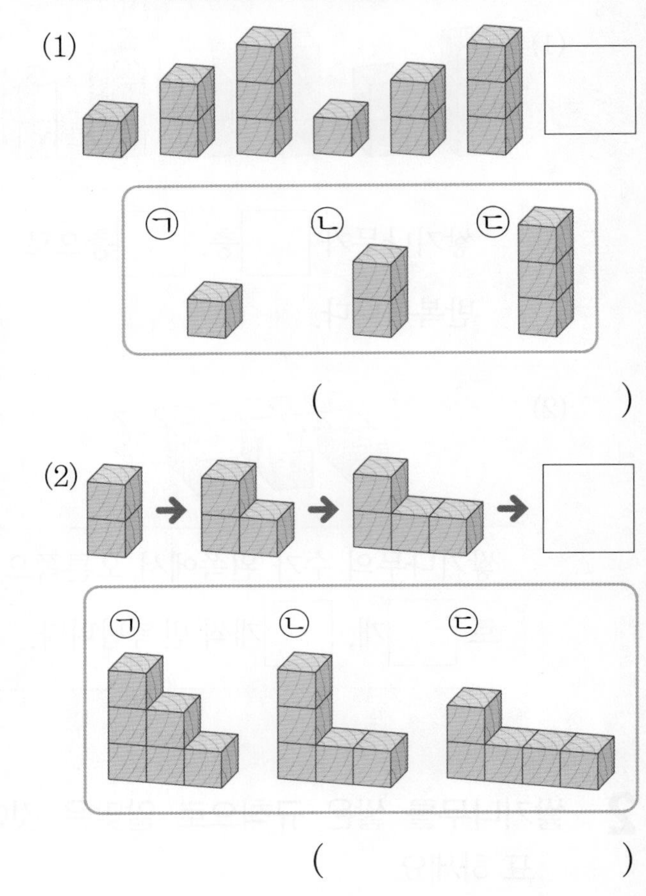

(1) (　　　　　　)

(2) (　　　　　　)

05 규칙에 따라 쌓은 모양에 ○표 하세요.

쌓기나무의 수가 왼쪽에서 오른쪽으로 3개, 2개, 1개씩 반복됩니다.

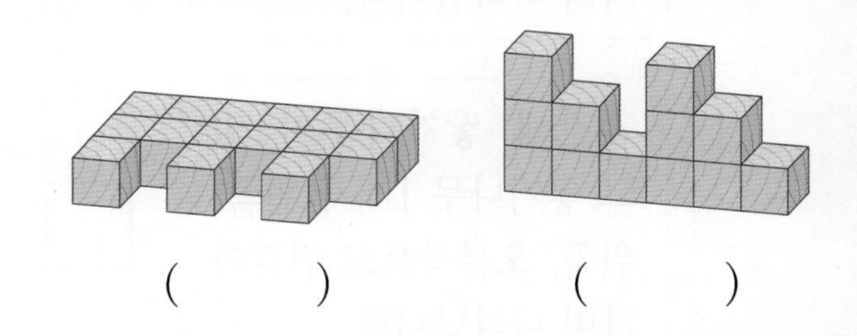

(　　)　　(　　)

06 규칙에 따라 쌓기나무를 쌓았습니다. 설명이 잘못된 것을 찾아 기호를 써 보세요.

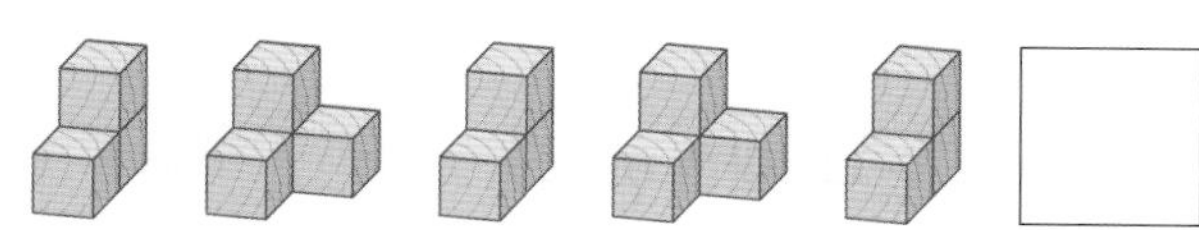

㉠ 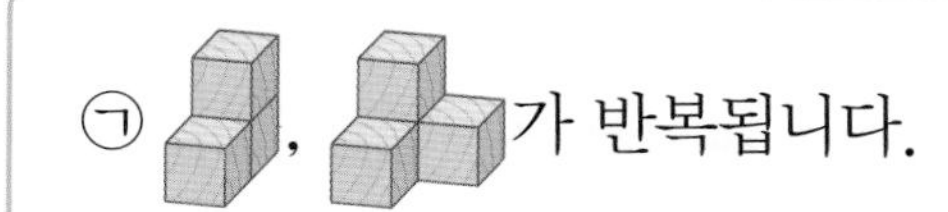가 반복됩니다.

㉡ 빈칸에 들어갈 모양은 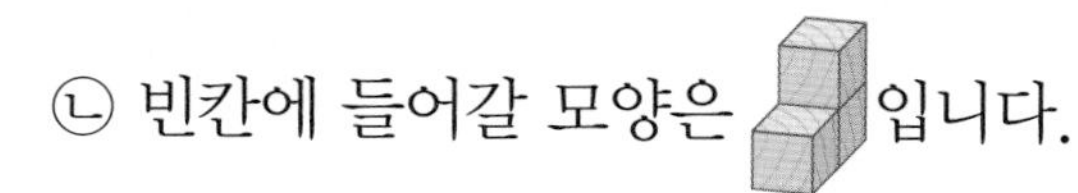입니다.

㉢ 빈칸에 들어갈 모양을 쌓는 데 필요한 쌓기나무는 4개입니다.

(　　　　　　　　　)

07 규칙에 따라 쌓기나무를 쌓았습니다. 빈칸에 들어갈 모양을 만드는 데 필요한 쌓기나무는 모두 몇 개일까요?

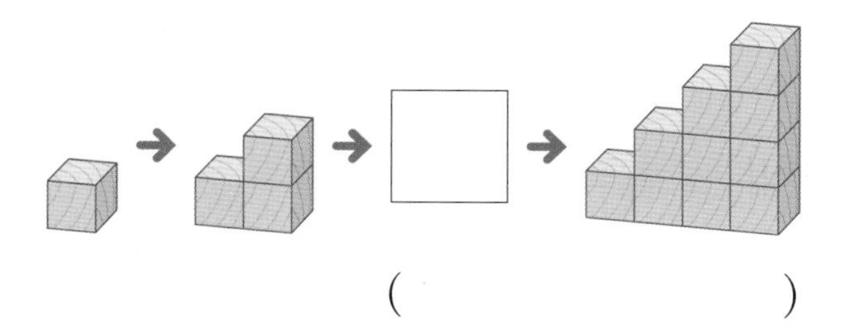

(　　　　　　　　　)

08 규칙에 따라 쌓기나무를 1층, 2층, 3층으로 쌓았습니다. 쌓기나무를 4층으로 쌓으려면 필요한 쌓기나무는 모두 몇 개일까요?

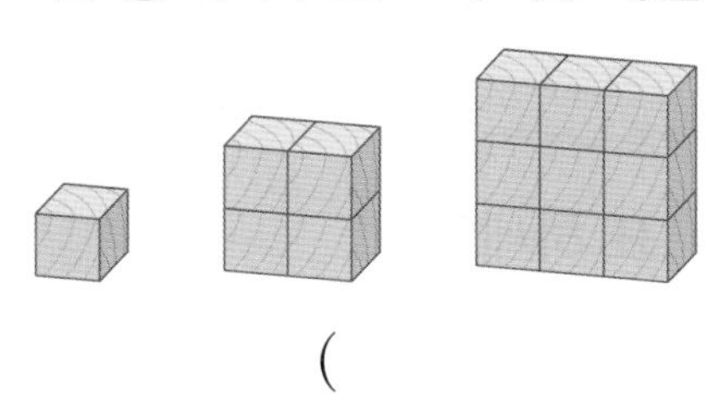

(　　　　　　　　　)

서술형 문제

09 규칙에 따라 쌓기나무를 쌓았습니다. 다음에 이어질 모양에 쌓을 쌓기나무는 모두 몇 개인지 풀이 과정을 쓰고, 답을 구해 보세요.

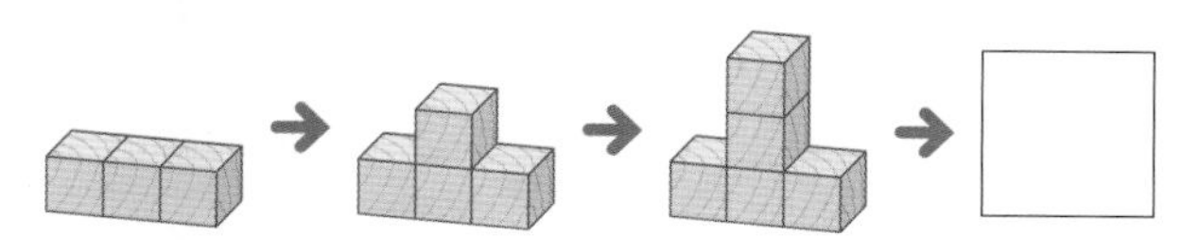

❶ 쌓기나무가 위쪽으로 □ 개씩 늘어납니다.

❷ 마지막 모양에 쌓은 쌓기나무가 5개이므로 다음에 이어질 모양에 쌓을 쌓기나무는 모두 5+□=□(개)입니다.

답 ______________

10 규칙에 따라 쌓기나무를 쌓았습니다. 다음에 이어질 모양에 쌓을 쌓기나무는 모두 몇 개인지 풀이 과정을 쓰고, 답을 구해 보세요.

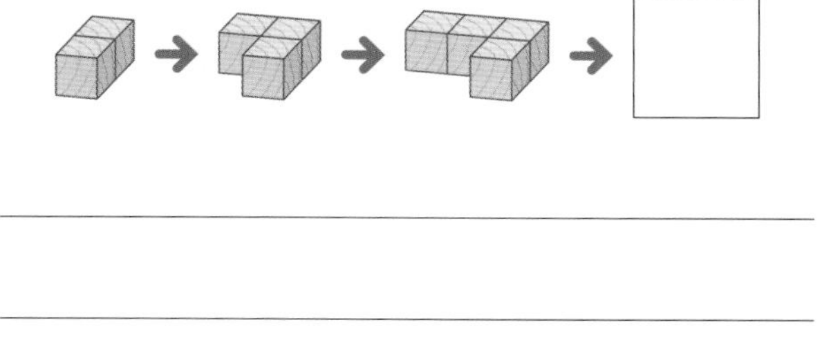

답 ______________

6 단원 2회

학습 결과에 색칠하세요.

3회 개념 학습

학습일: 월 일

개념 1 덧셈표에서 규칙 찾기

+	0	1	2	3	4	5
0	0	1	2	3	4	5
1	1	2	3	4	5	6
2	2	3	4	5	6	7
3	3	4	5	6	7	8
4	4	5	6	7	8	9
5	5	6	7	8	9	10

[규칙] ▇ 으로 색칠한 수:
오른쪽으로 갈수록 1씩 커집니다.

[규칙] ▇ 으로 색칠한 수:
아래쪽으로 내려갈수록 1씩 커집니다.

[규칙] ▇ 으로 색칠한 수:
↘ 방향으로 갈수록 2씩 커집니다.

확인 1 개념 1 의 덧셈표를 보고 규칙을 찾아 알맞은 말에 ○표 하세요.

↙ 방향으로 (같은 , 커지는) 수가 있습니다.

개념 2 곱셈표에서 규칙 찾기

×	1	2	3	4	5	6
1	1	2	3	4	5	6
2	2	4	6	8	10	12
3	3	6	9	12	15	18
4	4	8	12	16	20	24
5	5	10	15	20	25	30
6	6	12	18	24	30	36

[규칙] ▇ 으로 색칠한 수:
오른쪽으로 갈수록 2씩 커집니다.

[규칙] ▇ 으로 색칠한 수:
아래쪽으로 내려갈수록 3씩 커집니다.

[규칙] ■단 곱셈구구에 있는 수:
오른쪽으로 갈수록 또는 아래쪽으로 내려갈수록 ■씩 커집니다.

확인 2 개념 2 의 곱셈표를 보고 규칙을 찾아 알맞은 말에 ○표 하세요.

2단 곱셈구구에 있는 수는 모두 (짝수 , 홀수)입니다.

| 1~3 | 덧셈표를 보고 물음에 답하세요.

+	1	2	3	4	5	6	7	8
1	2	3	4	5	6	7	8	9
2	3	4	5	6	7			10
3	4	5	6	7	8	9		
4	5	6	7	8		10	11	12
5	6	7	8			11	12	13
6	7	8	9	10	11	12	13	14
7	8				12			15
8	9	10	11		13	14		16

1 덧셈표의 빈칸에 알맞은 수를 써넣으세요.

2 덧셈표에서 규칙을 찾아 □ 안에 알맞은 수를 써넣으세요.

(1) ▭으로 색칠한 수는 오른쪽으로 갈수록 □씩 커집니다.

(2) ▭으로 색칠한 수는 아래쪽으로 내려갈수록 □씩 커집니다.

3 ▭으로 색칠한 수의 규칙을 찾아 알맞은 말에 ○표 하세요.

↙ 방향으로 (같은 , 커지는) 수가 있습니다.

| 4~6 | 곱셈표를 보고 물음에 답하세요.

×	2	3	4	5	6	7	8	9
2	4	6	8	10	12			18
3	6			15			24	27
4	8	12	16	20	24	28	32	36
5	10	15	20	25		35	40	45
6	12	18	24	30			48	54
7	14	21	28	35				63
8	16		32	40	48	56	64	72
9			36	45	54	63	72	81

4 곱셈표의 빈칸에 알맞은 수를 써넣으세요.

5 곱셈표에서 규칙을 찾아 □ 안에 알맞은 수를 써넣으세요.

(1) ▭으로 색칠한 수는 오른쪽으로 갈수록 □씩 커집니다.

(2) ▭으로 색칠한 수는 아래쪽으로 내려갈수록 □씩 커집니다.

6 ▭으로 색칠한 수의 규칙을 찾아 알맞은 말에 ○표 하세요.

▭으로 색칠한 수는 모두 (짝수 , 홀수)입니다.

6 단원 3회

3회 문제 학습

01 덧셈표를 완성하고, 바르게 설명한 것의 기호를 써 보세요.

+	1	3	5	7	9
1		4	6		
3			8		12
5	6			12	14
7	8	10			16
9	10	12	14		

㉠ ↘ 방향으로 갈수록 4씩 커집니다.
㉡ 오른쪽으로 갈수록 1씩 커집니다.

( )

창의형

02 표 안의 수를 이용하여 나만의 덧셈표를 만들고, 규칙을 찾아 써 보세요.

+					
	2				
		4			
			6		
				8	
					10

03 곱셈표를 보고 규칙을 바르게 설명한 사람은 누구인가요?

×	3	4	5	6	7	8
3	9	12	15	18	21	24
4	12	16	20	24	28	32
5	15	20	25	30	35	40
6	18	24	30	36	42	48
7	21	28	35	42	49	56
8	24	32	40	48	56	64

규문: ▭으로 색칠한 수는 오른쪽으로 갈수록 6씩 커져.
나연: ▭으로 색칠한 수는 일의 자리 숫자가 5와 0이 반복돼.

( )

04 곱셈표에서 ▭으로 색칠한 곳과 규칙이 같은 곳을 찾아 색칠해 보세요.

×	2	4	6	8
2	4	8	12	16
4	8	16	24	32
6	12	24	36	48
8	16	32	48	64

05 덧셈표에서 규칙을 찾아 빈칸에 알맞은 수를 써넣으세요.

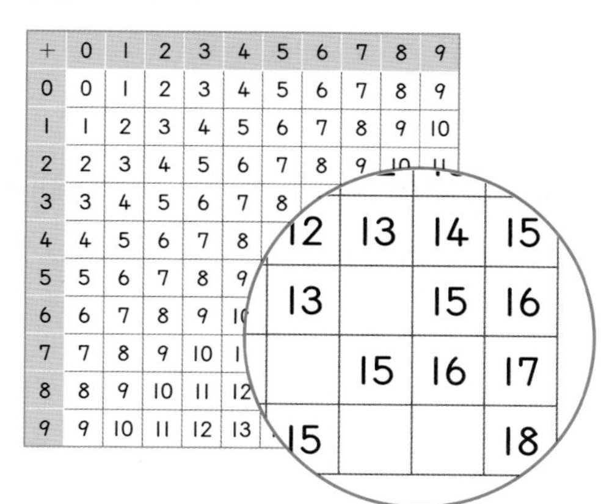

13		15
	15	16
15		

06 곱셈표에서 규칙을 찾아 빈칸에 알맞은 수를 써넣으세요.

×	1	2	3	4	5	6	7	8	9
1	1	2	3	4	5	6	7	8	9
2	2	4	6	8	10	12	14	16	18
3	3	6	9						27
4	4	8							
5	5								
6	6								
7	7								
8	8								
9	9	18							

10	15	20	25
12	18	24	30
14	21		
16	24		40

	18	24	
14	21		
16			

서술형 문제

07 ㉠과 ㉡에 알맞은 수 중 더 큰 수는 무엇인지 풀이 과정을 쓰고, 답을 구해 보세요.

+	2	3	4
4	6		㉠
6	8	9	10
8	10		㉡

❶ 오른쪽으로 갈수록 ☐씩 커지고, 아래쪽으로 내려갈수록 ☐씩 커집니다.

→ ㉠=☐, ㉡=☐

❷ 따라서 더 큰 수는 (㉠ , ㉡)입니다.

답 ____________

08 ㉠과 ㉡에 알맞은 수 중 더 큰 수는 무엇인지 풀이 과정을 쓰고, 답을 구해 보세요.

×	4	6	8
3	12	18	㉠
5	20		
7	㉡		

답 ____________

6 단원 3회

학습 결과에 색칠하세요.

4회 개념 학습

학습일: 월 일

개념 1 생활에서 규칙 찾기

• 옷 무늬에서 규칙 찾기

[규칙] 빨간색, 노란색, 초록색이 반복됩니다.

• 달력에서 규칙 찾기

12월

일	월	화	수	목	금	토
	1	2	3	4	5	6
7	8	9	10	11	12	13
14	15	16	17	18	19	20
21	22	23	24	25	26	27
28	29	30	31			

[규칙] 오른쪽으로 갈수록 수는 1씩 커집니다.

[규칙] 같은 요일에 있는 수는 아래쪽으로 내려갈수록 7씩 커집니다.

[규칙] ↘ 방향으로 갈수록 8씩 커집니다.

확인 1 컴퓨터 자판에 있는 수에서 규칙을 찾아 □ 안에 알맞은 수를 써넣으세요.

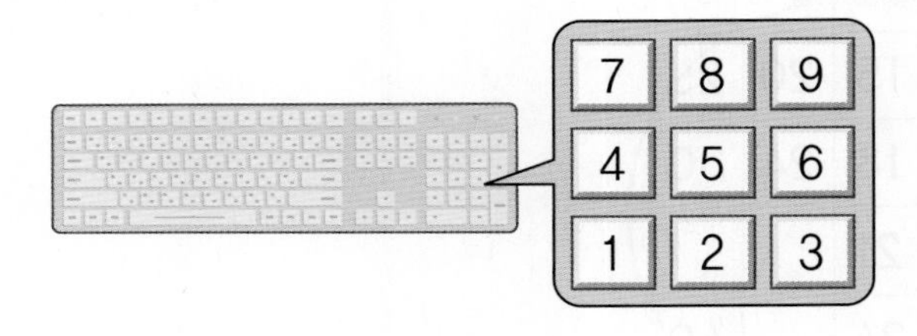

(1) 오른쪽으로 갈수록 □씩 커집니다.

(2) 아래쪽으로 내려갈수록 □씩 작아집니다.

(3) ↘ 방향으로 갈수록 □씩 작아집니다.

(4) ↙ 방향으로 갈수록 □씩 작아집니다.

| 1~2 | 어느 해의 7월 달력을 보고 물음에 답하세요.

7월	일	월	화	수	목	금	토
				1	2	3	4
	5	6	7	8	9	10	11
	12	13	14	15	16	17	18
	19	20	21	22	23	24	25
	26	27	28	29	30	31	

1 달력에서 수요일을 모두 찾아 ○표 하고, 수요일은 며칠마다 반복되는지 써 보세요.

(　　　　　　　　)

2 달력을 보고 □ 안에 알맞은 수를 써넣고, 알맞은 말에 ○표 하세요.

↙ 방향으로 갈수록 □씩 (커집니다 , 작아집니다).

3 운동장에 있는 스탠드 지붕의 색깔을 보고 규칙을 찾아 써 보세요.

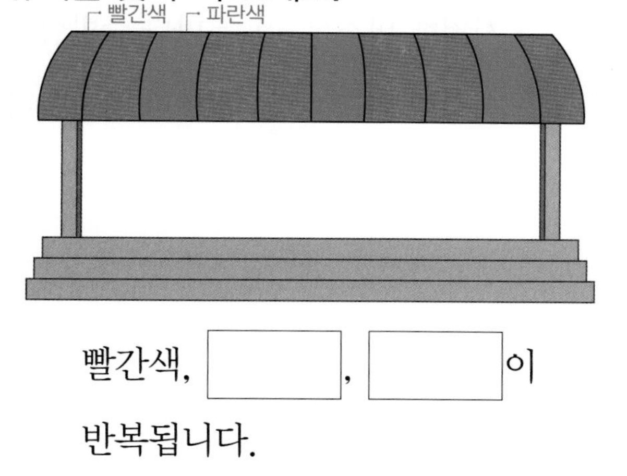

빨간색, □, □이 반복됩니다.

4 연수네 아파트 승강기 안에 있는 버튼의 수에서 규칙을 찾아 □ 안에 알맞은 수를 써넣으세요.

(1) 오른쪽으로 갈수록 □씩 커집니다.

(2) 위쪽으로 올라갈수록 □씩 커집니다.

(3) ↖ 방향으로 갈수록 □씩 커집니다.

5 신발장 번호에 있는 규칙을 찾아 빈칸에 알맞은 번호를 써 보세요.

1	2	3	4	5	6		8
9	10		12	13	14	15	16
17	18	19	20	21	22	23	
25	26	27	28	29		31	32
33	34	35	36		38	39	40

4회 문제 학습

01 공원 울타리의 색깔을 보고 규칙을 찾아 써 보세요.

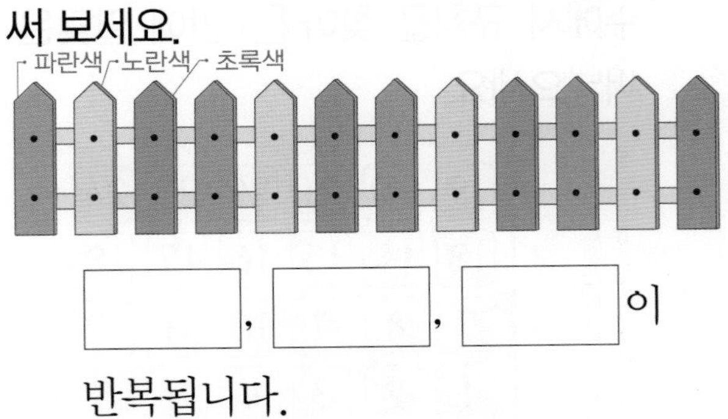

☐, ☐, ☐이 반복됩니다.

02 교실 바닥 무늬에서 규칙을 찾아 빈칸에 알맞게 무늬를 그려 보세요.

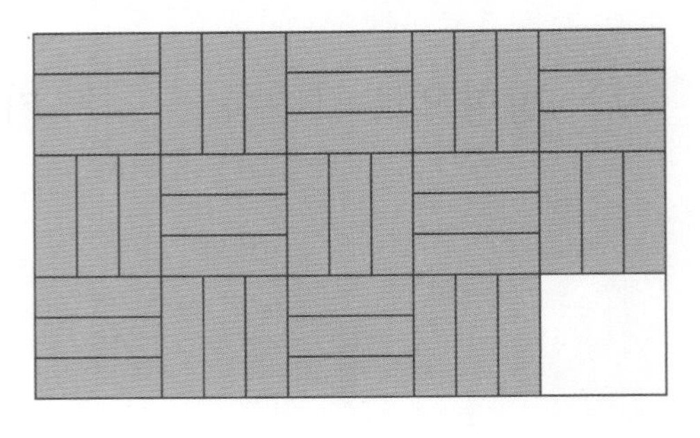

창의형

03 계산기에 있는 수에서 규칙을 찾아 써 보세요.

____

____

04 어느 승강기 안에 있는 버튼 일부가 닳아서 보이지 않습니다. 15층에 가려고 할 때 눌러야 하는 버튼을 찾아 ○표 하세요.

디지털 문해력

05 은수네 가족은 주말 여행을 위해 버스 출발 시간표를 검색했습니다. 규칙을 찾아 ㉠과 ㉡에 알맞은 수를 각각 구해 보세요.

버스 출발 시각

시청행		시장행	
7:00	8:00	8:00	8:30
7:20	8:20	8:10	8:40
7:40	8:40	8:20	8:50

- 시청행 버스는 ㉠분마다 출발합니다.
- 시장행 버스는 ㉡분마다 출발합니다.

㉠ (　　　　　　)

㉡ (　　　　　　)

06 달력을 보고 규칙을 잘못 설명한 것의 기호를 써 보세요.

9월

일	월	화	수	목	금	토
					1	2
3	4	5	6	7	8	9
10	11	12	13	14	15	16
17	18	19	20	21	22	23
24	25	26	27	28	29	30

㉠ ↘ 방향으로 갈수록 8씩 커집니다.
㉡ ↙ 방향으로 갈수록 7씩 작아집니다.

(　　　　　　　　)

창의형

07 공연장 의자 번호에서 규칙을 찾으려고 합니다. 가 구역과 나 구역 중 하나를 골라 규칙을 찾아 써 보세요.

무대

가

1	2	3	4	5	6
7	8	9	10	11	12
13	14	15	16	17	18

나

1	2	3	4	5	6	7	8	9	10
11	12	13	14	15	16	17	18	19	20
21	22	23	24	25	26	27	28	29	30

(가 구역 , 나 구역)

서술형 문제

08 태호네 반 사물함 번호에는 규칙이 있습니다. 태호의 사물함 번호는 몇 번인지 풀이 과정을 쓰고, 답을 구해 보세요.

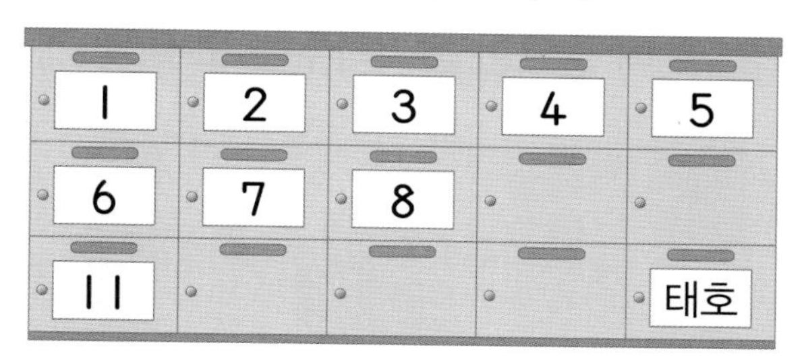

❶ 아래쪽으로 내려갈수록 □씩 커집니다.

❷ 따라서 태호의 사물함 번호는

5+□+□=□(번)입니다.

답

09 유나네 반 신발장 번호에는 규칙이 있습니다. 유나의 신발장 번호는 몇 번인지 풀이 과정을 쓰고, 답을 구해 보세요.

1	2	3	4	5	6
7	8				
13					유나

답

6 단원 4회

학습 결과에 색칠하세요.

5회 응용 학습

학습일: 월 일

다섯 번째 모양을 만드는 데 필요한 쌓기나무 개수 구하기

01 규칙에 따라 쌓기나무를 쌓았습니다. 다섯 번째 모양을 만드는 데 필요한 쌓기나무는 모두 몇 개인지 구해 보세요.

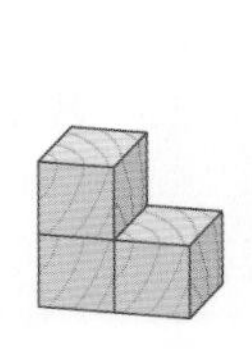
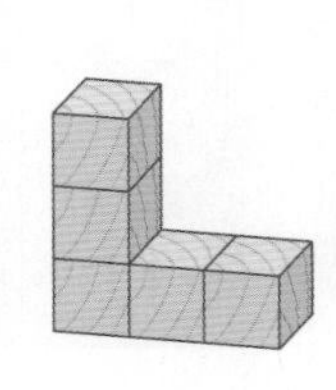
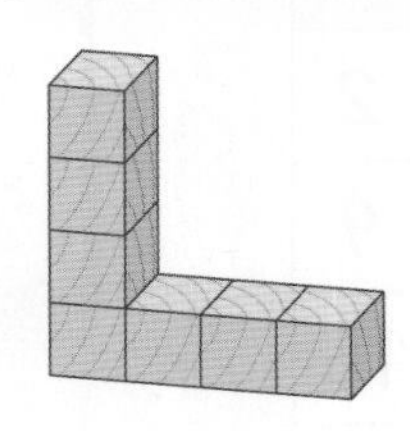

첫 번째

1단계 쌓기나무가 몇 개씩 늘어나는지 구하기

( )

2단계 다섯 번째 모양을 만드는 데 필요한 쌓기나무 개수 구하기

( )

문제해결 TIP

쌓기나무가 몇 개씩 늘어나는지 구하고, 네 번째와 다섯 번째 모양을 만드는 데 필요한 쌓기나무는 각각 몇 개인지 차례로 구해요.

02 규칙에 따라 쌓기나무를 쌓았습니다. 다섯 번째 모양을 만드는 데 필요한 쌓기나무는 모두 몇 개인지 구해 보세요.

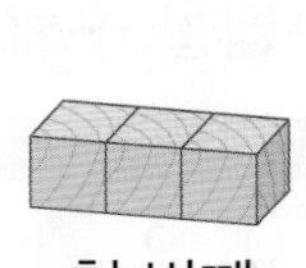
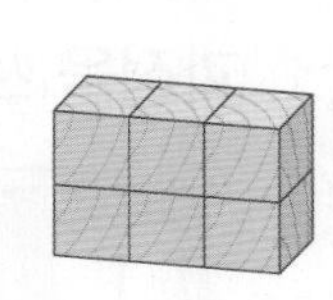
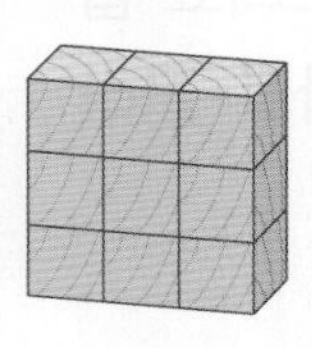

첫 번째

( )

03 규칙에 따라 쌓기나무를 쌓았습니다. 다섯 번째 모양을 만드는 데 필요한 쌓기나무는 모두 몇 개인지 구해 보세요.

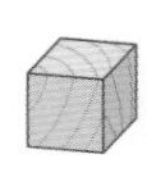
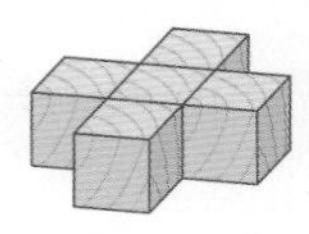
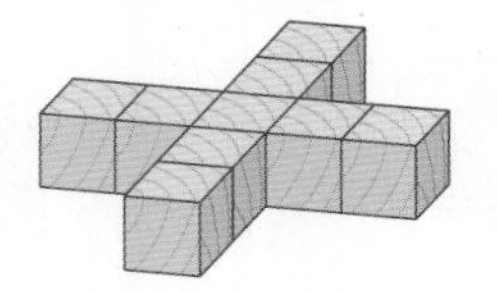

첫 번째

( )

쌓기나무가 몇 개씩 늘어나고 있지?

정답 42쪽

■번째에 놓을 모양 찾기

04 규칙에 따라 동전을 놓았습니다. 11번째에 놓을 동전은 얼마짜리 동전인지 구해 보세요.

첫 번째

1단계 규칙 찾기

10원짜리 동전, 500원짜리 동전, ☐원짜리 동전이 반복됩니다.

2단계 11번째에 놓을 동전은 얼마짜리 동전인지 구하기

( )

문제해결 TIP

반복되는 규칙을 찾아봐요.

6단원 5회

05 규칙에 따라 쌓기나무를 쌓았습니다. 9번째에 놓을 모양에 ○표 하세요.

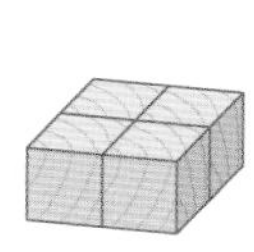 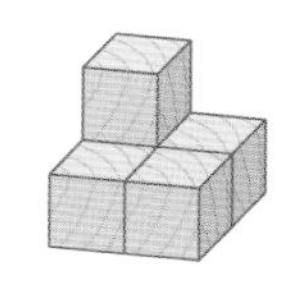 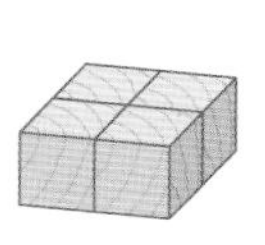 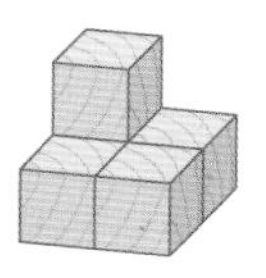

첫 번째

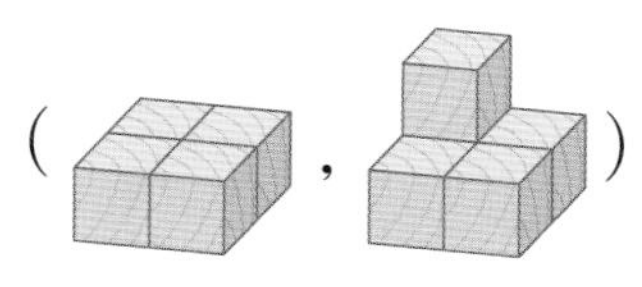

(,)

06 규칙을 찾아 12번째에 올 모양에 알맞게 색칠해 보세요.

 → 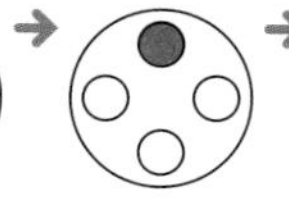 → 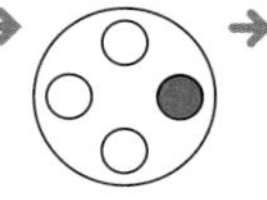 → 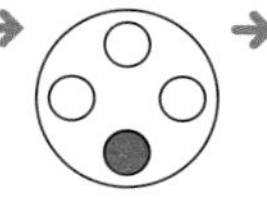 → 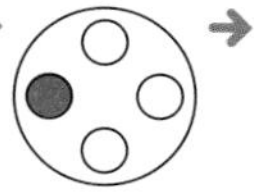 → 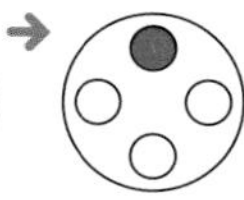 ...... 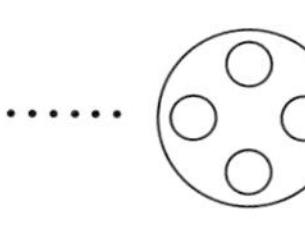

첫 번째 12번째

점이 어느 방향으로 돌아가고 있는지 규칙을 찾아봐!

5회 응용 학습

찢어진 달력에서 날짜 구하기

07 어느 해의 4월 달력이 찢어졌습니다. 이달의 셋째 수요일은 며칠인지 구해 보세요.

4월

일	월	화	수	목	금	토
		1	2	3	4	5

1단계 달력에서 규칙 찾기

같은 요일에 있는 수는 아래쪽으로 내려갈수록 ☐씩 커집니다.

2단계 이달의 셋째 수요일은 며칠인지 구하기

(　　　　　　)

문제해결 TIP
7일마다 같은 요일이 반복돼요.

08 어느 해의 10월 달력이 찢어졌습니다. 이달의 넷째 금요일은 며칠인지 구해 보세요.

10월

일	월	화	수	목	금	토
					1	2

(　　　　　　)

09 어느 해의 7월 달력이 찢어졌습니다. 이달의 마지막 월요일은 며칠인지 구해 보세요.

7월

일	월	화	수	목	금	토
				1	2	3
4	5	6				

(　　　　　　)

7월의 날수를 기억해야 해.

의자 번호에 맞는 자리 찾기

10 하리의 의자 번호는 '나 구역 33번'입니다. 하리의 자리를 찾아 기호를 써 보세요.

1단계 나 구역의 의자 번호의 규칙 찾기

뒤로 갈수록 ☐씩 커집니다.

2단계 하리의 자리를 찾아 기호 쓰기

( )

문제해결 TIP

한 줄씩 뒤로 갈 때마다 의자의 번호가 몇씩 커지는지 살펴 규칙을 찾아봐요.
이때 각 구역마다 규칙이 다른 것에 주의해요.

11 규정이의 의자 번호는 '가 구역 25번', 수지의 의자 번호는 '나 구역 37번', 태우의 의자 번호는 '다 구역 19번'입니다. 규정이의 자리에 ○표, 수지의 자리에 △표, 태우의 자리에 ☐표 하세요.

구역별로 의자 번호의 규칙을 찾아봐.

무대

가: 1 2 3 4 5 / 6 7 8 9 10 / 11

나: 1 2 3 4 5 6 7 8 9 10 / 11 12 13 14 15 16 17 18 19 20 / 21 22

다: 1 2 3 4 5 6 / 7 8 9 10 11 12 / 13

학습 결과에 색칠하세요.

6 단원 5회

6회 마무리 평가

학습일: 월 일

01 무늬에서 색깔의 규칙을 찾고, 알맞은 모양에 ○표 하세요.

파란색 초록색 빨간색

파란색, 초록색, [ ] 이 반복되므로

㉠에 알맞은 모양은 (♥ , ♥ , ♥)입니다.

02 규칙을 찾아 빈칸에 알맞은 모양을 그려 넣으세요.

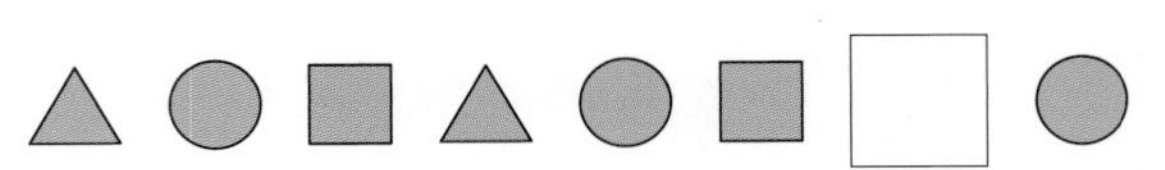

03 규칙을 찾아 그림을 완성해 보세요.

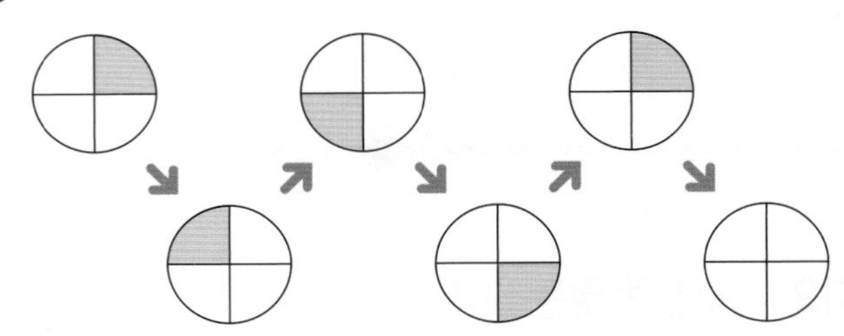

04 규칙에 따라 쌓기나무를 쌓았습니다. 왼쪽에서 오른쪽으로 반복되는 쌓기나무의 수를 찾아 기호를 써 보세요.

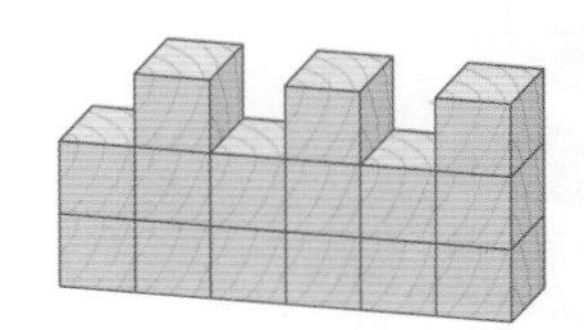

㉠ 2개, 3개　㉡ 2개, 3개, 2개

(　　　　　)

| 05~07 | **곱셈표를 보고 물음에 답하세요.**

×	5	6	7	8	9
5	25	30	35	40	45
6	30	36	42		54
7	35	42			
8	40				
9	45	54	63		81

05 빈칸에 알맞은 수를 써넣으세요.

06 ▒ 으로 색칠한 수는 오른쪽으로 갈수록 몇씩 커지는지 써 보세요.

(　　　　　)

07 ▒ 으로 색칠한 수의 규칙을 찾아 알맞은 수에 ○표 하세요.

아래쪽으로 내려갈수록 (6 , 7 , 8)씩 커집니다.

08 규칙을 찾아 빈칸에 알맞은 모양과 색깔에 각각 ○표 하세요.

빨간색 노란색 초록색

▲ ● ▲ ● ▲ ● ▲
● ▲ ● ▲ ● ▲ [ ]

모양 (삼각형 , 원)

색깔 (빨간색 , 노란색 , 초록색)

| 09~11 | 그림을 보고 물음에 답하세요.

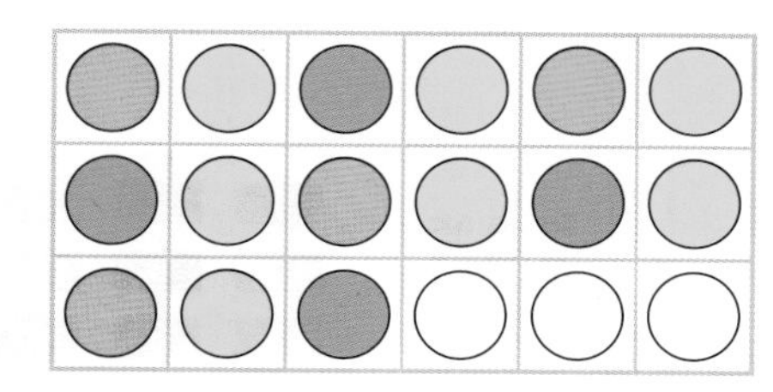

09 규칙을 찾아 ◯ 안을 알맞게 색칠해 보세요.

10 위 그림에서 ◯은 1, ◯은 2, ◯은 3으로 바꾸어 나타내 보세요.

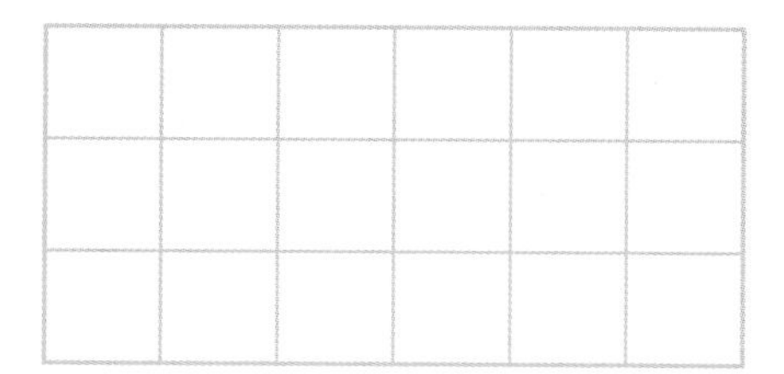

11 10의 규칙을 바르게 설명한 사람은 누구인가요?

> 주원: 1, 2, 3이 반복돼.
> 지윤: 1, 2, 3, 1이 반복돼.
> 유준: 1, 2, 3, 2가 반복돼.

( )

12 규칙에 따라 쌓은 모양을 보고 빈칸에 들어갈 모양에 ○표 하세요.

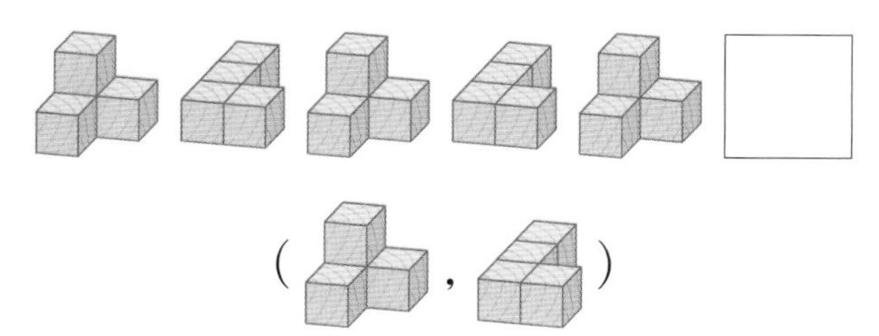

서술형

13 규칙에 따라 쌓기나무를 쌓았습니다. 다음에 이어질 모양에 쌓을 쌓기나무는 모두 몇 개인지 풀이 과정을 쓰고, 답을 구해 보세요.

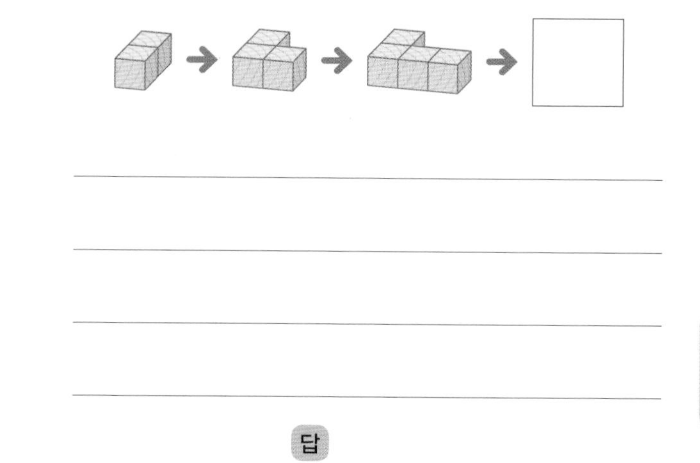

답

14 덧셈표를 보고 규칙을 바르게 설명한 것을 찾아 기호를 써 보세요.

+	3	5	7	9
3	6	8	10	12
5	8	10	12	14
7	10	12	14	16
9	12	14	16	18

> ㉠ 오른쪽으로 갈수록 1씩 커집니다.
> ㉡ 아래쪽으로 내려갈수록 1씩 커집니다.
> ㉢ ▭으로 색칠한 수는 모두 같습니다.

( )

6 단원 6회

15 덧셈표에서 규칙을 찾아 빈칸에 알맞은 수를 써넣으세요.

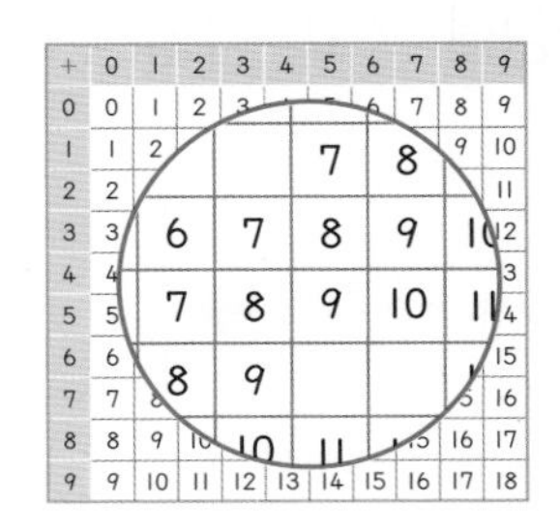

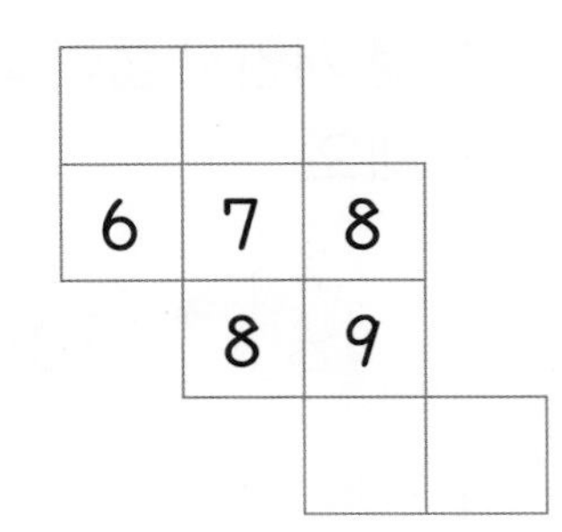

| 16~17 | **곱셈표를 보고 물음에 답하세요.**

×	2	4	6	8
2	4	8	12	16
4	8	16	24	32
6	12	24	36	48
8	16	32	48	64

16 ▭으로 색칠한 수의 규칙을 찾아 써 보세요.

17 알맞은 말에 ○표 하세요.

곱셈표에 있는 수들은 모두 (짝수 , 홀수)입니다.

18 전화기에 있는 수에서 규칙을 찾아 써 보세요.

19 버스 출발 시간표에서 규칙을 찾아 □ 안에 알맞은 수를 써넣으세요.

서울 → 대전		
	평일	주말
출발 시각	7:00	7:00
	7:30	7:20
	8:00	7:40
	8:30	8:00
	9:00	8:20

버스가 평일에는 □분마다, 주말에는 □분마다 출발합니다.

20 팔찌의 규칙을 찾아 알맞게 색칠해 보세요.

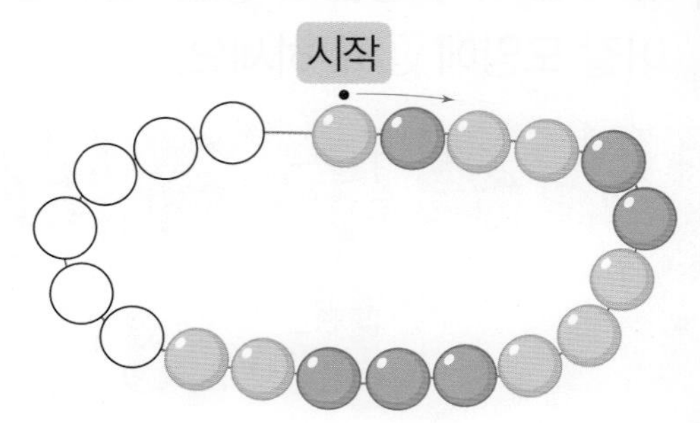

21 규칙에 따라 쌓기나무를 쌓았습니다. 다섯 번째 모양을 만드는 데 필요한 쌓기나무는 모두 몇 개인지 구해 보세요.

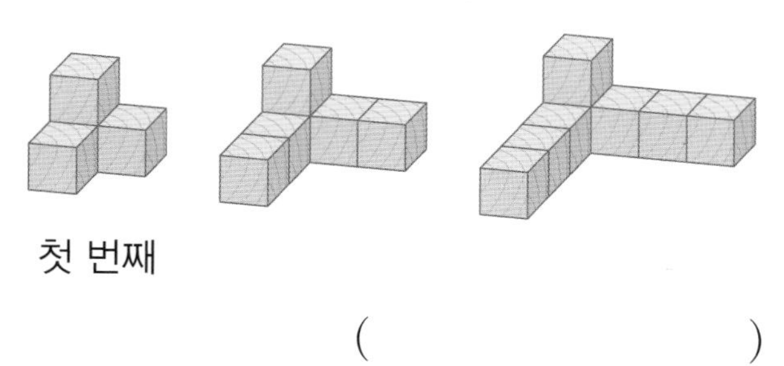

첫 번째

(　　　　　　　　)

서술형

22 어느 해의 8월 달력이 찢어졌습니다. 이달의 마지막 토요일은 며칠인지 풀이 과정을 쓰고, 답을 구해 보세요.

8월

일	월	화	수	목	금	토
						1
2	3	4	5	6		

답

23 규호의 의자 번호는 '나 구역 13번'입니다. 규호의 자리를 찾아 ○표 하세요.

무대

가

1	2	3
4	5	

나

1	2	3	4
5	6		

수행 평가

| 24~25 | 시우와 채아가 규칙을 정해 받침대의 무늬를 만들고 있습니다. 시우와 채아가 만든 규칙을 알아보세요.

24 시우가 만든 받침대의 무늬입니다. 규칙을 찾아 빈칸에 알맞게 그려 넣으세요.

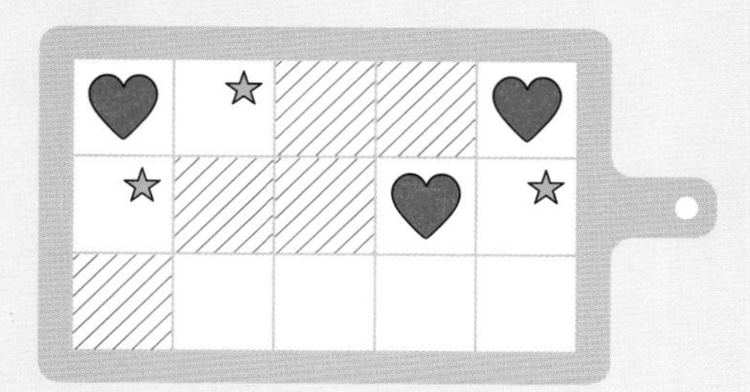

25 채아가 만든 받침대의 무늬입니다. ㉠에 알맞은 색깔을 구하려고 합니다. 풀이 과정을 쓰고, 답을 구해 보세요.

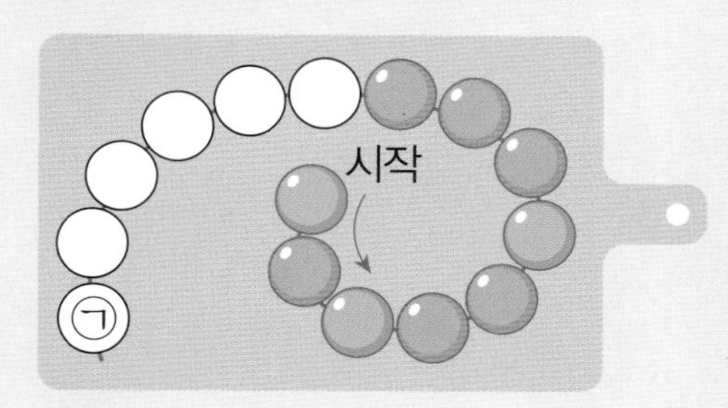

답

6 단원 6회

학습 결과에 색칠하세요.

MEMO

동아출판

초등 1, 2학년을 위한

추천 라인업

1~2학년 1, 2학기(전 4권)

어휘력을 높이는

초능력 맞춤법 + 받아쓰기

- 쉽고 빠르게 배우는 **맞춤법 학습**
- 단계별 낱말과 문장 **바르게 쓰기 연습**
- 학년, 학기별 국어 **교과서 어휘 학습**

➕ 선생님이 불러 주는 듣기 자료, 맞춤법 원리 학습 동영상 강의

1~2학년 대상

빠르고 재밌게 배우는

초능력 구구단

- 3회 누적 학습으로 **구구단 완벽 암기**
- 기초부터 활용까지 **3단계 학습**
- 개념을 시각화하여 **직관적 구구단 원리 이해**
- 다양한 유형으로 구구단 **유창성과 적용력 향상**

➕ 구구단송

1~2학년 대상

원리부터 응용까지

초능력 시계·달력

- 초등 1~3학년에 걸쳐 있는 시계 학습을 **한 권으로 완성**
- 기초부터 활용까지 **3단계 학습**
- 개념을 시각화하여 **시계달력 원리를 쉽게 이해**
- 다양한 유형의 **연습 문제와 실생활 문제로 흥미 유발**

➕ 시계·달력 개념 동영상 강의

1

2022 개정 교육과정

백점

수학 2·2

평가북

- 학교 시험 대비 수준별 **단원 평가**
- 핵심만 모은 **총정리 개념**

평가북 구성과 특징

1 **수준별 단원 평가**가 있습니다.
A단계, B단계 두 가지 난이도로 **단원 평가**를 제공

2 **총정리 개념**이 있습니다.
학습한 내용을 점검하며 마무리할 수 있도록 각 단원의 핵심 개념을 제공

백점

수학 2·2

평가북

차례

단원 평가 A단계 1. 네 자리 수

점수 /

01 □ 안에 알맞은 수나 말을 써넣으세요.

100이 10개이면 □(이)고,

□(이)라고 읽습니다.

02 다음이 나타내는 수를 써 보세요.

1000이 7개인 수

(　　　　　　)

03 수를 읽어 보세요.

4029

(　　　　　　)

04 다음 수에서 십의 자리 숫자와 그 숫자가 나타내는 수를 써 보세요.

9537

숫자 (　　　　　　)

나타내는 수 (　　　　　　)

05 100씩 뛰어 세어 보세요.

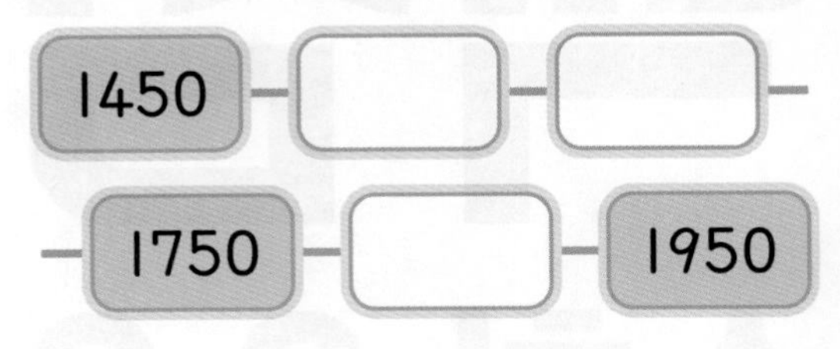

06 다음 중 나타내는 수가 1000이 아닌 것은 어느 것인가요? (　　　)

① 100이 10개인 수
② 999보다 1만큼 더 큰 수
③ 990보다 10만큼 더 큰 수
④ 700보다 300만큼 더 큰 수
⑤ 900보다 100만큼 더 작은 수

07 왼쪽과 오른쪽을 연결하여 1000이 되도록 이어 보세요.

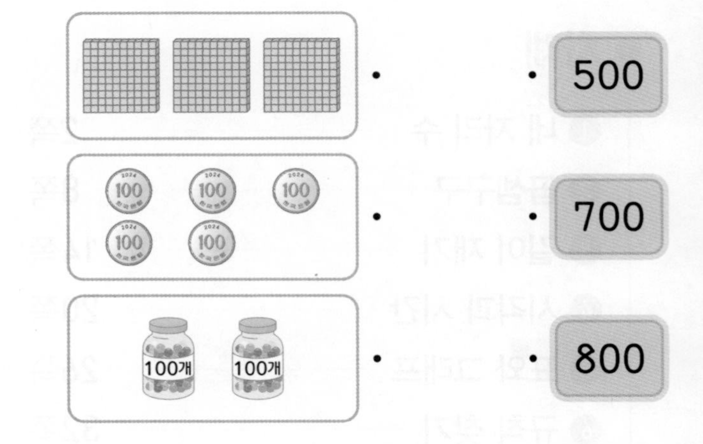

08 문구점에서 한 상자에 1000개씩 들어 있는 구슬을 5상자 샀습니다. 문구점에서 산 구슬은 모두 몇 개인지 구해 보세요.

(　　　　　　　　)

09 다음 중 백의 자리 숫자가 7인 것을 찾아 기호를 쓰려고 합니다. 풀이 과정을 쓰고, 답을 구해 보세요.

㉠ 7048　　㉡ 4973
㉢ 3457　　㉣ 2794

답

10 돈은 모두 얼마인가요?

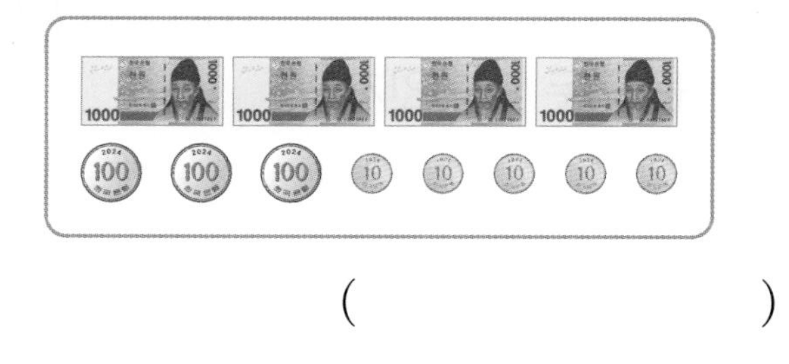

(　　　　　　　　)

11 숫자 3이 30을 나타내는 수를 찾아 색칠해 보세요.

1304	4731	3574

12 ㉠이 나타내는 수와 ㉡이 나타내는 수를 각각 구해 보세요.

3542 (㉠: 5)　　5702 (㉡: 5)

㉠ (　　　　　　　　)
㉡ (　　　　　　　　)

13 몇씩 뛰어 센 것인지 써 보세요.

3926 — 4926 — 5926 — 6926 — 7926 — 8926

(　　　　　　　　)

14 5930부터 10씩 작아지는 수 카드입니다. 빈칸에 알맞은 수를 써넣으세요.

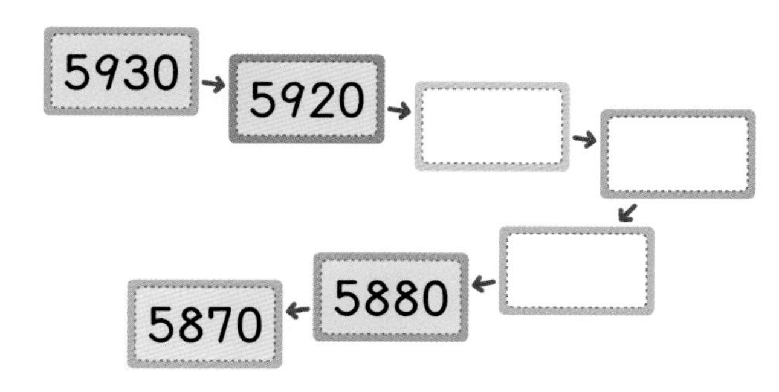

15 두 수의 크기를 비교하여 ○ 안에 > 또는 <를 알맞게 써넣으세요.

3958 ○ 3598

16 가장 큰 수에 ○표, 가장 작은 수에 △표 하세요.

2465	3124	2439
(　　)	(　　)	(　　)

17 더 큰 수를 말한 사람은 누구인지 풀이 과정을 쓰고, 답을 구해 보세요.

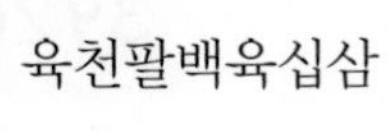

1000이 6개, 100이 8개, 10이 4개, 1이 7개인 수

도현　　채아

답

18 다음이 나타내는 수를 써 보세요.

1000이 6개, 100이 15개, 10이 7개, 1이 2개인 수

(　　　　　　)

19 채소 가게에 있는 채소의 수를 조사하였습니다. 알맞은 말에 ○표 하세요.

채소	오이	양파	고추
채소 수(개)	1950	1708	2744

가장 많은 채소는 (오이 , 양파 , 고추), 가장 적은 채소는 (오이 , 양파 , 고추)입니다.

20 천의 자리 숫자가 4, 백의 자리 숫자가 6인 네 자리 수 중에서 4605보다 작은 수는 모두 몇 개인가요?

(　　　　　　)

● 정답 46쪽

단원 평가 B단계

1. 네 자리 수

점수 /

01 □ 안에 공통으로 들어갈 수를 써 보세요.

- 990보다 10만큼 더 큰 수는 □입니다.
- □은/는 천이라고 읽습니다.

(　　　　　　)

02 나타내는 수를 쓰고, 읽어 보세요.

수	쓰기	읽기
1000이 4개인 수		
1000이 9개인 수		

서술형

03 수 모형이 나타내는 수를 읽으려고 합니다. 풀이 과정을 쓰고, 답을 구해 보세요.

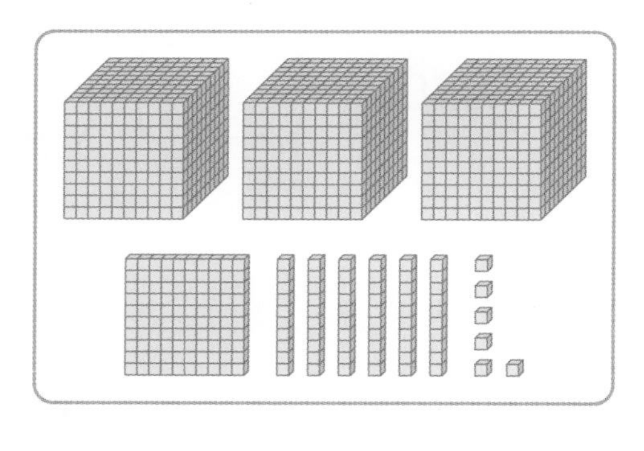

답

04 4732에서 10씩 5번 뛰어 센 수를 구해 보세요.

(　　　　　　)

05 1000이 되도록 묶었을 때 남는 수는 얼마인가요?

100	100	100	100	100	100	100
100	100	100	100	100	100	100

(　　　　　　)

06 나타내는 수가 다른 하나를 찾아 기호를 써 보세요.

㉠ 100이 10개인 수
㉡ 900보다 10만큼 더 큰 수
㉢ 800보다 200만큼 더 큰 수

(　　　　　　)

07 돈은 모두 얼마인가요?

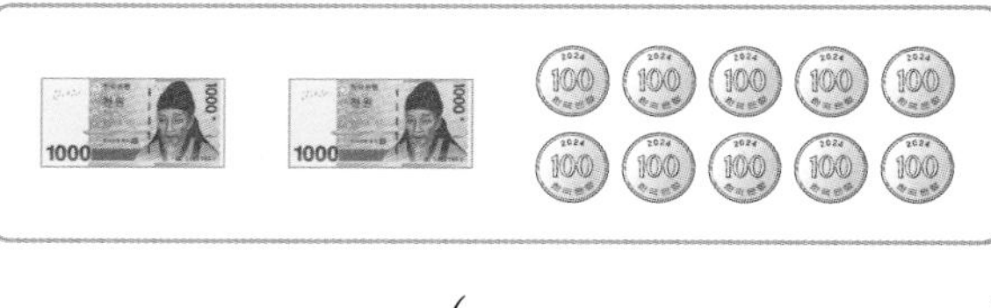

(　　　　　　)

1 단원

08 다음 수를 바르게 설명한 사람의 이름을 써 보세요.

( )

09 수를 잘못 읽은 것은 어느 것인가요? ( )

① 1456 → 천사백오십육
② 3723 → 삼천칠백이십삼
③ 2905 → 이천구백오
④ 4028 → 사천이십팔
⑤ 5007 → 오천칠십

10 숫자 5가 나타내는 수가 가장 큰 것을 찾아 기호를 써 보세요.

㉠ 4205 ㉡ 1859
㉢ 5963 ㉣ 4537

( )

11 숫자 4가 400을 나타내는 수를 모두 찾아 ○표 하세요.

3429 5846 4295
2904 8473 6748

12 수로 나타낼 때 0을 가장 적게 쓰는 것을 찾아 기호를 써 보세요.

㉠ 천구백삼 ㉡ 칠천 ㉢ 오천이백

( )

13 뛰어 센 규칙을 찾아 빈칸에 알맞은 수를 써넣으세요.

14 뛰어 센 규칙을 찾아 ㉠에 알맞은 수를 구해 보세요.

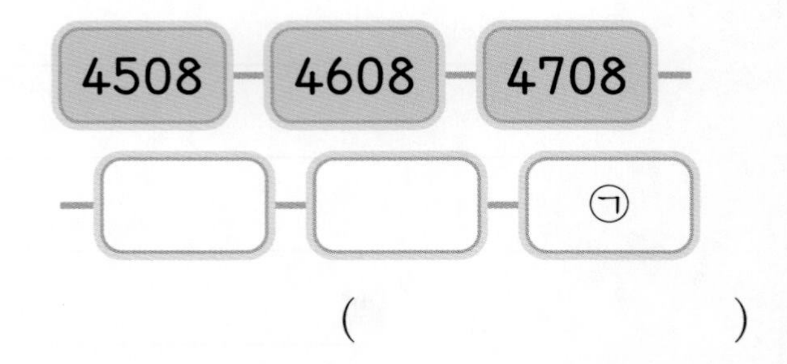

( )

15 두 수의 크기를 비교하여 더 작은 수에 색칠해 보세요.

7940	8056

서술형

16 세 수의 크기를 비교하여 가장 작은 수를 찾아 쓰려고 합니다. 풀이 과정을 쓰고, 답을 구해 보세요.

4190 3020 3765

답

17 다음 수 카드 중 4장을 뽑아 한 번씩만 사용하여 네 자리 수를 만들려고 합니다. 만들 수 있는 네 자리 수 중 가장 큰 수와 가장 작은 수를 각각 구해 보세요.

가장 큰 수 (　　　　　　　　)
가장 작은 수 (　　　　　　　　)

18 다음이 나타내는 수의 백의 자리 숫자를 써 보세요.

1000이 4개, 100이 11개,
10이 16개인 수

(　　　　　　　　)

19 어떤 수에서 100씩 3번 뛰어 세었더니 7315가 되었습니다. 어떤 수를 구해 보세요.

(　　　　　　　　)

20 1부터 9까지의 수 중에서 □ 안에 들어갈 수 있는 수는 모두 몇 개인지 구해 보세요.

6509 < □817

(　　　　　　　　)

1 단원

단원 평가 A단계 2. 곱셈구구

점수 /

01 그림을 보고 □ 안에 알맞은 수를 써넣으세요.

$2+2+2+2=\square$

$2\times4=\square$

02 □ 안에 알맞은 수를 써넣으세요.

$5\times3=15$
$5\times4=20$
$5\times5=25$

5단 곱셈구구에서 곱하는 수가 1씩 커지면 곱은 □씩 커집니다.

03 그림을 보고 □ 안에 알맞은 수를 써넣으세요.

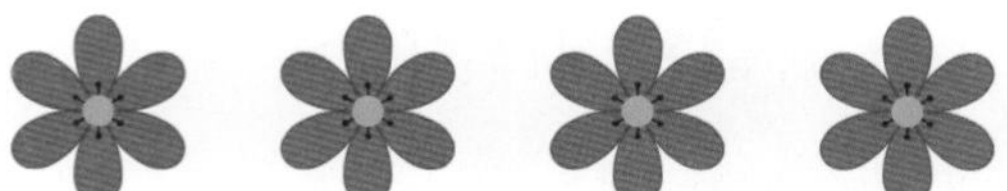

$6\times\square=\square$

04 빈칸에 알맞은 수를 써넣으세요.

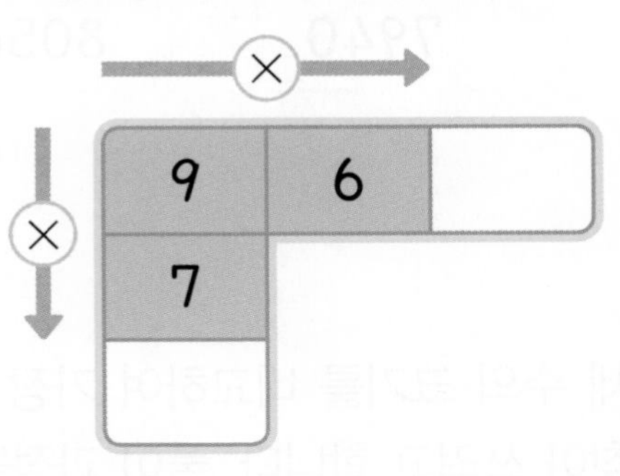

05 빈칸에 알맞은 수를 써넣어 곱셈표를 완성해 보세요.

×	4	5	6
4			
5		25	30
6	24		

06 곱이 10인 것을 찾아 ○표 하세요.

2×3	2×5	2×7
(　　)	(　　)	(　　)

07 곱셈식을 보고 빈 곳에 ○를 그려 보세요.

$3\times5=15$

 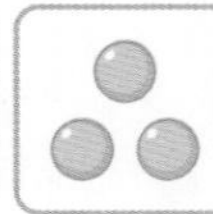  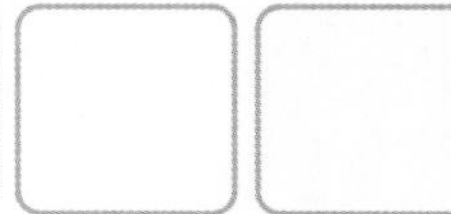

08 3단 곱셈구구의 값에는 ○표, 6단 곱셈구구의 값에는 △표 하세요.

6	9	12	16	18
20	21	24	27	29

09 강아지의 다리는 모두 몇 개인지 곱셈식으로 나타내 보세요.

$4 \times \square = \square$

10 □ 안에 알맞은 수를 써넣으세요.

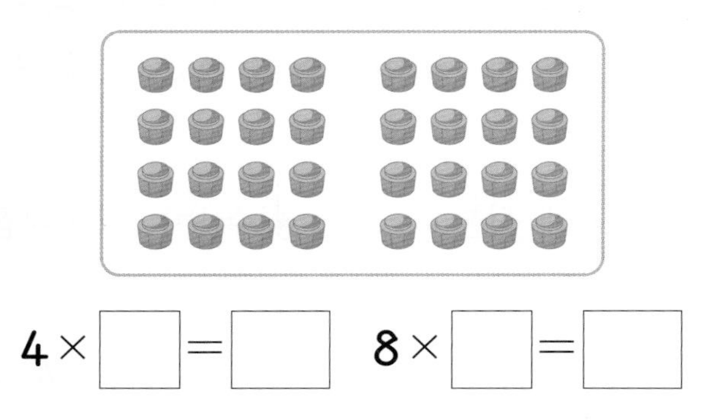

$4 \times \square = \square$　　$8 \times \square = \square$

11 7단 곱셈구구의 값을 찾아 가장 작은 수부터 차례로 이어 보세요.

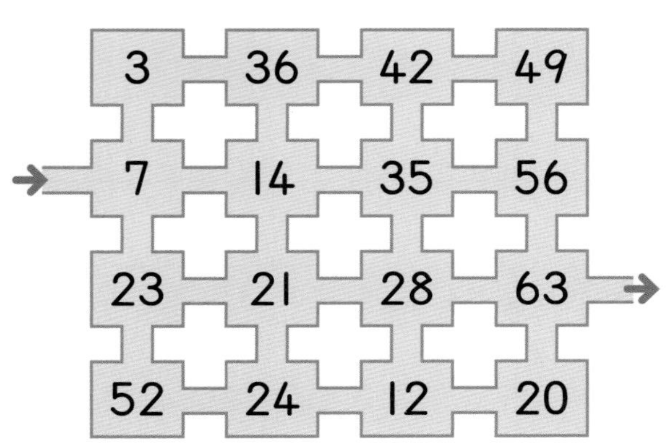

12 곱셈구구의 값을 찾아 이어 보세요.

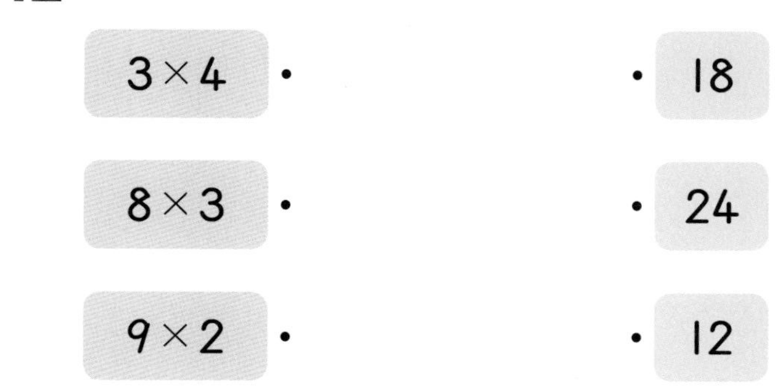

서술형

13 곱이 35인 곱셈구구를 찾아 기호를 쓰려고 합니다. 풀이 과정을 쓰고, 답을 구해 보세요.

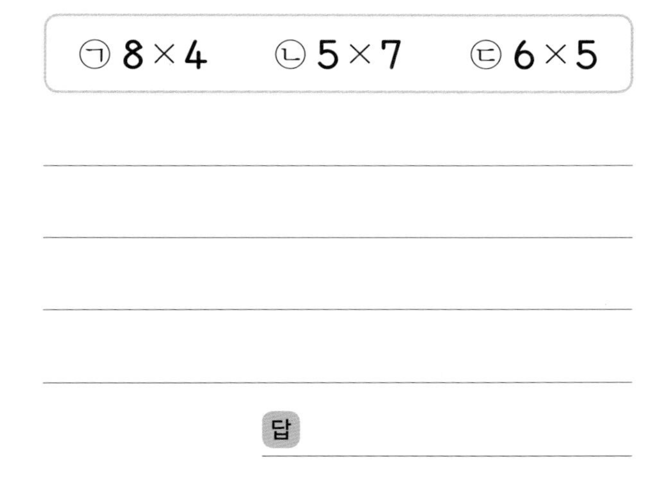

14 곱이 가장 큰 것을 찾아 기호를 써 보세요.

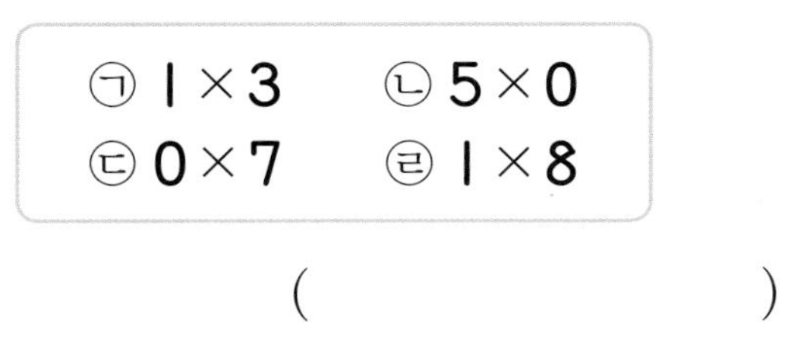

(　　　　　　)

2 단원

15 □ 안에 알맞은 수를 써넣으세요.

$0 \times 4 = 9 \times \square$

16 빈칸에 알맞은 수를 써넣어 곱셈표를 완성하고, 6×2와 곱이 같은 곱셈구구를 곱셈표에서 모두 찾아 써 보세요.

×	2	3	4	5	6
2				10	
3					
4					
5					
6			24		

$\square \times \square = \square$

$\square \times \square = \square$

$\square \times \square = \square$

17 지우의 나이는 9살입니다. 지우 어머니의 연세는 지우 나이의 5배입니다. 지우 어머니의 연세는 몇 세일까요?

( )

18 같은 모양은 같은 수를 나타냅니다. ★에 알맞은 수를 구해 보세요.

$9 \times 2 = ●$ $6 \times ★ = ●$

( )

19 사과는 7개씩 6봉지 있고, 감은 8개씩 5봉지 있습니다. 어느 과일이 몇 개 더 많은지 구해 보세요.

(,)

서술형

20 공을 꺼내어 공에 적힌 수만큼 점수를 얻는 놀이를 하였습니다. 얻은 점수는 모두 몇 점인지 풀이 과정을 쓰고, 답을 구해 보세요.

공에 적힌 수	꺼낸 횟수(번)	점수(점)
0	2	
1	4	$1 \times 4 = 4$
2	5	

답

단원 평가 B단계 2. 곱셈구구

점수 /

01 그림을 보고 □ 안에 알맞은 수를 써넣으세요.

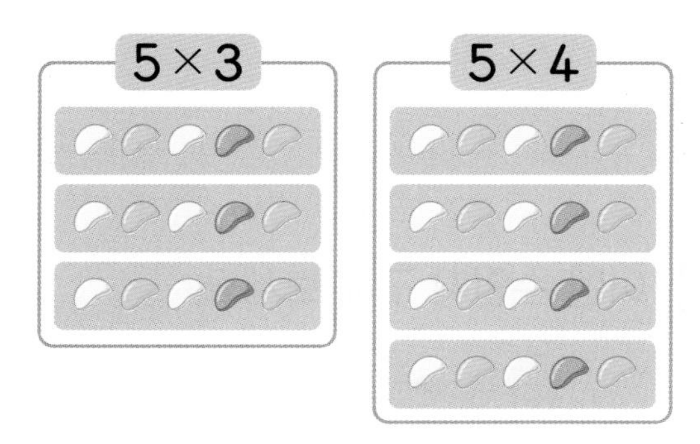

5×4는 5×3보다 □만큼 더 큽니다.

02 그림을 보고 □ 안에 알맞은 수를 써넣으세요.

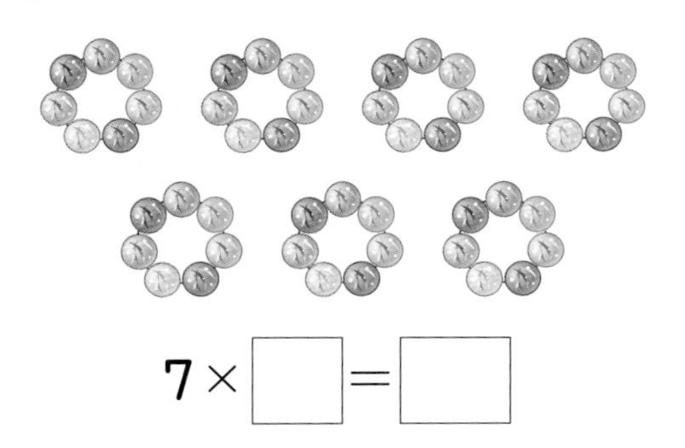

7×□=□

03 빈칸에 알맞은 수를 써넣으세요.

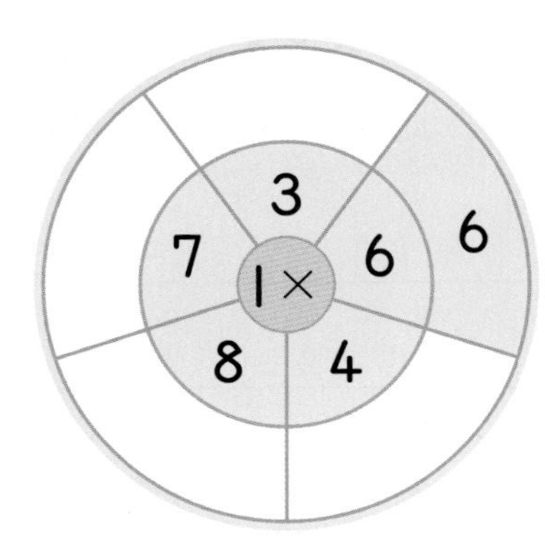

04 빈칸에 알맞은 수를 써넣어 곱셈표를 완성해 보세요.

×	2	4	8
3			
6			
9			

05 나무 막대 한 개의 길이는 5 cm입니다. 나무 막대 6개의 길이는 몇 cm인가요?

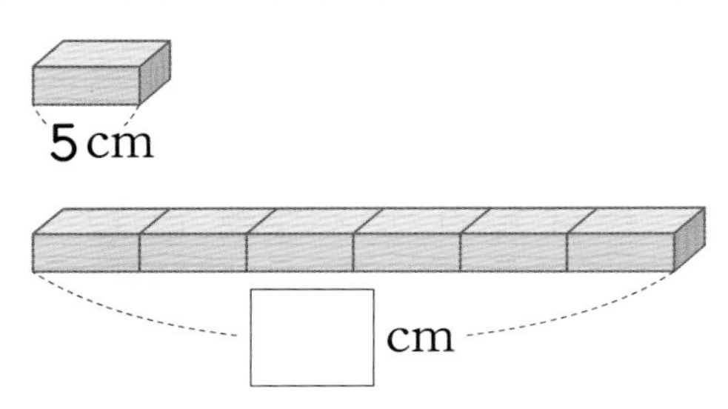

06 세발자전거의 바퀴 수를 곱셈식으로 바르게 나타낸 것의 기호를 써 보세요.

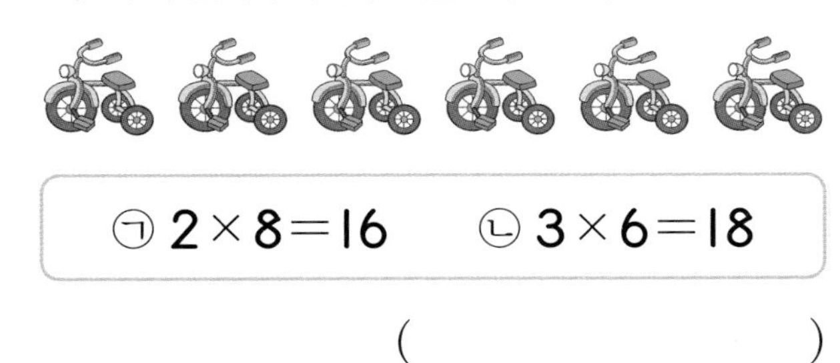

㉠ 2×8=16　　㉡ 3×6=18

(　　　　　　)

2 단원

07 곱의 크기를 비교하여 ○ 안에 > 또는 < 를 알맞게 써넣으세요.

2×8 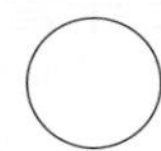 6×3

08 달걀의 수를 구하는 방법을 바르게 말한 사람의 이름을 써 보세요.

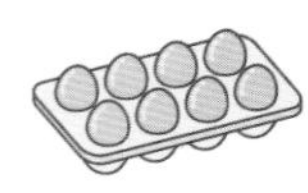 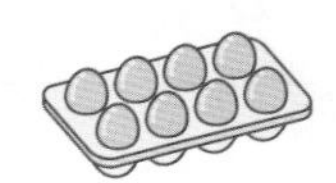 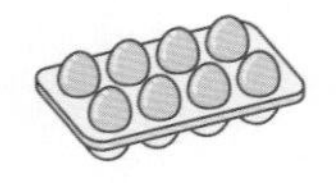

유진: 8×2에 8을 더해서 구할 수 있어.
정민: 8씩 4번 더해서 구할 수 있어.

(　　　　　)

09 보기 와 같이 수 카드를 한 번씩만 사용하여 □ 안에 알맞은 수를 써넣으세요.

보기
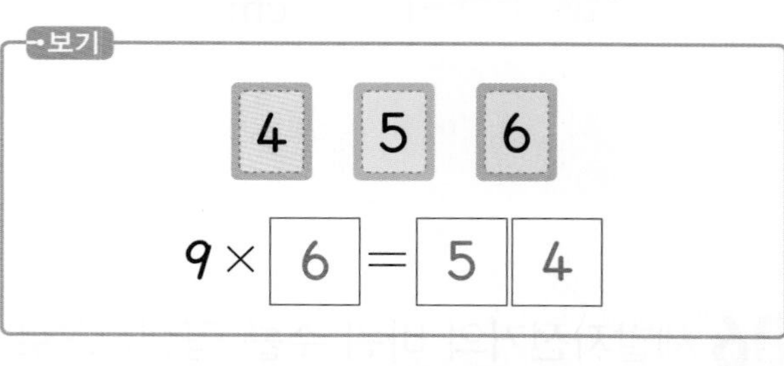

3 6 7

$9\times$ □ $=$ □□

10 7단 곱셈구구의 곱이 아닌 것은 어느 것인가요? (　　　)

① 21　② 26　③ 42
④ 49　⑤ 63

11 ㉠과 ㉡에 알맞은 수를 각각 구해 보세요.

$7\times$㉠$=28$　　$9\times$㉡$=72$

㉠ (　　　　　)
㉡ (　　　　　)

12 어떤 수인지 구해 보세요.

- 3단 곱셈구구의 수입니다.
- 홀수입니다.
- 6×2보다 크고 7×3보다 작습니다.

(　　　　　)

13 곱을 바르게 구한 것에 ○표 하세요.

$0\times8=0$　　$0\times8=8$

(　　)　　(　　)

서술형

14 곱이 작은 것부터 차례로 기호를 쓰려고 합니다. 풀이 과정을 쓰고, 답을 구해 보세요.

㉠ 8×8　㉡ 1×9
㉢ 7×6　㉣ 5×0

답 　　, 　　, 　　,

15 초록색 점선을 이용하여 ♥와 곱이 같은 곱셈구구를 곱셈표에서 찾아 기호를 써 보세요.

×	2	4	6	8
2		㉠	㉡	㉢
4			㉣	㉤
6				㉥
8		♥		

(　　　　　　　　)

16 한 팀에 배구 선수가 6명씩 있습니다. 7팀이 모여서 배구 경기를 한다면 선수는 모두 몇 명일까요?

(　　　　　　　　)

17 곱셈구구를 이용하여 사탕의 수를 구하는 방법을 2가지 설명해 보세요.

____

____

____

____

18 ㉠과 ㉡ 사이에 있는 수는 모두 몇 개인지 구해 보세요.

㉠ 6×6　　㉡ 8×5

(　　　　　　　　)

19 범호가 화살 8개를 쏘았습니다. 범호가 얻은 점수는 모두 몇 점인지 구해 보세요.

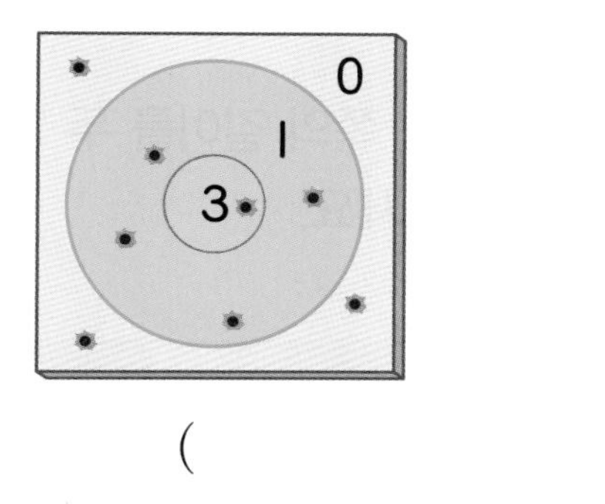

(　　　　　　　　)

2
단원

20 오토바이 7대와 자동차 5대의 바퀴는 모두 몇 개일까요?

(　　　　　　　　)

01 길이를 바르게 써 보세요.

2m

02 □ 안에 알맞은 수를 써넣으세요.

210 cm = □ m □ cm

03 식탁 긴 쪽의 길이를 두 가지 방법으로 나타내 보세요.

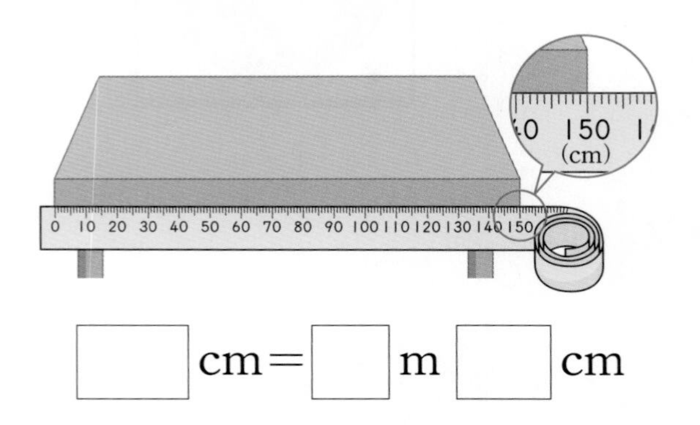

□ cm = □ m □ cm

04 그림을 보고 □ 안에 알맞은 수를 써넣으세요.

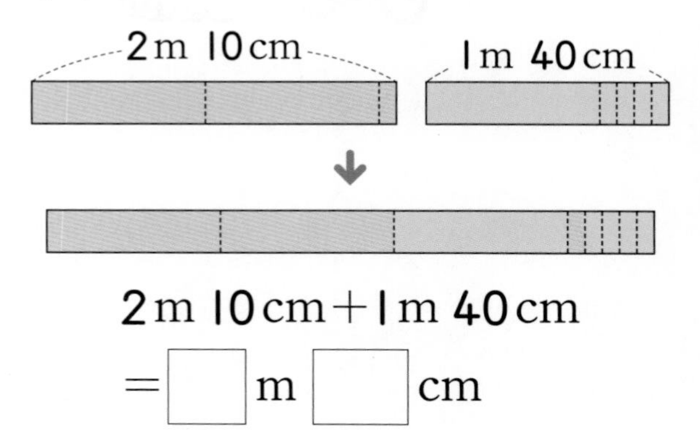

2 m 10 cm + 1 m 40 cm
= □ m □ cm

05 □ 안에 알맞은 수를 써넣으세요.

	6 m	50 cm
−	1 m	30 cm
	□ m	□ cm

06 길이가 1 m보다 긴 것을 모두 찾아 기호를 써 보세요.

㉠ 기차의 길이
㉡ 수학 교과서 짧은 쪽의 길이
㉢ 크레파스의 길이
㉣ 방문의 높이

( )

07 cm와 m 중 알맞은 단위를 써 보세요.

- 교실 긴 쪽의 길이는 약 10 □ 입니다.
- 볼펜의 길이는 약 14 □ 입니다.

08 길이를 잘못 나타낸 것에 ×표 하세요.

207 cm = 2 m 7 cm □

350 cm = 3 m 5 cm □

09 길이가 긴 것부터 차례로 기호를 써 보세요.

㉠ 520 cm
㉡ 5 m 80 cm
㉢ 508 cm

(　　　　　　　　)

10 막대의 길이를 줄자로 재었습니다. 길이가 더 긴 막대의 기호를 써 보세요.

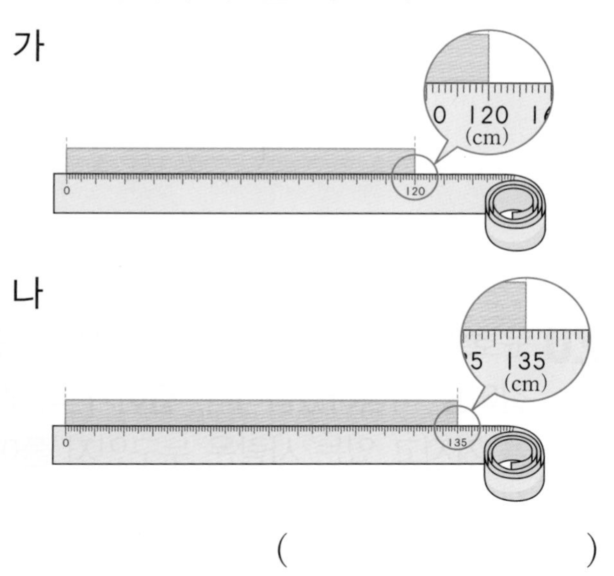

(　　　　　　　　)

11 두 길이의 합은 몇 m 몇 cm인지 구해 보세요.

5 m 46 cm	123 cm

(　　　　　　　　)

12 색 테이프의 처음 길이와 사용하고 남은 길이를 나타낸 것입니다. 사용한 색 테이프의 길이는 몇 m 몇 cm인가요?

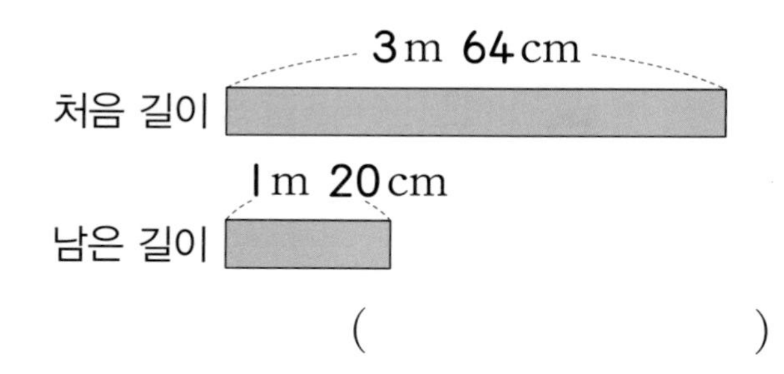

(　　　　　　　　)

서술형

13 길이가 더 긴 것의 기호를 쓰려고 합니다. 풀이 과정을 쓰고, 답을 구해 보세요.

㉠ 1 m 25 cm + 2 m 30 cm
㉡ 8 m 76 cm − 5 m 24 cm

답

14 몸의 부분을 이용하여 칠판 긴 쪽의 길이를 재려고 합니다. 가장 많은 횟수로 재어야 하는 것을 찾아 기호를 써 보세요.

㉠ 양팔을 벌린 길이
㉡ 한 걸음의 길이
㉢ 한 뼘의 길이

(　　　　　　　　)

3 단원

15 진호의 양팔을 벌린 길이는 약 1 m입니다. 축구 골대의 길이는 약 몇 m인가요?

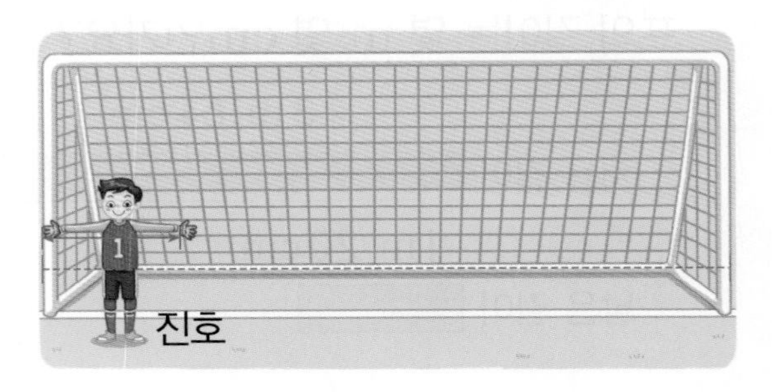

( )

16 울타리 한 칸의 길이가 약 2 m일 때 나무와 나무 사이의 거리는 약 몇 m인지 구해 보세요.

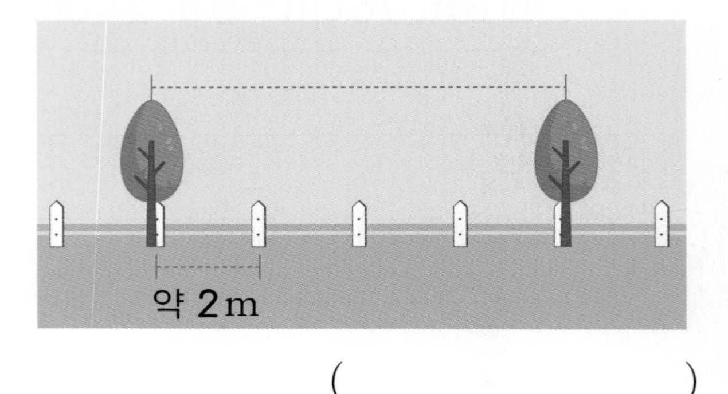

( )

17 평균대의 길이는 약 몇 m인지 구해 보세요.

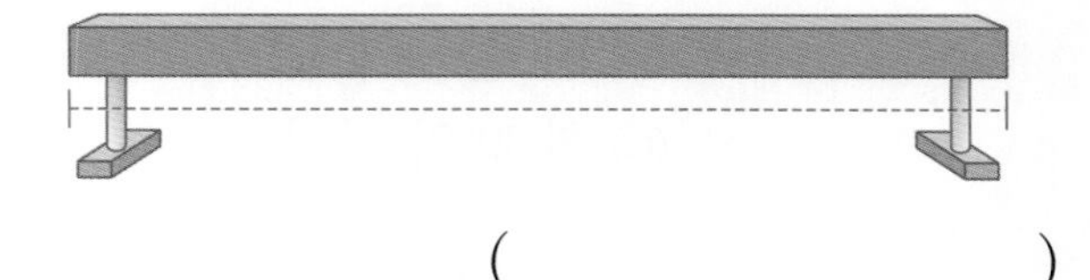

( )

18 서윤이가 가지고 있는 털실은 10 cm의 20배인 길이와 같습니다. 서윤이가 가지고 있는 털실의 길이는 몇 m인가요?

( )

19 수 카드 3장을 □ 안에 한 번씩 써넣어 가장 긴 길이를 만들고, 몇 cm로 나타내 보세요.

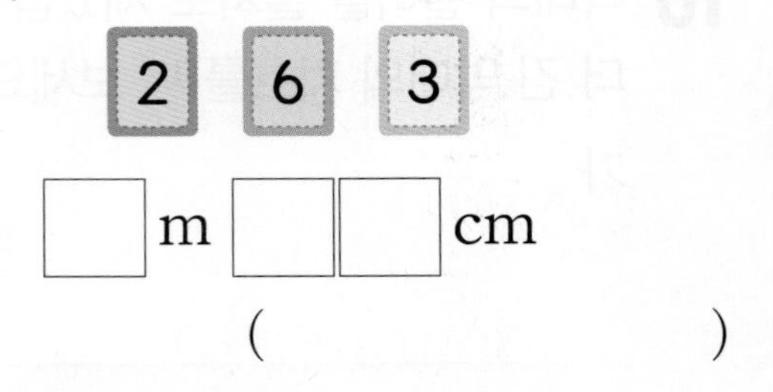

( )

서술형

20 윤호와 미진이가 각자 가지고 있는 줄의 길이를 어림하였습니다. 길이가 더 긴 줄을 가지고 있는 사람은 누구인지 풀이 과정을 쓰고, 답을 구해 보세요.

윤호: 내 양팔을 벌린 길이가 약 1 m인데 3번 잰 길이가 내 줄의 길이와 같았어.
미진: 내 두 걸음이 약 1 m인데 내 줄의 길이는 4걸음과 같았어.

답

• 정답 50쪽

단원 평가 B단계 3. 길이 재기

점수 /

01 10 cm 길이의 연필 10자루를 겹치지 않게 이어 놓으면 몇 m가 될까요?

( )

02 길이를 바르게 읽은 것은 어느 것인가요? ( )

5 m 8 cm

① 58센티미터 ② 58미터
③ 508미터 ④ 5미터 8센티미터
⑤ 5센티미터 8미터

03 길이의 합을 구해 보세요.

2 m 32 cm + 7 m 11 cm

04 길이가 10 m보다 긴 것을 찾아 기호를 써 보세요.

㉠ 공책 10권을 이어 놓은 길이
㉡ 2학년 학생 5명이 팔을 벌린 길이
㉢ 침대 긴 쪽의 길이
㉣ 10층 아파트의 높이

( )

05 길이를 바르게 나타낸 것을 찾아 기호를 써 보세요.

㉠ 250 cm = 2 m 5 cm
㉡ 1 m 80 cm = 18 cm
㉢ 400 cm = 40 m
㉣ 5 m 2 cm = 502 cm

( )

06 책장의 길이는 212 cm입니다. 책장의 길이는 몇 m 몇 cm인가요?

( )

서술형

07 유진이의 키는 118 cm이고, 민우의 키는 1 m 24 cm입니다. 유진이와 민우 중 키가 더 큰 사람은 누구인지 풀이 과정을 쓰고, 답을 구해 보세요.

답

3 단원

08 칠판 긴 쪽의 길이는 몇 m 몇 cm인지 구해 보세요.

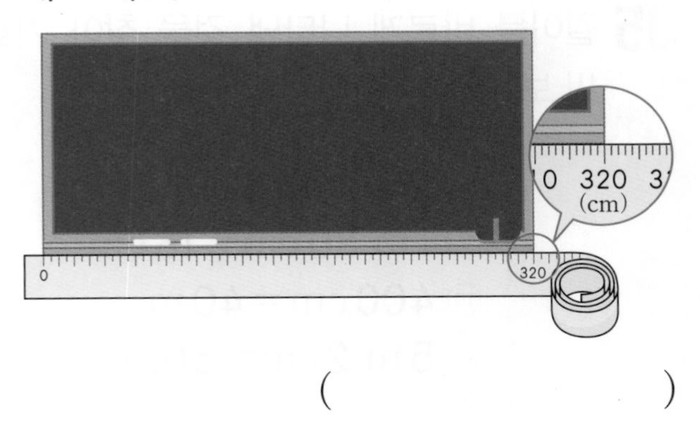

( )

09 □ 안에 알맞은 수를 써넣으세요.

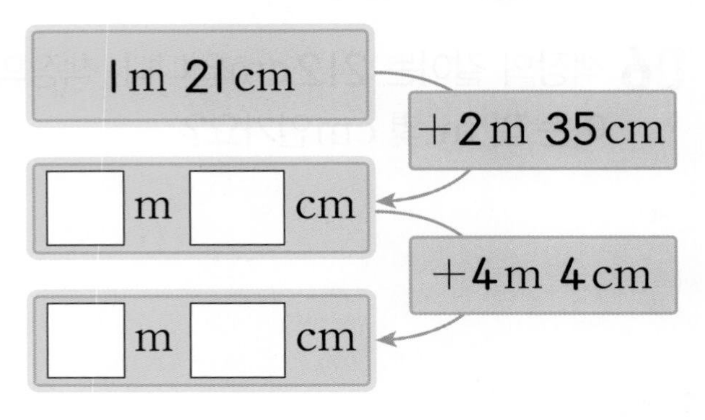

10 창문 긴 쪽과 짧은 쪽의 길이의 차를 구해 보세요.

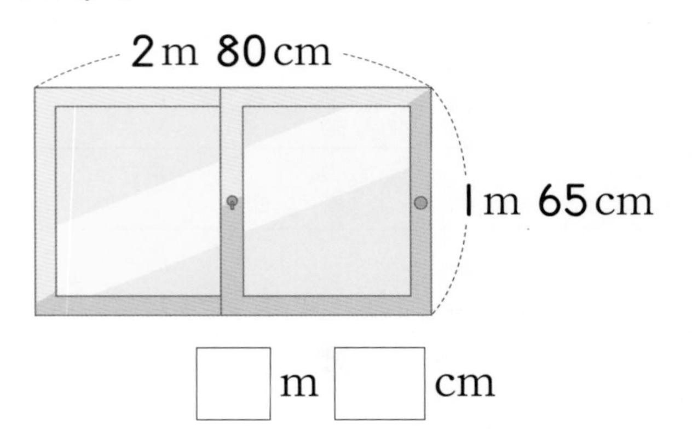

□ m □ cm

11 가장 긴 길이와 가장 짧은 길이의 합은 몇 m 몇 cm인지 구해 보세요.

3 m 82 cm	354 cm	3 m 3 cm

( )

12 지민이의 줄넘기는 아버지의 줄넘기보다 몇 cm 더 짧은가요?

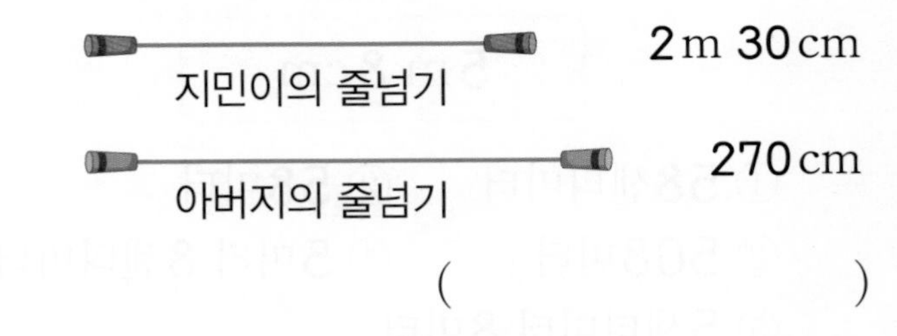

( )

13 ㉠에서 ㉡까지의 길이는 몇 m 몇 cm인지 구해 보세요.

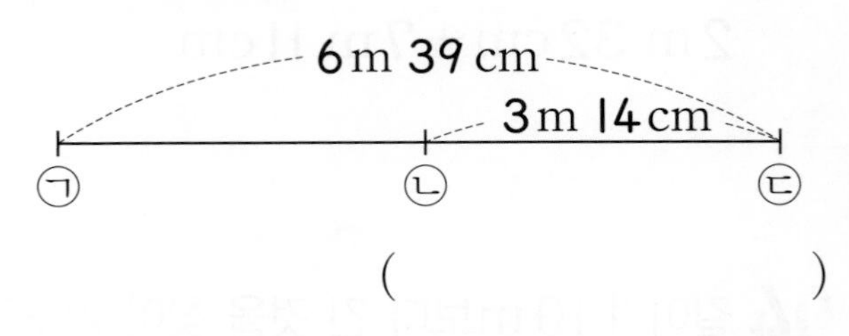

( )

14 몸의 부분을 이용하여 교실 짧은 쪽의 길이를 잴 때 적은 횟수로 잴 수 있는 것부터 차례로 기호를 써 보세요.

( )

15 지후의 두 걸음이 약 1 m일 때 교실 사물함의 전체 길이는 약 몇 m인지 어림해 보세요.

(　　　　　　　　)

16 길이가 1 m인 색 테이프로 긴 줄의 길이를 어림하였습니다. 긴 줄의 길이는 약 몇 m일까요?

1 m 색 테이프

(　　　　　　　　)

17 더 긴 길이를 어림한 사람의 이름을 써 보세요.

> 지혜: 내 양팔을 벌린 길이가 약 1 m인데 4번 잰 길이가 책장의 길이와 같았어.
> 서우: 내 7뼘이 약 1 m인데 책상의 길이가 14뼘과 같았어.

(　　　　　　　　)

서술형

18 0부터 9까지의 수 중에서 □ 안에 들어갈 수 있는 수는 모두 몇 개인지 풀이 과정을 쓰고, 답을 구해 보세요.

3 m 34 cm > 3□7 cm

답

19 수 카드 4, 2, 7 을 □ 안에 한 번씩 써넣어 가장 긴 길이를 만들고, 만든 길이와 3 m 11 cm의 차는 몇 m 몇 cm인지 구해 보세요.

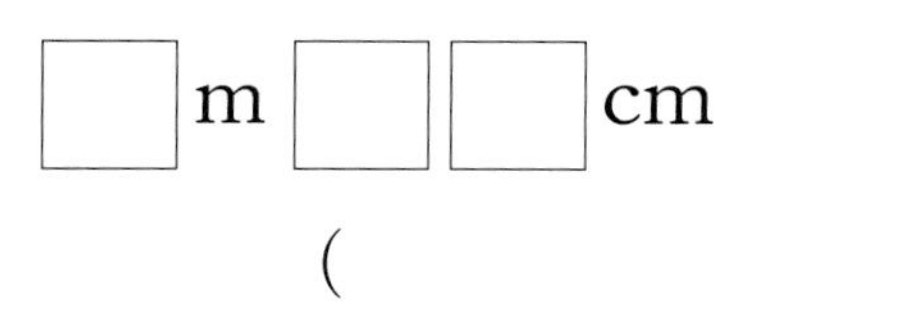

(　　　　　　　　)

20 정글짐에서 미끄럼틀을 거쳐 철봉까지 가는 길은 정글짐에서 철봉까지 바로 가는 길보다 몇 m 몇 cm 더 먼지 구해 보세요.

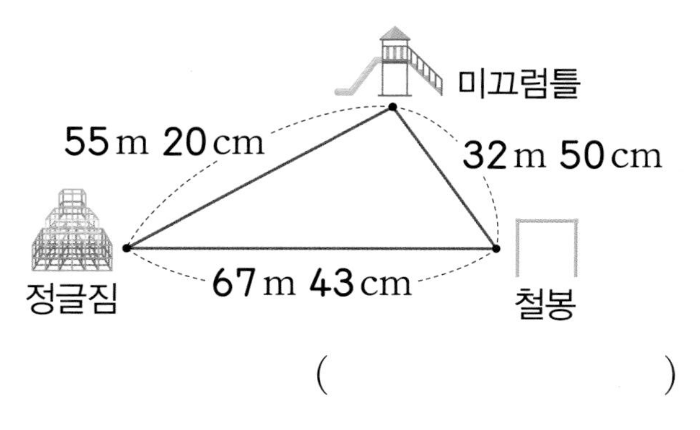

(　　　　　　　　)

3 단원

01 시계에서 각각의 숫자가 몇 분을 나타내는지 써넣으세요.

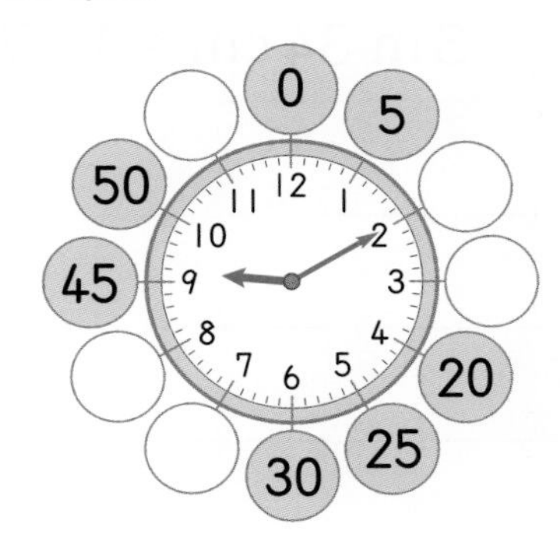

02 시계를 보고 □ 안에 알맞은 수를 써넣으세요.

4시가 되려면 □분이 더 지나야 합니다. → 4시 □분 전

03 □ 안에 알맞은 수를 써넣으세요.

110분=60분+□분

=□시간 □분

|04~05| **어느 해의 4월 달력입니다. 물음에 답하세요.**

4월

일	월	화	수	목	금	토
				1	2	3
4	5	6	7	8	9	10
11	12	13	14	15	16	17
18	19	20	21	22	23	24
25	26	27	28	29	30	

04 □ 안에 알맞은 수를 써넣으세요.

월요일은 □일, □일, □일, □일입니다.

05 4월 8일의 일주일 후는 무슨 요일인가요?

(　　　　)

06 시계를 보고 몇 시 몇 분인지 써 보세요.

(　　　　)

07 시계에 시각을 나타내 보세요.

6시 45분 →

정답 51쪽

08 영주가 본 시계는 짧은바늘이 7과 8 사이, 긴바늘이 10에서 작은 눈금 4칸 더 간 곳을 가리키고 있습니다. 영주가 본 시계의 시각을 써 보세요.

(   )

09 시각을 읽어 보세요.

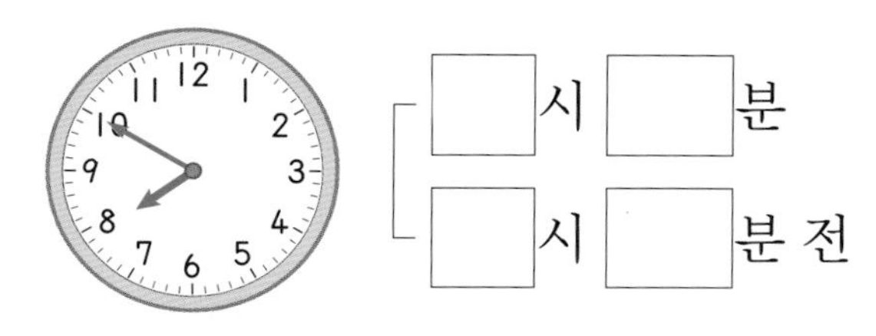

10 시계의 시각을 바르게 읽은 것을 모두 고르세요. (   )

① 1시 11분 전　　② 1시 55분
③ 2시 5분 전　　④ 2시 55분
⑤ 3시 5분 전

11 9시 10분 전을 시계에 나타냈습니다. 긴바늘이 가리키는 숫자는 무엇일까요?

(   )

12 걸린 시간이 1시간 15분인 것에 ○표 하세요.

(   )　　(   )

13 숙제를 하는 데 걸린 시간을 구해 보세요.

시작한 시각　　끝난 시각

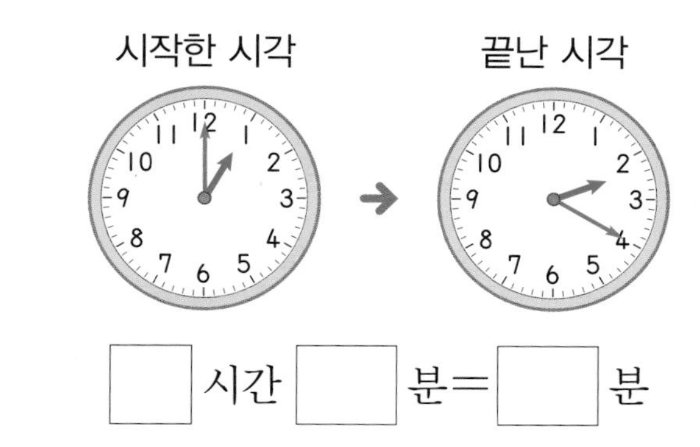

□ 시간 □ 분 = □ 분

서술형

14 시계가 멈춰서 현재 시각으로 맞추려고 합니다. 긴바늘을 몇 바퀴만 돌리면 되는지 풀이 과정을 쓰고, 답을 구해 보세요.

멈춘 시계　　현재 시각

10:30

답

4 단원

15 윤정이가 학교에 있었던 시간은 몇 시간인지 구해 보세요.

( )

16 어느 해의 5월 달력을 완성해 보세요.

5월

일	월	화	수	목	금	토
						4
5	6					
		14	15			
					24	25

17 피아노를 지환이는 2년 9개월 동안 배웠고, 지수는 30개월 동안 배웠습니다. 피아노를 더 오래 배운 사람의 이름을 써 보세요.

( )

18 서우는 거울에 비친 시계를 보았습니다. 이 시계가 나타내는 시각은 몇 시 몇 분인가요?

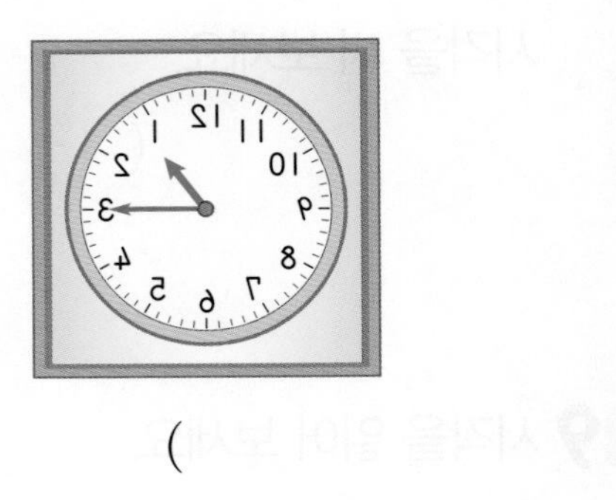

( )

19 하루 동안 시계의 긴바늘은 몇 바퀴를 돌까요?

( )

서술형

20 8월 10일부터 9월 15일까지 '만화 영화 전시회'를 열기로 했습니다. 전시회를 하는 기간은 며칠인지 풀이 과정을 쓰고, 답을 구해 보세요.

답

단원 평가 B 단계 4. 시각과 시간

점수 /

01 시계의 긴바늘이 가리키는 숫자가 7이면 몇 분을 나타낼까요? (　　　)

① 20분　② 25분　③ 30분
④ 35분　⑤ 40분

02 시계를 보고 몇 시 몇 분인지 써 보세요.

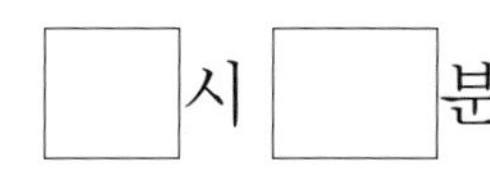

03 선미가 수영장에 있었던 시간을 시간 띠에 나타낸 것입니다. 선미가 수영장에 있었던 시간은 몇 시간인가요?

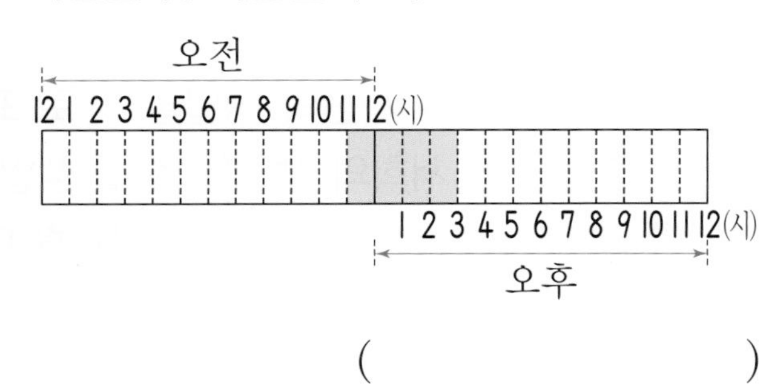

(　　　　　　)

04 날수가 30일인 월을 모두 찾아 기호를 써 보세요.

㉠ 5월　㉡ 9월　㉢ 12월　㉣ 6월

(　　　　　　)

05 7시 11분을 바르게 나타낸 시계에 ○표 하세요.

(　　)　(　　)

06 주어진 시각에 맞게 시계에 시각을 나타내 보세요.

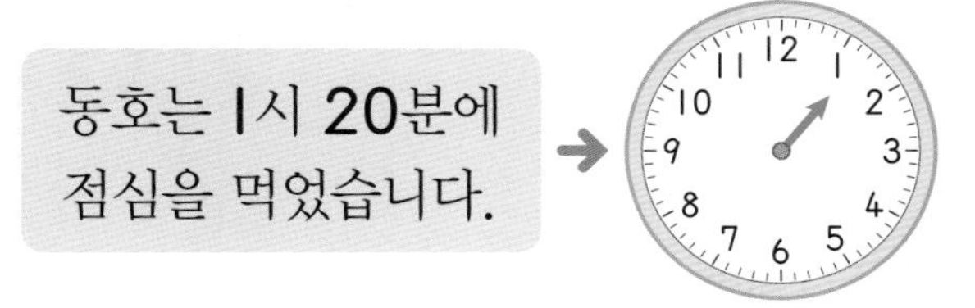

서술형

07 다은이가 시각을 잘못 읽은 이유를 쓰고, 바르게 읽어 보세요.

이유

시각

08 시계에 시각을 나타내 보세요.

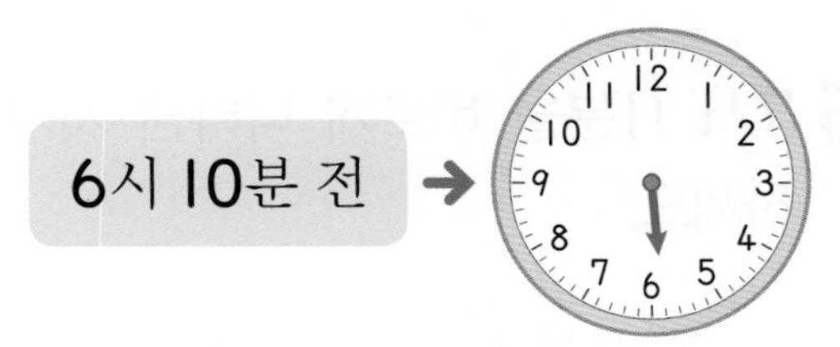

09 같은 시각을 나타낸 것끼리 이어 보세요.

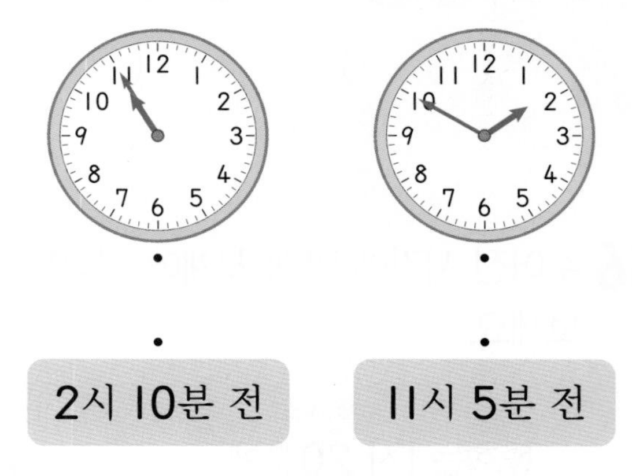

10 시계를 보고 바르게 설명한 사람의 이름을 써 보세요.

도이: 10시 5분 전이라고 말할 수 있어.
경태: 9시가 되려면 5분이 더 지나야 해.

( )

11 다음 중 틀린 것의 기호를 써 보세요.

㉠ 1시간 13분=103분
㉡ 92분=1시간 32분

( )

12 진수가 영화를 보는 데 걸린 시간은 몇 시간 몇 분인지 구해 보세요.

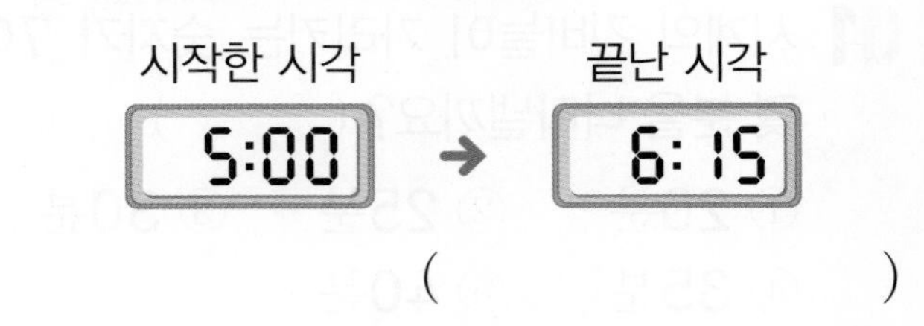

( )

13 피아노 연습을 60분 동안 했습니다. 피아노 연습을 시작한 시각을 보고 끝난 시각을 나타내 보세요.

14 준호는 달력에 자신의 생일을 ☆로 표시하였습니다. 서희의 생일은 준호 생일 일주일 후입니다. 서희의 생일은 10월 며칠이고, 무슨 요일인가요?

10월

일	월	화	수	목	금	토
			1	2	3	4
5	6	7	8	9	10	11
12	13	14	15	16	17	18
19	20	21	22	23	24	25
26	27	28	29	30	31	

(,)

| 15~16 | 서현이네 가족의 1박 2일 여행 일정표를 보고 물음에 답하세요.

첫날

시간	일정
9:00 ~11:10	제주도로 이동
11:10 ~12:00	용두암 구경하기
12:00 ~1:00	점심 식사
1:00 ~3:30	귤 따기 체험하기
⋮	⋮

다음날

시간	일정
8:00 ~9:00	아침 식사
9:00 ~12:00	식물원 구경하기
12:00 ~1:00	점심 식사
⋮	⋮
6:50 ~9:00	집으로 이동

15 알맞은 말에 ○표 하세요.

> 서현이네 가족은 첫날 (오전 , 오후)에 귤 따기 체험을 하였습니다.
> 다음날 (오전 , 오후)에는 식물원을 구경하였습니다.

16 서현이네 가족이 여행하는 데 걸린 시간은 모두 몇 시간인지 구해 보세요.

첫날 출발한 시각: 오전 9:00

다음날 도착한 시각: 오후 9:00

( )

17 은미는 발레를 1년 8개월 동안 배웠습니다. 은미가 발레를 배운 기간은 몇 개월인가요?

( )

18 다음이 나타내는 시각에서 1시간 25분 후의 시각은 몇 시 몇 분인지 구해 보세요.

> 시계의 짧은바늘이 6과 7 사이, 긴바늘이 5를 가리킵니다.

( )

서술형

19 솔비와 동우가 공부를 시작한 시각과 마친 시각을 나타낸 표입니다. 공부를 더 오래 한 사람은 누구인지 풀이 과정을 쓰고, 답을 구해 보세요.

	시작한 시각	마친 시각
솔비	2시 15분	3시 40분
동우	3시 30분	4시 50분

답

20 민준이는 매일 우유를 한 컵씩 마십니다. 7월 20일부터 8월 8일까지 민준이가 마신 우유는 모두 몇 컵인지 구해 보세요.

( )

4 단원

01~04 윤성이네 반 학생들이 좋아하는 과일을 조사하였습니다. 물음에 답하세요.

윤성이네 반 학생들이 좋아하는 과일

(사과, 배, 감, 포도)

윤성	미선	재희	태호	정주	수연
경석	진경	보라	승수	채연	규현

01 재희가 좋아하는 과일은 무엇인가요?

( )

02 자료를 분류하여 학생들의 이름을 써 보세요.

분류 기준	좋아하는 과일

과일	학생 이름
사과	
배	
감	
포도	

03 자료를 보고 표로 나타내 보세요.

좋아하는 과일별 학생 수

과일	사과	배	감	포도	합계
학생 수(명)					

04 윤성이네 반 학생은 모두 몇 명인가요?

( )

05~07 현수네 반 학생들이 좋아하는 동물을 조사하여 표로 나타냈습니다. 물음에 답하세요.

현수네 반 학생들이 좋아하는 동물별 학생 수

동물	강아지	고양이	사자	토끼	합계
학생 수(명)	6	5	2	3	16

05 표를 보고 ○를 이용하여 그래프로 나타내 보세요.

현수네 반 학생들이 좋아하는 동물별 학생 수

6				
5				
4				
3				
2				
1				
학생 수(명) / 동물	강아지	고양이	사자	토끼

06 05의 그래프에서 세로에 나타낸 것은 무엇인가요?

( )

서술형

07 가장 많은 학생들이 좋아하는 동물은 무엇인지 풀이 과정을 쓰고, 답을 구해 보세요.

답

| 08~09 | 은경이가 한 달 동안 먹은 간식을 조사하여 표로 나타냈습니다. 물음에 답하세요.

은경이가 한 달 동안 먹은 간식별 일수

간식	과자	과일	떡	빵	합계
일수(일)	12	8	4	6	30

08 은경이가 한 달 동안 먹은 간식은 모두 몇 가지인가요?

( )

09 표를 보고 알 수 있는 것의 기호를 써 보세요.

㉠ 은경이가 5일에 먹은 간식
㉡ 은경이가 한 달 동안 떡을 먹은 일수

( )

| 10~11 | 근호네 반 학생들이 좋아하는 운동을 조사하여 그래프로 나타냈습니다. 물음에 답하세요.

근호네 반 학생들이 좋아하는 운동별 학생 수

스키	/	/				
축구	/	/	/	/		
수영	/	/	/	/	/	/
태권도	/	/				
운동 / 학생 수(명)	1	2	3	4	5	6

10 좋아하는 학생 수가 같은 두 운동을 찾아 써 보세요.

(,)

11 3명보다 많은 학생들이 좋아하는 운동을 모두 찾아 써 보세요.

( )

| 12~14 | 승우네 반 학생들이 태어난 계절을 조사하여 표로 나타냈습니다. 물음에 답하세요.

승우네 반 학생들이 태어난 계절별 학생 수

계절	봄	여름	가을	겨울	합계
학생 수(명)	2	5		3	12

12 가을에 태어난 학생은 몇 명인가요?

( )

서술형

13 표를 보고 그래프의 세로에 학생 수를 나타내려고 합니다. 서진이가 그래프를 완성할 수 없는 이유를 써 보세요.

그래프의 세로를 3칸으로 나누었어.

이유

14 표를 보고 ×를 이용하여 그래프로 나타내 보세요.

승우네 반 학생들이 태어난 계절별 학생 수

겨울					
가을					
여름					
봄					
계절 / 학생 수(명)	1	2	3	4	5

| 15~17 | 수아네 반 학생들이 좋아하는 채소를 조사하였습니다. 물음에 답하세요.**

수아네 반 학생들이 좋아하는 채소

이름	채소	이름	채소	이름	채소
수아	감자	형준	호박	기찬	감자
유진	호박	상훈	오이	지현	오이
은석	오이	미정	무	성규	감자
창민	감자	세진	호박	혜은	오이

15 조사한 자료를 보고 표로 나타내 보세요.

수아네 반 학생들이 좋아하는 채소별 학생 수

채소	감자	호박	오이	무	합계
학생 수(명)					

16 감자를 좋아하는 학생과 무를 좋아하는 학생은 모두 몇 명인가요?

( )

17 15의 표를 보고 /를 이용하여 그래프로 나타내 보세요.

수아네 반 학생들이 좋아하는 채소별 학생 수

학생 수(명) / 채소	

18 성재네 반 학생 15명이 체험 학습 때 가 보고 싶은 장소를 조사하여 그래프로 나타냈습니다. 박물관에 가 보고 싶은 학생은 몇 명인지 구해 보세요.

성재네 반 학생들이 가 보고 싶은 장소별 학생 수

박물관						
동물원	○	○	○	○		
놀이공원	○	○	○	○	○	○
장소 / 학생 수(명)	1	2	3	4	5	6

( )

19 우지네 반 학생들의 혈액형을 조사하여 그래프로 나타냈습니다. A형인 학생 수가 O형인 학생 수의 3배일 때 조사한 학생은 모두 몇 명인지 구해 보세요.

우지네 반 학생들의 혈액형별 학생 수

O형	×	×					
AB형	×	×	×	×	×		
B형	×	×	×	×	×	×	×
A형							
혈액형 / 학생 수 (명)	1	2	3	4	5	6	7

( )

20 표와 그래프를 완성해 보세요.

일주일 동안 날씨별 일수

날씨	일수(일)
맑음	3
흐림	
비	
합계	7

3			
2			○
1			○
일수(일) / 날씨	맑음	흐림	비

점수

• 정답 54쪽

| 01~04 | 희수네 반 학생들이 좋아하는 운동을 조사하였습니다. 물음에 답하세요.

희수네 반 학생들이 좋아하는 운동

축구 야구 농구 배구

희수	기훈	서경	현주
기영	세준	민호	은혜
소영	지후	연아	수정

01 조사한 자료를 보고 표로 나타내 보세요.

희수네 반 학생들이 좋아하는 운동별 학생 수

운동	축구	야구	농구	배구	합계
학생 수(명)					

02 좋아하는 학생 수가 야구와 같은 운동은 무엇인가요?

( )

03 희수네 반 학생은 모두 몇 명인가요?

( )

04 좋아하는 운동별 학생 수를 한눈에 알아보기 쉬운 것에 ○표 하세요.

(조사한 자료 , 표)

05 자료를 분류하여 그래프로 나타내는 순서에 맞게 기호를 써 보세요.

㉠ 가로와 세로의 칸수 각각 정하기
㉡ 가로와 세로에 쓸 내용 정하기
㉢ 조사한 자료 살펴보기
㉣ 학생 수를 ○로 표시하기

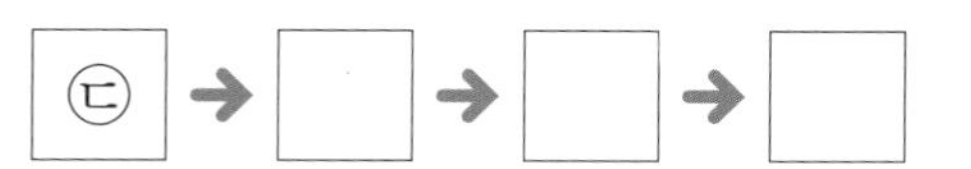

| 06~08 | 우주네 반 학생들이 좋아하는 계절을 조사하여 표로 나타냈습니다. 물음에 답하세요.

우주네 반 학생들이 좋아하는 계절별 학생 수

계절	봄	여름	가을	겨울	합계
학생 수(명)	5	6	3	4	18

06 여름을 좋아하는 학생은 몇 명인가요?

( )

07 표를 보고 ○를 이용하여 그래프로 나타내 보세요.

우주네 반 학생들이 좋아하는 계절별 학생 수

겨울						
가을						
여름						
봄						
계절 / 학생 수(명)	1	2	3	4	5	6

08 가장 적은 학생들이 좋아하는 계절은 무엇인가요?

( )

5 단원

| 09~11 | 경호네 반 학생들이 좋아하는 음식을 조사하여 표로 나타냈습니다. 물음에 답하세요.

경호네 반 학생들이 좋아하는 음식별 학생 수

음식	불고기	생선구이	돈가스	라면	합계
학생 수(명)	4	6	3	5	18

09 돈가스를 좋아하는 학생과 라면을 좋아하는 학생은 모두 몇 명인가요?

( )

10 표를 보고 ○를 이용하여 그래프로 나타내 보세요.

경호네 반 학생들이 좋아하는 음식별 학생 수

6				
5				
4				
3				
2				
1				
학생 수(명) / 음식	불고기	생선구이	돈가스	라면

11 10의 그래프에서 가로와 세로를 바꾸고, /를 이용하여 그래프로 나타내 보세요.

경호네 반 학생들이 좋아하는 음식별 학생 수

라면						
돈가스						
생선구이						
불고기						
음식 / 학생 수(명)	1	2	3	4	5	6

| 12~14 | 신발장에 있는 신발의 종류를 조사하여 표와 그래프로 나타냈습니다. 물음에 답하세요.

신발장에 있는 종류별 신발 수

종류	운동화	구두	샌들	장화	합계
신발 수(켤레)		7		2	

신발장에 있는 종류별 신발 수

7				
6	○			
5	○		○	
4	○		○	
3	○		○	
2	○		○	
1	○		○	
신발 수(켤레) / 종류	운동화	구두	샌들	장화

12 표와 그래프를 완성해 보세요.

13 5켤레보다 많은 신발의 종류를 모두 찾아 ○표 하세요.

(운동화 , 구두 , 샌들 , 장화)

서술형

14 신발 수가 많은 신발 종류부터 차례로 쓰려고 합니다. 풀이 과정을 쓰고, 답을 구해 보세요.

답 , , ,

정답 54쪽

| 15~17 | 예서네 반 학생들이 좋아하는 음료수를 조사하여 표로 나타냈습니다. 탄산음료를 좋아하는 학생이 우유를 좋아하는 학생보다 1명 더 적습니다. 물음에 답하세요.

예서네 반 학생들이 좋아하는 음료수별 학생 수

음료수	우유	주스	탄산음료	요구르트	물	합계
학생 수(명)	6	3			2	20

15 요구르트를 좋아하는 학생은 몇 명인가요?

( )

16 표를 보고 ×를 이용하여 그래프로 나타내 보세요.

예서네 반 학생들이 좋아하는 음료수별 학생 수

6					
5					
4					
3					
2					
1					
학생 수(명) / 음료수	우유	주스	탄산음료	요구르트	물

17 좋아하는 학생 수가 가장 많은 음료수와 가장 적은 음료수의 학생 수의 차는 몇 명인가요?

( )

| 18~20 | 준서네 반 학생들이 좋아하는 생선을 조사하여 그래프로 나타냈습니다. 물음에 답하세요.

준서네 반 학생들이 좋아하는 생선별 학생 수

7	/			
6	/			
5	/			
4	/			/
3	/	/		/
2	/	/		/
1	/	/		/
학생 수(명) / 생선	갈치	고등어	삼치	꽁치

18 꽁치를 좋아하는 학생은 몇 명인가요?

( )

19 갈치를 좋아하는 학생은 꽁치를 좋아하는 학생보다 몇 명 더 많은가요?

( )

서술형

20 삼치를 좋아하는 학생 수가 고등어를 좋아하는 학생 수의 2배일 때 조사한 학생은 모두 몇 명인지 풀이 과정을 쓰고, 답을 구해 보세요.

답

단원 평가 A단계 6. 규칙 찾기

점수 /

| 01~02 | **그림을 보고 물음에 답하세요.**

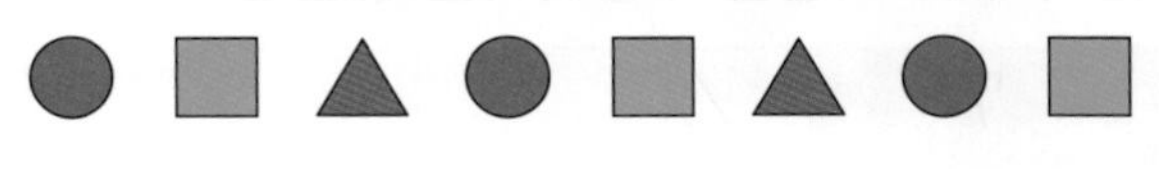

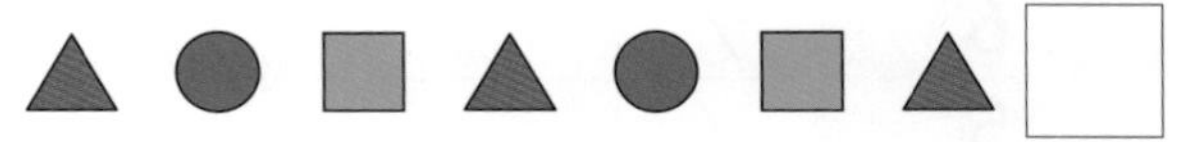

01 반복되는 무늬를 찾아 ○표 하세요.

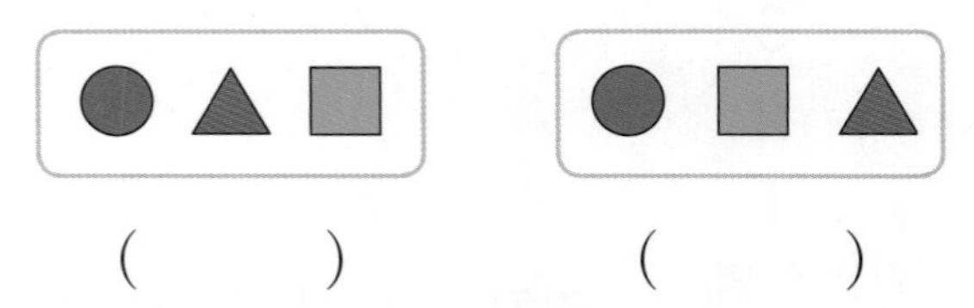

(　　　)　　　(　　　)

02 빈칸에 알맞은 무늬를 그려 넣으세요.

03 규칙에 따라 쌓기나무를 쌓았습니다. 왼쪽에서 오른쪽으로 반복되는 쌓기나무의 수를 찾아 기호를 써 보세요.

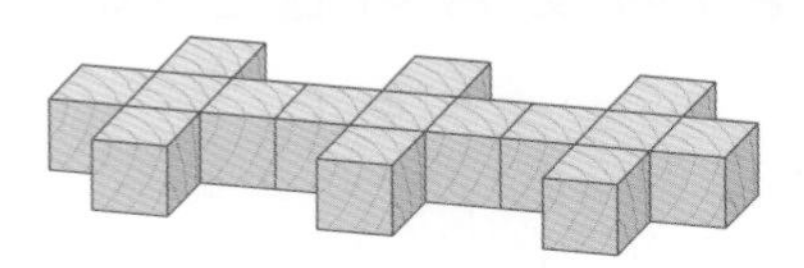

㉠ 1개, 3개　　㉡ 1개, 3개, 1개

(　　　　　)

04 덧셈표에서 ▒▒으로 색칠한 수는 오른쪽으로 갈수록 몇씩 커지는지 써 보세요.

+	5	6	7
5	10	11	12
6	11	12	13
7	12	13	14

(　　　　　)

05 달력에서 규칙을 찾아 □ 안에 알맞은 수를 써넣으세요.

4월

일	월	화	수	목	금	토
			1	2	3	4
5	6	7	8	9	10	11
12	13	14	15	16	17	18
19	20	21	22	23	24	25
26	27	28	29	30		

같은 요일에 있는 수는 아래쪽으로 내려갈수록 □씩 커집니다.

06 규칙을 찾아 빈칸에 알맞은 원의 색깔을 써 보세요.

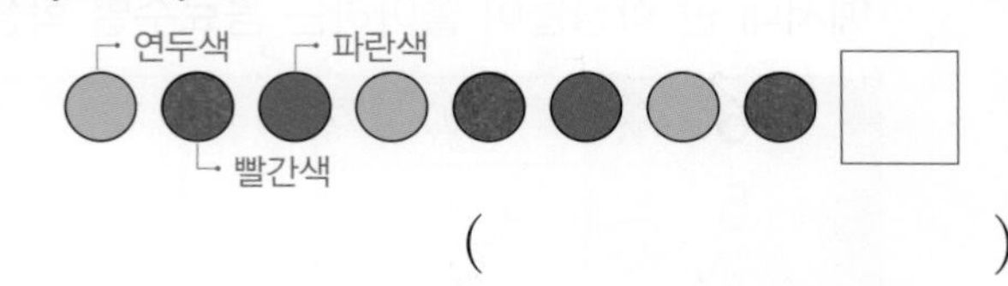

(　　　　　)

07 규칙을 찾아 ●을 알맞게 그려 넣으세요.

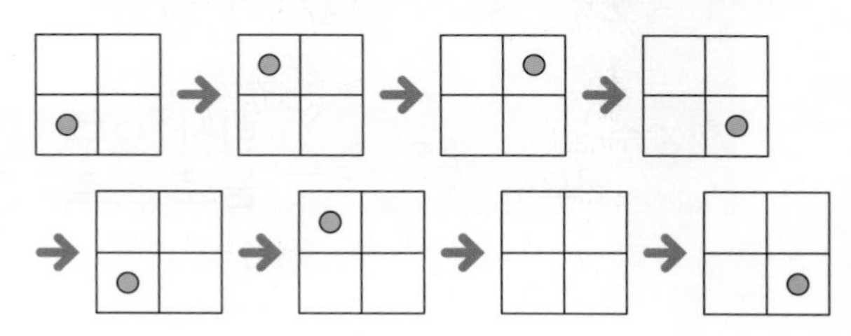

08 규칙에 따라 쌓기나무를 쌓았습니다. 규칙을 찾아 써 보세요.

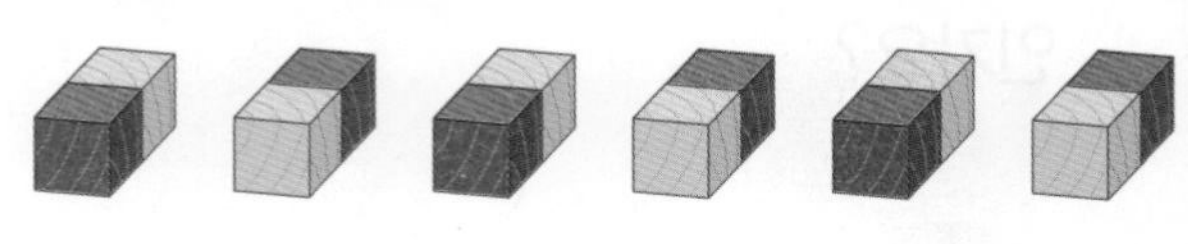

09~10 규칙에 따라 쌓기나무를 쌓았습니다. 물음에 답하세요.

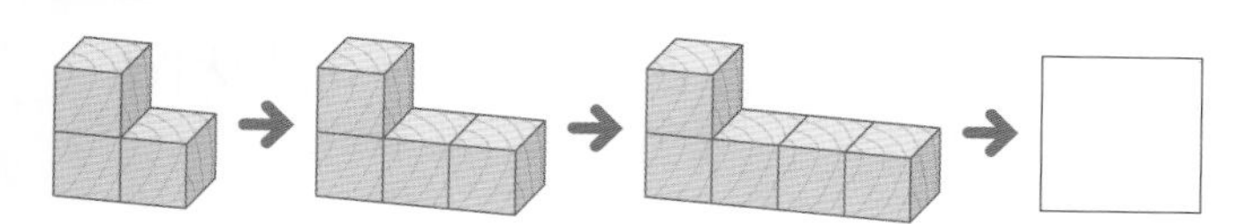

09 쌓기나무가 몇 개씩 늘어나는지 구해 보세요.

(   )

서술형

10 다음에 이어질 모양에 쌓을 쌓기나무는 모두 몇 개인지 풀이 과정을 쓰고, 답을 구해 보세요.

답

11 덧셈표를 보고 바르게 설명한 것의 기호를 써 보세요.

+	3	5	7	9
3	6	8	10	12
5	8	10	12	14
7	10	12	14	16
9	12	14	16	18

㉠ ↘ 방향으로 갈수록 2씩 커집니다.
㉡ 오른쪽으로 갈수록 2씩 커집니다.

(   )

12~13 곱셈표를 보고 물음에 답하세요.

×	2	3	4	5	6
2	4	6	8	10	12
3	6	9	12	15	18
4	8	12	16	20	24
5	10	15	20	25	30
6	12	18	24	30	36

12 ▒으로 색칠한 곳과 규칙이 같은 곳을 찾아 색칠해 보세요.

13 곱셈표에서 찾을 수 있는 규칙을 바르게 설명한 사람의 이름을 써 보세요.

규리: 곱셈표에 있는 수들은 모두 짝수야.
지태: ■단 곱셈구구에 있는 수는 아래쪽으로 내려갈수록 ■씩 커져.

(   )

14 덧셈표에서 규칙을 찾아 빈칸에 알맞은 수를 써넣으세요.

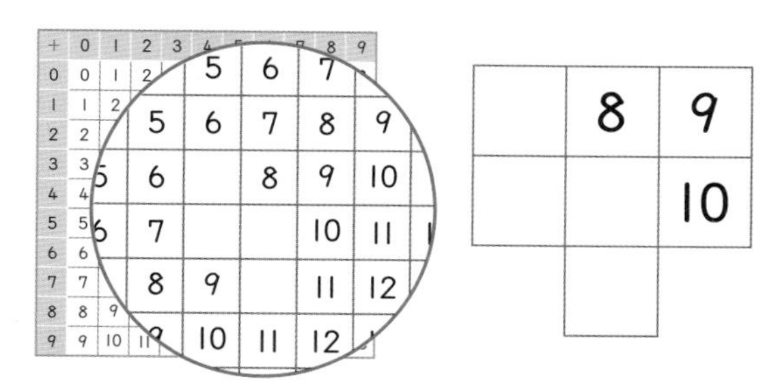

6 단원

15 사물함 번호에 있는 규칙을 찾아 빈칸에 알맞은 번호를 써 보세요.

16 영화 시간표에서 규칙을 찾아 써 보세요.

영화 시작 시각

1회	2회	3회	4회	5회
7:00	10:00	13:00	16:00	19:00

17 승강기 안에 있는 버튼의 수를 보고 규칙을 바르게 말한 사람의 이름을 써 보세요.

윤호: 아래쪽으로 내려갈수록 3씩 커져.
연수: 오른쪽으로 갈수록 1씩 작아져.
민희: ↗ 방향으로 갈수록 4씩 커져.

(　　　　　　　　)

서술형

18 구슬을 끼운 줄의 규칙을 찾아 빈 구슬 3개에 알맞은 모양을 차례로 구하려고 합니다. 풀이 과정을 쓰고, 답을 구해 보세요.

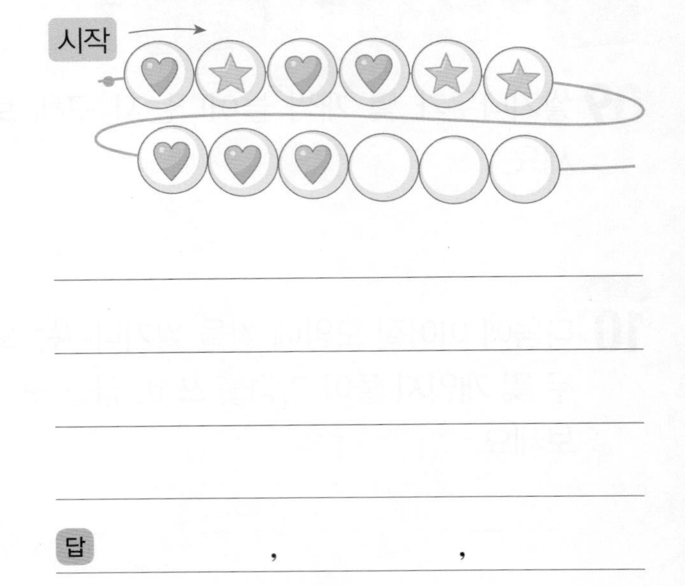

답 　　　　,　　　　,

19 규칙에 따라 쌓기나무를 쌓았습니다. 다섯 번째 모양을 만드는 데 필요한 쌓기나무는 모두 몇 개인지 구해 보세요.

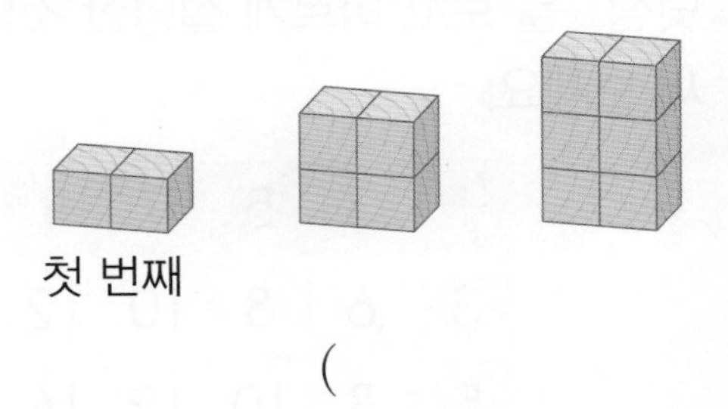

첫 번째

(　　　　　　　　)

20 규칙에 따라 동전을 놓았습니다. 10번째에 놓을 동전은 얼마짜리 동전인지 구해 보세요.

첫 번째

(　　　　　　　　)

단원 평가 B단계 6. 규칙 찾기

점수 /

01 규칙에 따라 당근, 오이, 버섯이 놓여 있습니다. 빈칸에 들어갈 채소의 이름을 써 보세요.

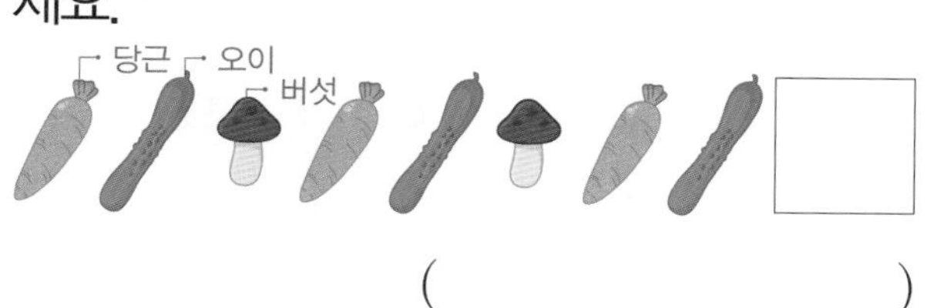

( )

02 그림을 보고 규칙을 찾아 ◯표 하세요.

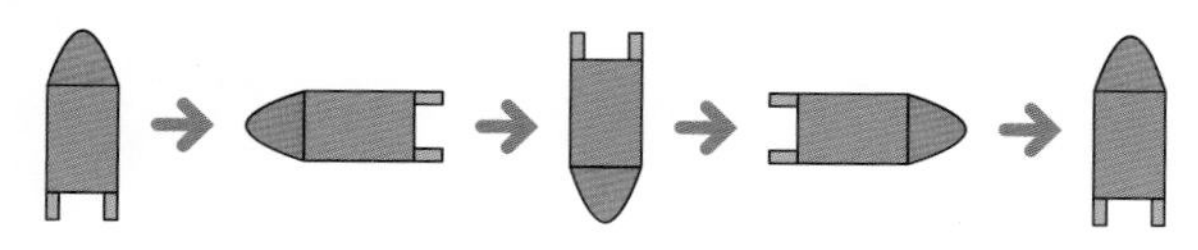

우주선 모양이
(시계 방향 , 시계 반대 방향)으로
돌아갑니다.

03 전화기에 있는 수에서 규칙을 찾아 □ 안에 알맞은 수를 써넣으세요.

아래쪽으로 내려갈수록
□씩 커집니다.

04 규칙을 찾아 빈칸에 알맞은 모양과 단추 구멍의 수를 차례로 써 보세요.

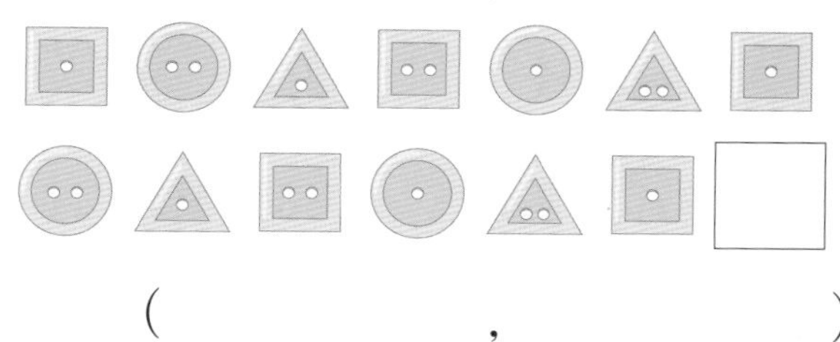

(,)

05~07 **그림을 보고 물음에 답하세요.**

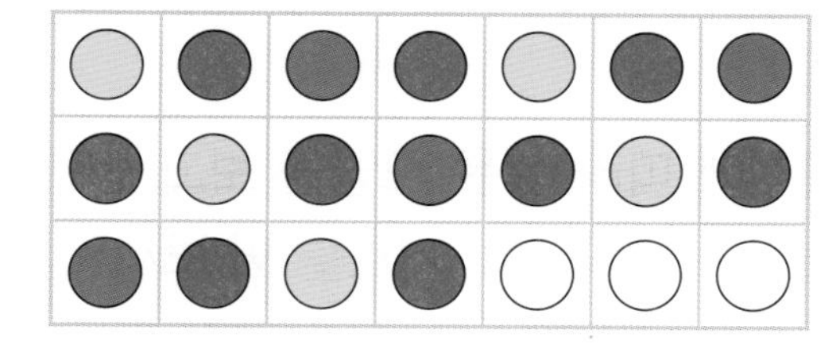

05 규칙을 찾아 ◯ 안을 알맞게 색칠해 보세요.

06 위 그림에서 ◯은 1, ●은 2, ●은 3으로 바꾸어 나타내 보세요.

07 06의 규칙을 바르게 설명한 것의 기호를 써 보세요.

㉠ 1, 2, 3, 2가 반복됩니다.
㉡ 1, 3, 3, 2가 반복됩니다.

( )

08 규칙을 찾아 그림을 완성해 보세요.

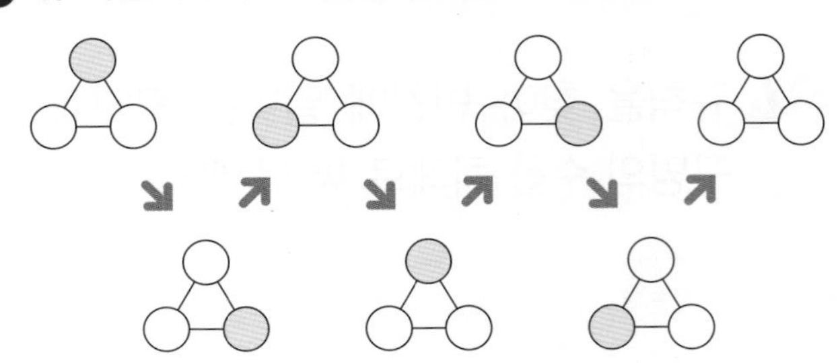

09 규칙을 찾아 빈칸에 알맞은 모양을 그려 넣으세요.

□	△	□	□	△	△	□	□
□	△	△	△	□	□		

10 규칙에 따라 쌓은 모양을 보고 빈칸에 들어갈 모양을 찾아 기호를 써 보세요.

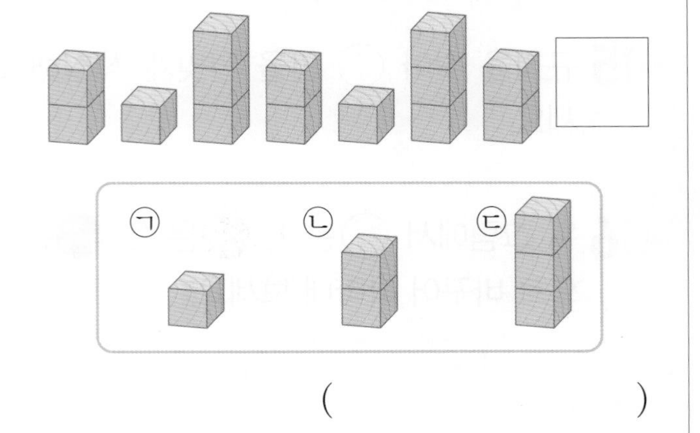

(　　　　　　　　)

11 규칙에 따라 쌓은 모양에 ○표 하세요.

쌓기나무의 수가 왼쪽에서 오른쪽으로 1개, 2개, 1개씩 반복됩니다.

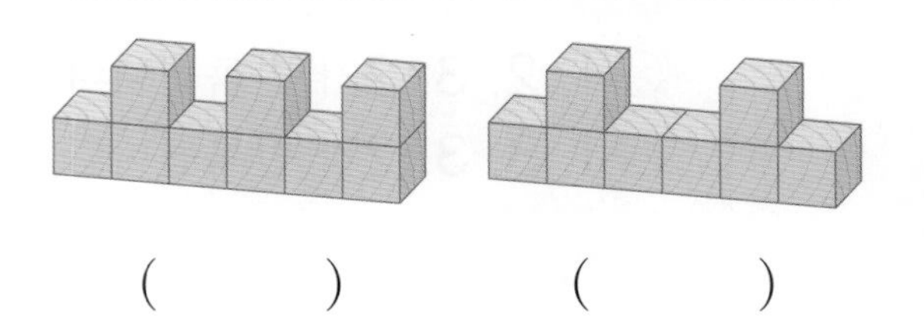

(　　　)　　(　　　)

| 12~13 | 덧셈표를 보고 물음에 답하세요.

+	2	3	4	5
3	5	6	7	8
4	6	7	㉠	9
5	7	8	9	㉡
6	8	9	㉢	11

12 덧셈표에서 찾을 수 있는 규칙을 잘못 설명한 사람의 이름을 써 보세요.

나래: 아래쪽으로 내려갈수록 1씩 커져.
가현: ▭으로 색칠한 수는 모두 같아.

(　　　　　　　　)

13 ㉠, ㉡, ㉢ 중 수가 다른 하나를 찾아 기호를 써 보세요.

(　　　　　　　　)

14 곱셈표를 완성하고, ▭으로 색칠한 수의 규칙을 찾아 써 보세요.

×	1	3	5	7	9
1	1	3	5		
3	3	9	15		
5	5	15	25		
7					
9					

15 곱셈표에서 규칙을 찾아 빈칸에 알맞은 수를 써넣으세요.

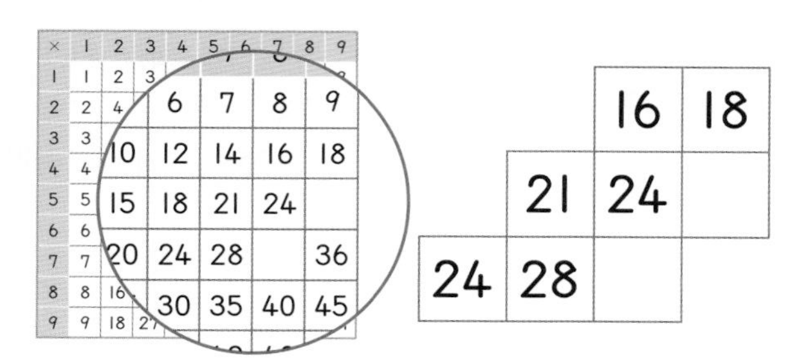

16 어느 승강기 안에 있는 버튼 일부가 닳아서 보이지 않습니다. 17층에 가려고 할 때 눌러야 하는 버튼을 찾아 ○표 하세요.

서술형

17 규칙에 따라 쌓기나무를 쌓았습니다. 다섯 번째 모양을 만드는 데 필요한 쌓기나무는 모두 몇 개인지 풀이 과정을 쓰고, 답을 구해 보세요.

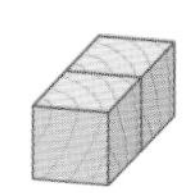 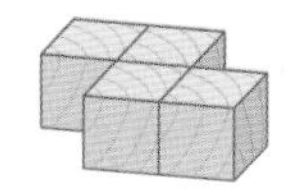 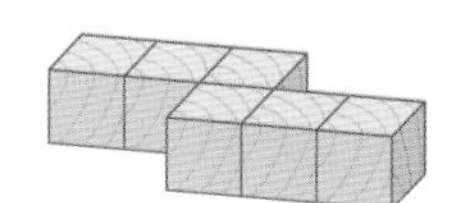

첫 번째

답

18 어느 해의 1월 달력이 찢어졌습니다. 이달의 마지막 목요일은 며칠인지 구해 보세요.

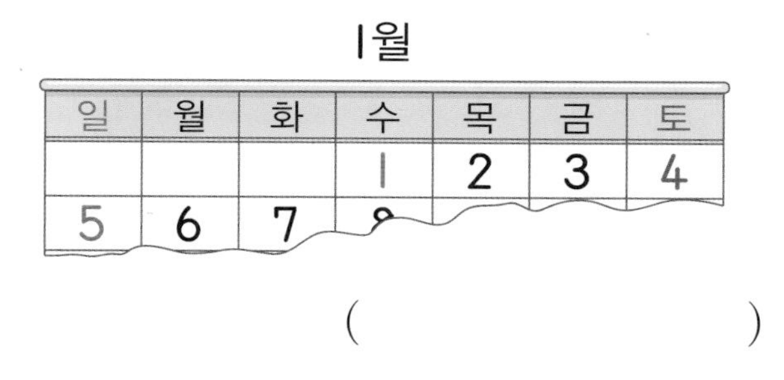

(　　　　　　　　)

| 19~20 | **공연장 의자 번호를 보고 물음에 답하세요.**

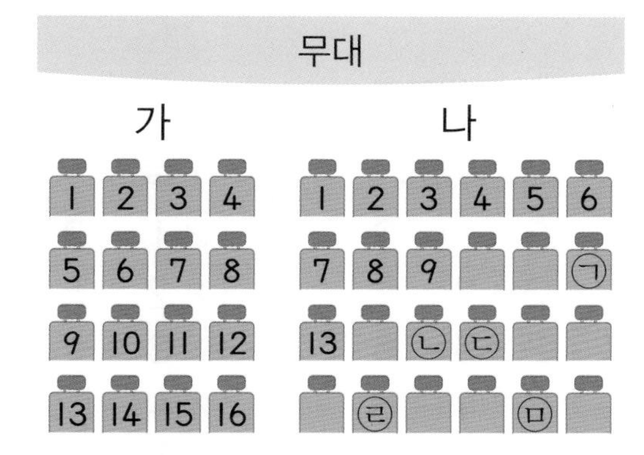

19 가 구역 의자 번호의 규칙을 찾아 써 보세요.

서술형

20 휘서의 의자 번호는 '나 구역 20번'입니다. 휘서의 자리를 찾아 기호를 쓰려고 합니다. 풀이 과정을 쓰고, 답을 구해 보세요.

답

6 단원

2학기

총정리 개념

1단원 네 자리 수

천 모형	백 모형	십 모형	일 모형
1000이 1개	100이 3개	10이 6개	1이 4개
1	3	6	4
천의 자리 숫자 1은 1000을 나타내.	백의 자리 숫자 3은 300을 나타내.	십의 자리 숫자 6은 60을 나타내.	일의 자리 숫자 4는 4를 나타내.

➔ 1364=1000+300+60+4

다음에 배워요
- 만, 십만, 백만, 천만
- 억, 조
- 큰 수의 크기 비교하기

2단원 곱셈구구

2단 곱셈구구	3단 곱셈구구		9단 곱셈구구
2×1=2	3×1=3		9×1=9
2×2=4	3×2=6		9×2=18
2×3=6	3×3=9		9×3=27
2×4=8	3×4=12		9×4=36
2×5=10	3×5=15	……	9×5=45
2×6=12	3×6=18		9×6=54
2×7=14	3×7=21		9×7=63
2×8=16	3×8=24		9×8=72
2×9=18	3×9=27		9×9=81
+2씩	+3씩		+9씩

➔ ■단 곱셈구구의 곱은 ■씩 커집니다.

다음에 배워요
- 나눗셈
- 곱셈과 나눗셈의 관계
- (두 자리 수) ×(한 자리 수)

3단원 길이 재기

100 cm는 1 m와 같습니다. 쓰기 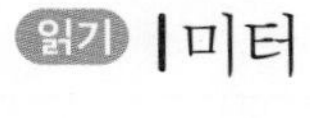 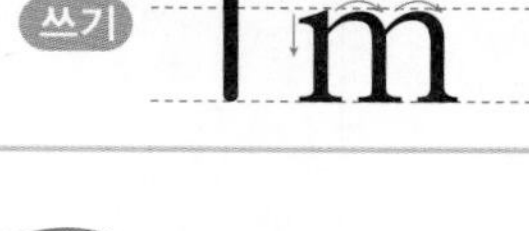

읽기 1 미터

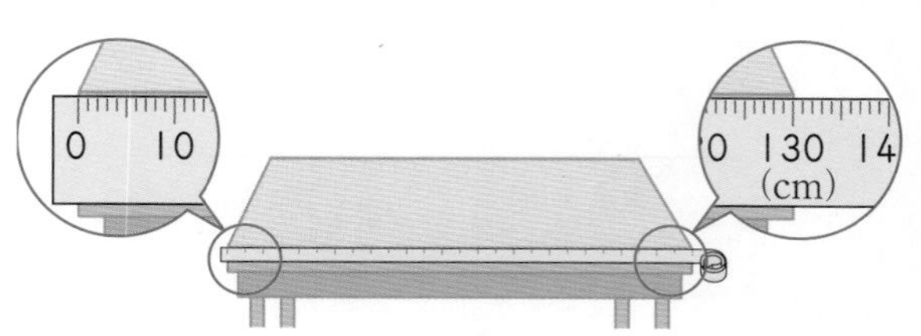

130 cm=1 m 30 cm

다음에 배워요
- 1 mm
- 1 km
- 길이 어림하기

4단원 시각과 시간

- 시계에서 긴바늘이 가리키는 작은 눈금 한 칸은 1분을 나타냅니다.
- 시계의 긴바늘이 한 바퀴 도는 데 걸린 시간은 60분입니다.
- 오전: 전날 밤 12시부터 낮 12시까지
  오후: 낮 12시부터 밤 12시까지

60분=1시간 | 1일=24시간 | 1주일=7일 | 1년=12개월

다음에 배워요
- 1초
- 시간의 덧셈과 뺄셈

5단원 표와 그래프

민지네 모둠 학생들이 좋아하는 동물

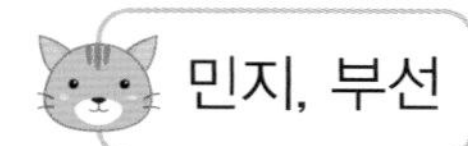

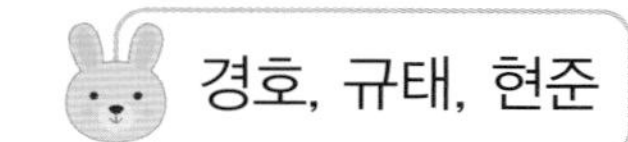

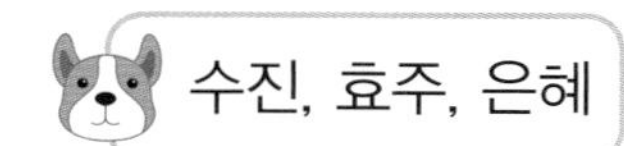

민지네 모둠 학생들이 좋아하는 동물별 학생 수

동물	고양이	토끼	강아지	합계
학생 수(명)	2	3	3	8

민지네 모둠 학생 수는 8명이야.

민지네 모둠 학생들이 좋아하는 동물별 학생 수

3		○	○
2	○	○	○
1	○	○	○
학생 수(명) / 동물	고양이	토끼	강아지

가장 적은 학생들이 좋아하는 동물은 고양이야.

다음에 배워요
- 그림그래프

6단원 규칙 찾기

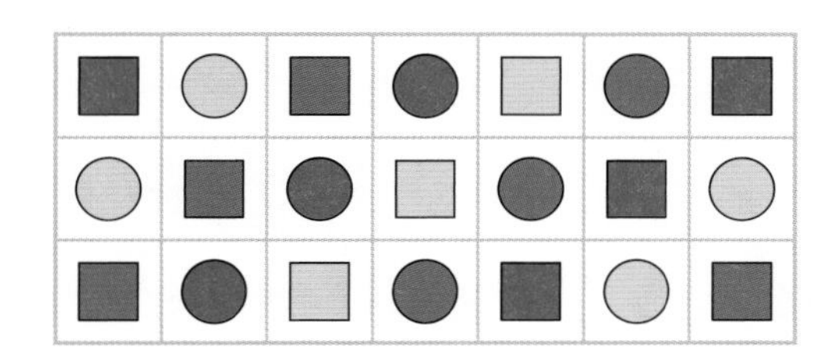

[규칙] 빨간색, 노란색, 초록색이 반복됩니다.
[규칙] 사각형, 원이 반복됩니다.

+	5	6	7
5	10	11	12
6	11	12	13
7	12	13	14

[규칙] 색칠한 수는 오른쪽으로 갈수록 1씩 커집니다.

다음에 배워요
- 규칙을 수나 식으로 나타내기
- 계산식의 배열에서 계산 결과 규칙 찾기

MEMO

평가북

백점 수학 2·2

초등학교 학년 반 번 이름

백점

수학 2·2

해설북

- 한눈에 보이는 **정확한 답**
- 한번에 이해되는 **자세한 풀이**

모바일 빠른 정답

동아출판

차례

백점 수학 빠른 정답

QR코드를 찍으면 **정답과 풀이**를 쉽고 빠르게 확인할 수 있습니다.

모바일 빠른 정답

1. 네 자리 수

1회 개념 학습 6~7쪽

확인1 1000, 천 확인2 6000

1 1, 1000

2 (1) 990, 1000 (2) 998, 1000

3 3000, 삼천

4

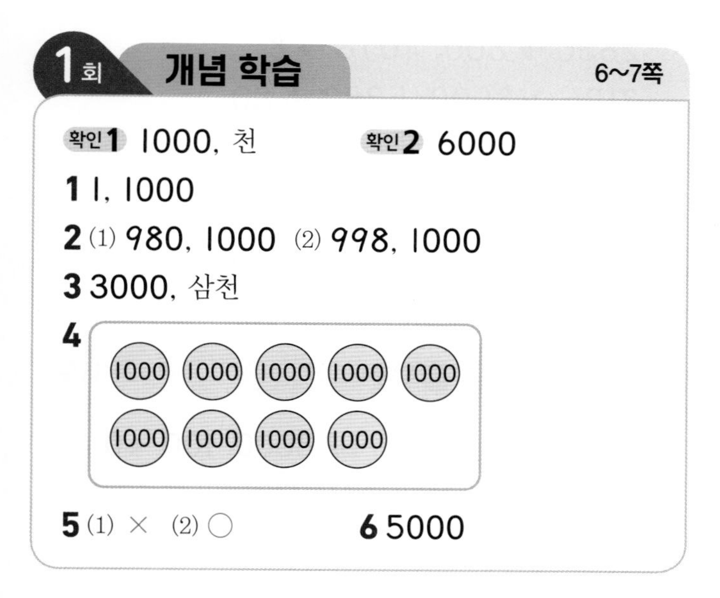

5 (1) × (2) ○ 6 5000

2 (1) 990보다 10만큼 더 큰 수는 1000입니다.
(2) 999보다 1만큼 더 큰 수는 1000입니다.

3 1000이 3개이면 3000이고, 삼천이라고 읽습니다.

4 9000은 1000이 9개인 수이므로 (1000)을 9개 색칠합니다.

5 (1) 1000이 5개이면 5000입니다.

6 100이 10개이면 1000이 1개인 것과 같습니다.
→ 1000이 5개이면 5000이므로 돈은 모두 5000원입니다.

1회 문제 학습 8~9쪽

01 (1) 200 (2) 300 02 ①

03 8000개 04 400원

05 (선 잇기)

06 예 나는 1000원으로 초콜릿을 사 먹었어.

07 4개 08 7000개

09 ❶ 4000, 4000, 3000 ❷ ㉢ 답 ㉢

10 ❶ ㉠은 5000, ㉡은 4000, ㉢은 4000을 나타냅니다.
❷ 따라서 나타내는 수가 다른 하나는 ㉠입니다. 답 ㉠

01 (1) 800에서 100만큼 2번 가면 1000이므로 1000은 800보다 200만큼 더 큰 수입니다.
(2) 700에서 100만큼 3번 가면 1000이므로 700보다 300만큼 더 큰 수는 1000입니다.

02 ① 990보다 1만큼 더 큰 수는 991입니다.

03 병은 모두 8개입니다.
→ 1000이 8개이면 8000이므로 사탕은 모두 8000개입니다.

04 1000은 100이 10개인 수입니다.

100원짜리 동전 10개를 묶으면 100원짜리 동전 4개가 남으므로 남는 돈은 400원입니다.

05 • 200은 800이 더 있어야 1000이 됩니다.
• 600은 400이 더 있어야 1000이 됩니다.
• 300은 700이 더 있어야 1000이 됩니다.

06 [평가 기준] 1000을 이용하여 문장을 만든 경우 정답으로 인정합니다.

07 100이 10개이면 1000이 1개인 것과 같고, 5000은 1000이 5개인 수입니다.
→ 1000이 4개 더 있어야 5000이 되므로 (1000)을 4개 그려야 합니다.

08 100이 70개이면 7000입니다.
따라서 준호가 봉사 활동에 참여하여 배달한 연탄은 모두 7000개입니다.
참고 100이 10개이면 1000입니다.
→ 100이 70개이면 7000입니다.

09

채점 기준			
	❶ ㉠, ㉡, ㉢이 나타내는 수를 각각 구한 경우	3점	5점
	❷ 나타내는 수가 다른 하나를 찾아 기호를 쓴 경우	2점	

10

채점 기준			
	❶ ㉠, ㉡, ㉢이 나타내는 수를 각각 구한 경우	3점	5점
	❷ 나타내는 수가 다른 하나를 찾아 기호를 쓴 경우	2점	

2회 개념 학습 10~11쪽

확인1 4257 확인2 7, 7000
1 3, 3, 2, 6 / 3326 2 팔천구백삼
3 (위에서부터) 3, 5, 9, 8 / 3000, 500, 90, 8
4 6, 4 5 (1) 70 (2) 7000
6 8126

1 1000이 3개, 100이 3개, 10이 2개, 1이 6개이면 3326입니다.
참고 1000이 ■개, 100이 ▲개, 10이 ●개, 1이 ◆개이면 ■▲●◆입니다.

2 8 9 0 3
팔천 구백 × 삼
참고 십의 자리 숫자가 0이므로 그 자리는 읽지 않습니다.

3 • 천의 자리 숫자는 3이고, 3000을 나타냅니다.
• 백의 자리 숫자는 5이고, 500을 나타냅니다.
• 십의 자리 숫자는 9이고, 90을 나타냅니다.
• 일의 자리 숫자는 8이고, 8을 나타냅니다.

4 6247은 1000이 6개, 100이 2개, 10이 4개, 1이 7개인 수입니다.

5 (1) 7은 십의 자리 숫자이므로 70을 나타냅니다.
(2) 7은 천의 자리 숫자이므로 7000을 나타냅니다.

6 숫자 8이 나타내는 수를 각각 알아봅니다.
2830 → 800, 4078 → 8,
8126 → 8000, 5983 → 80

2회 문제 학습 12~13쪽

01 4326 02 8000, 100, 40
03 ( ) (○) ( ) 04 ②, ③
05 9092 8399 9459
06 예 1000 1000 10 1 1 1
07 4625 08 ㉡
09 예 1763
10 ❶ 백, 800 ❷ 일, 8 답 800, 8
11 ❶ ㉠의 숫자 7은 천의 자리 숫자이므로 7000을 나타냅니다.
❷ ㉡의 숫자 7은 일의 자리 숫자이므로 7을 나타냅니다. 답 7000, 7

01 천 모형이 4개, 백 모형이 3개, 십 모형이 2개, 일 모형이 6개이면 4326입니다.

02 8146에서
천의 자리 숫자 8은 8000을,
백의 자리 숫자 1은 100을,
십의 자리 숫자 4는 40을,
일의 자리 숫자 6은 6을 나타냅니다.
→ 8146=8000+100+40+6

03 백의 자리 숫자를 각각 알아봅니다.
2418 → 4, 5104 → 1, 9073 → 0

04 각각 수로 나타내 0을 몇 개 쓰는지 알아봅니다.
① 8000 → 3개 ② 3006 → 2개
③ 9020 → 2개 ④ 5069 → 1개
⑤ 7450 → 1개
따라서 수로 나타낼 때 0을 2개 써야 하는 것은 ②, ③입니다.

05 • 9092는 구천구십이라고 읽습니다.
• 8399는 팔천삼백구십구라고 읽습니다.
• 9459는 구천사백오십구라고 읽습니다.

06 2013은 1000이 2개, 10이 1개, 1이 3개인 수와 같습니다.
→ (1000)을 2개, (10)을 1개, (1)을 3개 그립니다.
[평가 기준] (10)을 1개 그리지 않고 (1)을 13개 그리는 경우도 정답으로 인정합니다.

07 숫자 4가 나타내는 수를 각각 알아봅니다.
4625 → 4000, 1004 → 4,
9480 → 400, 5743 → 40
따라서 숫자 4가 나타내는 수가 가장 큰 것은 4625입니다.

08 ㉡ 1000이 2개, 100이 4개, 1이 9개인 수입니다.
따라서 잘못된 것은 ㉡입니다.

09 십의 자리 숫자가 60을 나타내므로 십의 자리 숫자는 6입니다.
→ □□6□
따라서 만들 수 있는 네 자리 수는 1367, 1763, 3167, 3761, 7163, 7361입니다.
[평가 기준] 위의 6개의 네 자리 수 중 하나를 답으로 쓴 경우 정답으로 인정합니다.

10

채점 기준			
	❶ ㉠이 나타내는 수를 구한 경우	3점	5점
	❷ ㉡이 나타내는 수를 구한 경우	2점	

11

채점 기준			
	❶ ㉠이 나타내는 수를 구한 경우	3점	5점
	❷ ㉡이 나타내는 수를 구한 경우	2점	

3회 개념 학습 14~15쪽

확인 1 6500, 8500
확인 2 <
1 2379 - 2479 - 2579 - 2679 - 2779 - 2879
2 8420 - 8430 - 8440 - 8450 - 8460 - 8470
3 9, 5, 1, 8 / > 4 채아
5 1000 6 (1) > (2) <

1 100씩 뛰어 세면 백의 자리 수가 1씩 커집니다.
→ 2379 − 2479 − 2579 − 2679 − 2779 − 2879

2 10씩 뛰어 세면 십의 자리 수가 1씩 커집니다.
→ 8420 − 8430 − 8440 − 8450 − 8460 − 8470

3 9742와 9518의 천의 자리 수가 같으므로 백의 자리 수를 비교하면 7>5입니다.
→ 9742>9518

4 네 자리 수의 크기를 비교할 때에는 천, 백, 십, 일의 자리 순서로 비교해야 합니다.
따라서 바르게 말한 사람은 채아입니다.

5 천의 자리 수가 1씩 커지므로 1000씩 뛰어 센 것입니다.

6 (1) 4152와 3428의 천의 자리 수를 비교하면 4>3입니다.
→ 4152>3428
(2) 6031과 6035의 천의 자리, 백의 자리, 십의 자리 수가 같으므로 일의 자리 수를 비교하면 1<5입니다.
→ 6031<6035

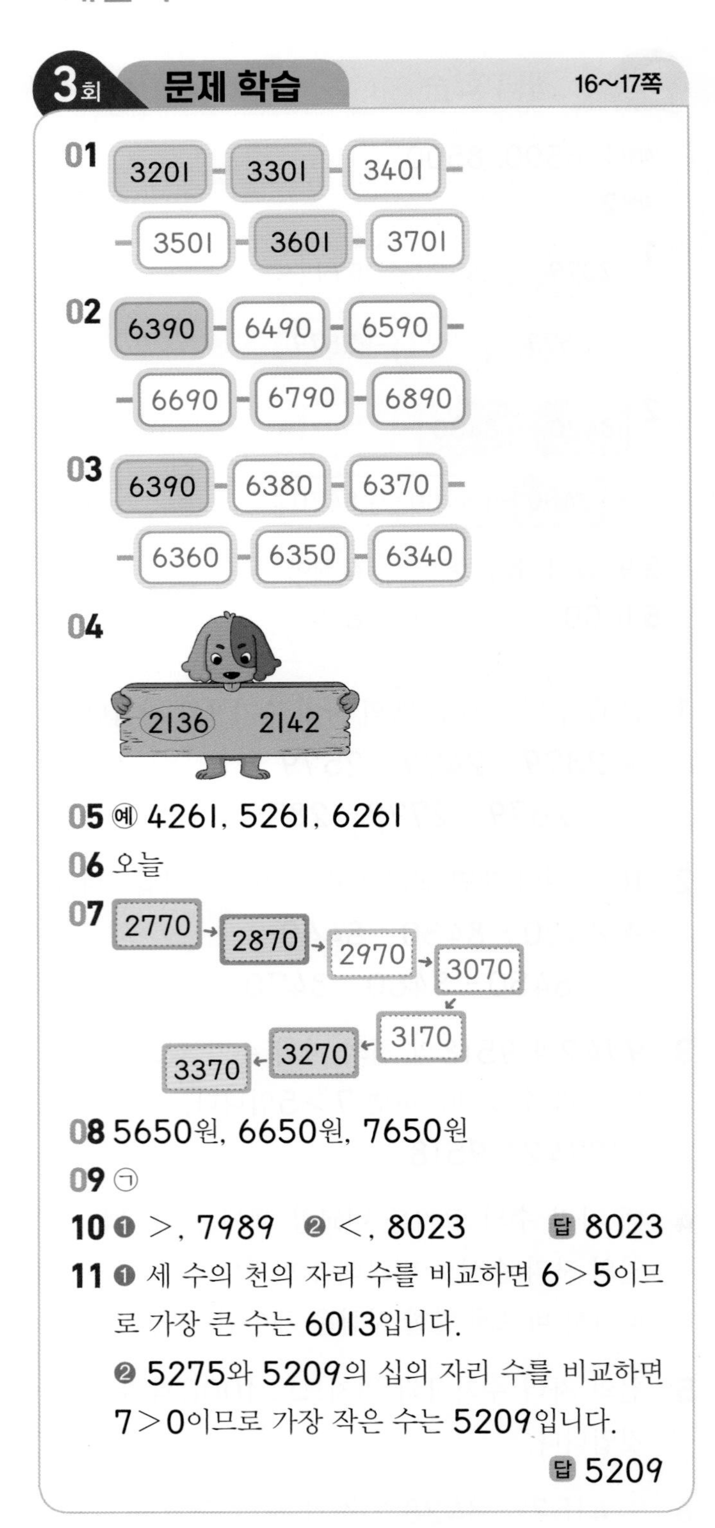

3회 문제 학습 16~17쪽

01 3201 - 3301 - 3401 - 3501 - 3601 - 3701

02 6390 - 6490 - 6590 - 6690 - 6790 - 6890

03 6390 - 6380 - 6370 - 6360 - 6350 - 6340

04 2136 2142

05 예 4261, 5261, 6261

06 오늘

07 2770 → 2870 → 2970 → 3070 → 3170 → 3270 → 3370

08 5650원, 6650원, 7650원

09 ㉠

10 ❶ >, 7989 ❷ <, 8023 답 8023

11 ❶ 세 수의 천의 자리 수를 비교하면 $6>5$이므로 가장 큰 수는 6013입니다.
❷ 5275와 5209의 십의 자리 수를 비교하면 $7>0$이므로 가장 작은 수는 5209입니다.
답 5209

01 백의 자리 수가 1씩 커지므로 100씩 뛰어 센 것입니다.

02 100씩 뛰어 세면 백의 자리 수가 1씩 커집니다.

03 10씩 거꾸로 뛰어 세면 십의 자리 수가 1씩 작아집니다.

04 2136과 2142의 천의 자리, 백의 자리 수가 같으므로 십의 자리 수를 비교하면 $3<4$입니다.
➔ $2136<2142$

05 • 1씩 뛰어 센 경우:
3261 − 3262 − 3263 − 3264
• 10씩 뛰어 센 경우:
3261 − 3271 − 3281 − 3291
• 100씩 뛰어 센 경우:
3261 − 3361 − 3461 − 3561
• 1000씩 뛰어 센 경우:
3261 − 4261 − 5261 − 6261
[평가 기준] 일정한 수로 알맞게 뛰어 센 경우 정답으로 인정합니다.

06 2845와 2887의 천의 자리, 백의 자리 수가 같으므로 십의 자리 수를 비교하면 $4<8$입니다.
➔ $2845<2887$
따라서 누리집에 방문한 사람 수가 더 많은 날은 오늘입니다.

07 100씩 뛰어 세면 백의 자리 수가 1씩 커집니다.

08 한 달에 1000원씩 저금하므로 4650에서 1000씩 뛰어 셉니다.
1000씩 뛰어 세면 천의 자리 수가 1씩 커집니다.
➔ 4650 − 5650 − 6650 − 7650

09 ㉠ 3279입니다.
㉡ 삼천백일을 수로 쓰면 3101입니다.
3279와 3101의 천의 자리 수가 같으므로 백의 자리 수를 비교하면 $2>1$입니다.
➔ $3279>3101$
따라서 나타내는 수가 더 큰 것은 ㉠입니다.

10

채점 기준			
	❶ 가장 작은 수를 구한 경우	3점	5점
	❷ 가장 큰 수를 구한 경우	2점	

11

채점 기준			
	❶ 가장 큰 수를 구한 경우	3점	5점
	❷ 가장 작은 수를 구한 경우	2점	

4회 응용 학습 18~21쪽

01 1단계 예

2단계 2200원

02 2500원	03 2100원
04 1단계 4520	2단계 4820
05 7128	06 1698
07 1단계 9, 8, 6, 2	2단계 9862
08 2358	09 7410, 1047
10 1단계 >	2단계 6, 7, 8, 9
11 0, 1, 2, 3	12 4

01 1단계 천 원짜리 지폐 1장, 백 원짜리 동전 5개를 /으로 지웁니다.

2단계 크림빵 한 개의 가격만큼 지우고 남은 돈은 천 원짜리 지폐 2장, 백 원짜리 동전 2개이므로 피자빵의 가격은 2200원입니다.

02 천 원짜리 지폐 2장, 백 원짜리 동전 3개를 /으로 지우고 남은 돈은 천 원짜리 지폐 2장, 백 원짜리 동전 5개이므로 가위의 가격은 2500원입니다.

참고

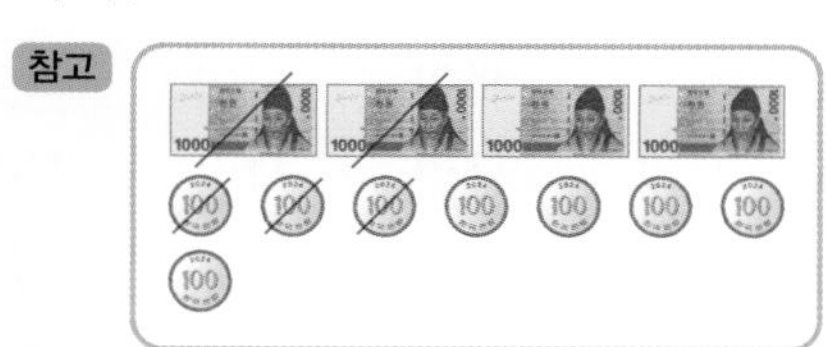

03 천 원짜리 지폐 1장과 백 원짜리 동전 4개를 /으로 지우고, 천 원짜리 지폐 2장과 백 원짜리 동전 2개를 ×로 지우면 남은 돈은 천 원짜리 지폐 2장과 백 원짜리 동전 1개이므로 바나나우유의 가격은 2100원입니다.

참고

04 1단계 1000이 4개, 100이 5개, 10이 2개이므로 4520입니다.

2단계 100씩 뛰어 세면 백의 자리 수가 1씩 커집니다.

→ 4520−4620−4720−4820

05 천의 자리 숫자가 7, 백의 자리 숫자가 5, 십의 자리 숫자가 2, 일의 자리 숫자가 8인 네 자리 수는 7528입니다.

100씩 거꾸로 뛰어 세면 백의 자리 수가 1씩 작아집니다.

→ 7528−7428−7328−7228−7128

06 • 1000보다 크고 2000보다 작으므로 1□□□입니다.

• 백의 자리 숫자는 600을 나타내므로 16□□입니다.

• 십의 자리 숫자는 4, 일의 자리 숫자는 8이므로 1648입니다.

10씩 뛰어 세면 십의 자리 수가 1씩 커집니다.

→ 1648−1658−1668−1678−1688−1698

07 2단계 9>8>6>2이므로 만들 수 있는 네 자리 수 중 가장 큰 수는 9862입니다.

08 2<3<5<8이므로 만들 수 있는 네 자리 수 중 가장 작은 수는 2358입니다.

09 수의 크기를 비교하면 7>4>1>0입니다.

따라서 만들 수 있는 네 자리 수 중 가장 큰 수는 7410이고, 가장 작은 수는 1047입니다.

참고 가장 작은 네 자리 수를 만들 때 천의 자리에 0은 올 수 없으므로 둘째로 작은 수인 1을 천의 자리에 놓아야 합니다.

10 2단계 두 수의 일의 자리 수를 비교하면 3>1이므로 □ 안에 5보다 큰 수가 들어가야 합니다.

따라서 □ 안에 들어갈 수 있는 수는 6, 7, 8, 9입니다.

개념북 1단원

11 두 수의 천의 자리 수가 같고, 십의 자리 수를 비교하면 9 > 5입니다.
→ □ 안에 4보다 작은 수가 들어가야 합니다.
따라서 □ 안에 들어갈 수 있는 수는 0, 1, 2, 3입니다.

12 두 수의 천의 자리, 백의 자리 수는 같고, 일의 자리 수를 비교하면 8 > 3입니다.
→ □ 안에 5보다 작은 수가 들어가야 합니다.
따라서 □ 안에 들어갈 수 있는 수는 0, 1, 2, 3, 4이고, 이 중 가장 큰 수는 4입니다.

5회 마무리 평가 22~25쪽

01 1000, 천 **02** 3000원
03 4, 9 **04** 9, 9000
05 8641 - 8651 - 8661 - 8671 - 8681 - 8691
06 > **07** 100 / 10
08 •——• / •——•
09 ❶ ㉠은 100, ㉡은 1000, ㉢은 1000을 나타냅니다.
❷ 따라서 나타내는 수가 다른 하나는 ㉠입니다.
답 ㉠
10 서진 **11** 9000개
12 육천삼십 **13** 6580원
14 ① (1000) (10) (1000) (100) ① (1000) (10) (100) (10) ① (100)
15 ㉠
16 2285 - 3285 - 4285 - 5285 - 6285 - 7285
17 희망 **18** >
19 2174 **20** 9425, 5429
21 3개 **22** 7, 8, 9
23 ❶ 세 수의 천의 자리 수를 비교하면 4 > 1이므로 가장 작은 수는 1985입니다.
❷ 4913과 4802의 백의 자리 수를 비교하면 9 > 8이므로 가장 큰 수는 4913입니다.
답 4913
24 5잔
25 ❶ 예 코코아는 천 원짜리 지폐 5장, 우유는 천 원짜리 지폐 1장이 필요하므로 6000원으로 코코아 1잔과 우유 1잔을 살 수 있습니다.
❷ 예 홍차는 천 원짜리 지폐 4장, 콜라는 천 원짜리 지폐 2장이 필요하므로 6000원으로 홍차 1잔과 콜라 1잔을 살 수 있습니다.

01 100이 10개이면 1000입니다.
1000은 천이라고 읽습니다.

02 1000이 3개이면 3000이므로 돈은 모두 3000원입니다.

03 4596은 1000이 4개, 100이 5개, 10이 9개, 1이 6개인 수입니다.

04

	천의 자리	백의 자리	십의 자리	일의 자리
숫자	9	4	2	7
나타내는 수	9000	400	20	7

05 10씩 뛰어 세면 십의 자리 수가 1씩 커집니다.

06 (1000)이 더 많은 것이 더 큰 수입니다.
→ 3200 > 2300

07 • 1000은 900보다 100만큼 더 큰 수입니다.
• 1000은 990보다 10만큼 더 큰 수입니다.

08 • 400은 600이 더 있어야 1000이 됩니다.
• 200은 800이 더 있어야 1000이 됩니다.

09

채점 기준			
	❶ ㉠, ㉡, ㉢이 나타내는 수를 각각 구한 경우	2점	4점
	❷ 나타내는 수가 다른 하나를 찾아 기호를 쓴 경우	2점	

10 100이 80개이면 8000입니다.
따라서 바르게 설명한 사람은 서진이입니다.

11 통은 모두 9개이고, 1000이 9개이면 9000입니다.
따라서 빨대는 모두 9000개입니다.

12 각각 수로 나타내 0을 몇 개 쓰는지 알아봅니다.
- 칠천이백구: 7209 ➔ 1개
- 육천삼십: 6030 ➔ 2개
- 이천십오: 2015 ➔ 1개

13 1000이 6개, 100이 5개, 10이 8개이면 6580입니다.
따라서 유주가 낸 돈은 모두 6580원입니다.

14 밑줄 친 숫자 3은 십의 자리 숫자이므로 30을 나타냅니다.
➔ ⑩을 3개 색칠합니다.

15 숫자 5가 나타내는 수를 각각 알아봅니다.
㉠ 9265 ➔ 5 ㉡ 2754 ➔ 50
㉢ 5476 ➔ 5000 ㉣ 8523 ➔ 500
따라서 숫자 5가 나타내는 수가 가장 작은 것은 ㉠입니다.

16 천의 자리 수가 1씩 커지므로 1000씩 뛰어 센 것입니다.

17 ① 3024 − 4024 − 5024 − 6024
➔ 5024에 해당하는 글자는 '희'입니다.
② 6130 − 6131 − 6132 − 6133
➔ 6133에 해당하는 글자는 '망'입니다.
따라서 숨겨진 낱말은 '희망'입니다.

18 3800과 3490의 천의 자리 수가 같으므로 백의 자리 수를 비교하면 $8>4$입니다.
➔ $3800>3490$

19 리아 대기표의 수는 2174, 채율이 대기표의 수는 2183입니다.
2174와 2183의 천의 자리, 백의 자리 수가 같으므로 십의 자리 수를 비교하면 $7<8$입니다.
➔ $2174<2183$
따라서 더 작은 수는 2174입니다.

20 백의 자리 숫자가 400을 나타내므로 4이고, 십의 자리 숫자가 20을 나타내므로 2입니다.
➔ □42□
따라서 만들 수 있는 네 자리 수는 9425, 5429입니다.

21 천의 자리 숫자가 2, 백의 자리 숫자가 4인 네 자리 수는 24□□입니다.
2496보다 큰 24□□는 2497, 2498, 2499로 모두 3개입니다.

22 8□45와 8697의 천의 자리 수가 같고, 십의 자리 수를 비교하면 $4<9$입니다.
➔ □ 안에 6보다 큰 수가 들어가야 합니다.
따라서 □ 안에 들어갈 수 있는 수는 7, 8, 9입니다.

23

채점 기준			
	❶ 가장 작은 수를 구한 경우	2점	4점
	❷ 가장 큰 수를 구한 경우	2점	

24 5000은 1000이 5개인 수입니다.
따라서 서아는 1000원짜리 우유를 5잔까지 살 수 있습니다.

25

채점 기준			
	❶ 음료수를 살 수 있는 방법을 한 가지 설명한 경우	2점	4점
	❷ 음료수를 살 수 있는 다른 방법을 설명한 경우	2점	

참고 천 원짜리 지폐가 몇 장 필요한지 각각 알아보면
홍차: 4장, 아이스티: 3장, 콜라: 2장, 코코아: 5장,
우유: 1장, 레모네이드: 2장입니다.

[평가 기준] '코코아 1잔과 우유 1잔, 홍차 1잔과 콜라 1잔, 홍차 1잔과 레모네이드 1잔, 아이스티 2잔'을 사는 방법을 설명한 경우 정답으로 인정합니다.

개념북 1단원

2. 곱셈구구

1회 개념 학습 28~29쪽

확인1 12 / 6, 12 확인2 15 / 3, 15

1 2

2 (1) 5, 5, 5 / 25 (2) (위에서부터) 5, 25

3 16

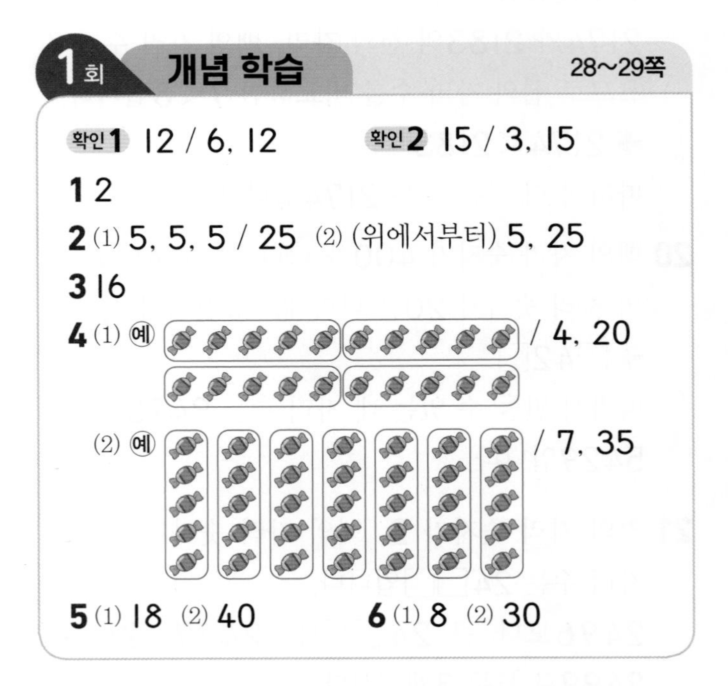

4 (1) 예 / 4, 20

(2) 예 / 7, 35

5 (1) 18 (2) 40 6 (1) 8 (2) 30

1 2×2는 2×1보다 2씩 1묶음이 더 있으므로 2만큼 더 큽니다.

2 (2) 5×5는 5×4보다 5만큼 더 크므로 5×4에 5를 더해서 계산합니다.

3 2씩 8묶음 ➔ 2×8=16

4 (1) 5개씩 묶으면 4묶음이므로 5씩 4묶음입니다. ➔ 5×4=20

(2) 5개씩 묶으면 7묶음이므로 5씩 7묶음입니다. ➔ 5×7=35

6 (1) 2×4=8

(2) 5×6=30

1회 문제 학습 30~31쪽

01 (1) 3, 6 (2) 4, 20 02 5, 15, 45

03

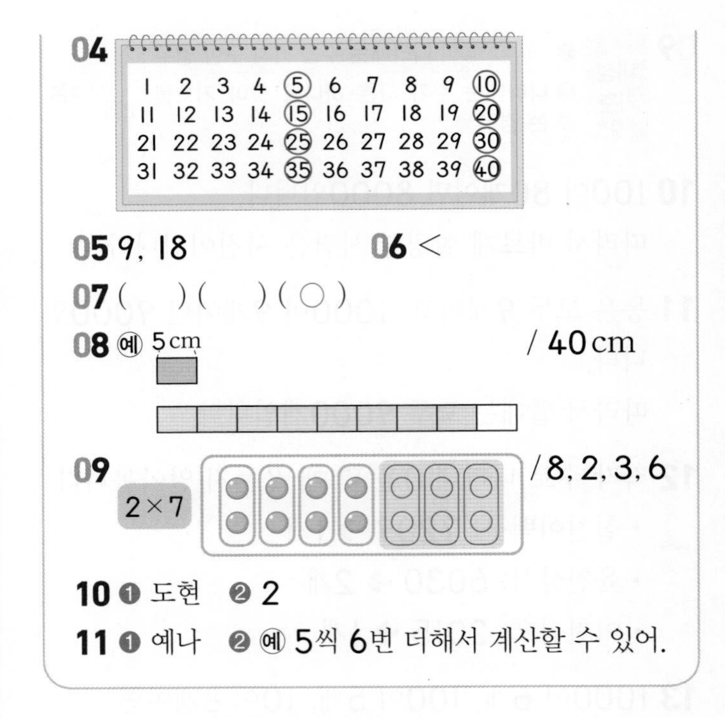

04

05 9, 18 06 <

07 ( ) ( ) (○)

08 예 / 40 cm

09 /8, 2, 3, 6

10 ❶ 도현 ❷ 2

11 ❶ 예나 ❷ 예 5씩 6번 더해서 계산할 수 있어.

01 (1) 2씩 3묶음 ➔ 2×3=6

(2) 5씩 4묶음 ➔ 5×4=20

02 5×1=5, 5×3=15, 5×9=45

03 2×5=10, 2×6=12, 2×8=16

04 40까지의 수 중에서 5단 곱셈구구의 값은 5, 10, 15, 20, 25, 30, 35, 40입니다.

05 2씩 9묶음 ➔ 2×9=18

06 5×7=35 ➔ 35<40

07 2×5=10, 2×6=12, 2×7=14

08 예 5 cm짜리 막대를 8칸 색칠했으므로 색칠한 막대의 길이는 5×8=40 (cm)입니다.

[평가 기준] ■칸만큼 색칠하고, 5×■로 곱셈식을 나타내 색칠한 막대의 길이를 구한 경우 정답으로 인정합니다.

09 2×4=8이고, 2×7은 2×4보다 2씩 3묶음이 더 많으므로 6만큼 더 큽니다.

10

채점 기준			
	❶ 잘못 말한 사람의 이름을 쓴 경우	3점	5점
	❷ 바르게 고쳐 쓴 경우	2점	

11

채점 기준			
	❶ 잘못 말한 사람의 이름을 쓴 경우	3점	5점
	❷ 바르게 고쳐 쓴 경우	2점	

2회 개념 학습 32~33쪽

확인1 12 / 4, 12　확인2 30 / 5, 30
1 6
2 (1) 3, 3, 3 / 18 (2) (위에서부터) 3, 18
3 18　4 2, 2, 12 / 6
5 (1) 6 (2) 36　6 (1) 27 (2) 42

1 곱하는 수가 4, 5, 6으로 1씩 커지면 곱은 24, 30, 36으로 6씩 커집니다.

3 6씩 3묶음 → $6\times3=18$

6 (1) $3\times9=27$
(2) $6\times7=42$

2회 문제 학습 34~35쪽

01 (1) 3, 9 (2) 5, 30　02 (위에서부터) 42, 54
03

04 4, 24　05 ( ) (○)
06 (위에서부터) 6, 18 / 6, 18
07 ㉢　08 27개
09 예 오렌지, 2 / 6, 2, 12
10 ❶ 12, 15 ❷ 12, 15, ㉡ 답 ㉡
11 ❶ 유준: $3\times8=24$, 예나: $6\times6=36$
❷ $24<36$이므로 곱이 더 큰 종이를 들고 있는 사람은 예나입니다. 답 예나

01 (1) 3씩 3묶음 → $3\times3=9$
(2) 6씩 5묶음 → $6\times5=30$

02 $6\times7=42$, $6\times9=54$

03 3단 곱셈구구의 값은 3, 6, 9, 12, 15, 18, 21, 24, 27입니다.

04 벌 한 마리의 다리는 6개입니다.
6씩 4묶음 → $6\times4=24$

05 $3\times7=21$

06 • 3씩 2번 뛰어 센 것은 6씩 1번 뛰어 센 것과 같습니다. → $3\times2=6$, $6\times1=6$
• 3씩 6번 뛰어 센 것은 6씩 3번 뛰어 센 것과 같습니다. → $3\times6=18$, $6\times3=18$

07 ㉢ 6씩 2묶음이므로 6×2의 곱으로 구해야 합니다.
따라서 잘못 설명한 것은 ㉢입니다.

08 3씩 9묶음 → $3\times9=27$
따라서 수영이가 산 사과는 모두 27개입니다.

09 • 사과, ■묶음 → 3×■
• 오렌지, ■묶음 → 6×■
• 포도, ■묶음 → 3×■
• 키위, ■묶음 → 6×■

10
채점 기준			
	❶ ㉠과 ㉡의 곱을 각각 구한 경우	3점	5점
	❷ 곱이 더 큰 것의 기호를 쓴 경우	2점	

11
채점 기준			
	❶ 유준이와 예나의 곱을 각각 구한 경우	3점	5점
	❷ 곱이 더 큰 종이를 들고 있는 사람은 누구인지 구한 경우	2점	

3회 개념 학습 36~37쪽

확인1 24 / 6, 24　확인2 32 / 4, 32
1 4
2 (1) 8, 8, 8 / 24 (2) (위에서부터) 8, 24
3 40　4 (1) 4, 16 (2) 2, 16
5 (1) 8 (2) 72　6 (1) 20 (2) 56

1 4×4는 4×3보다 4씩 1묶음이 더 있으므로 4만큼 더 큽니다.

3 8씩 5묶음 → 8×5=40

4 (1) 4씩 4묶음 → 4×4=16
(2) 8씩 2묶음 → 8×2=16

6 (1) 4×5=20
(2) 8×7=56

3회 문제 학습 38~39쪽

01 (1) 5, 20 (2) 3, 24
02
03
04

1	2	3	(4)	5
6	7	(8)△	9	10
11	(12)	13	14	15
(16)△	17	18	19	(20)
21	22	23	(24)△	25
26	27	(28)	29	30

05 8, 32, 32 / 4, 32, 32
06 > 07 ㉡
08 56, 64
09 24 / 예 8단, 8×3=24이므로 ㉠에 알맞은 수는 24입니다.
10 ❶ 32, 36, 32 ❷ ㉡ 답 ㉡
11 ❶ ㉠ 8×3=24, ㉡ 4×7=28, ㉢ 8×6=48
❷ 따라서 곱이 48인 곱셈구구는 ㉢입니다.
답 ㉢

01 (1) 4씩 5묶음 → 4×5=20
(2) 8씩 3묶음 → 8×3=24

02 4×3=12는 4씩 3묶음이므로 빈 접시에 ○를 4개씩 그립니다.

03 8×9=72, 8×6=48

04 30까지의 수 중에서 4단 곱셈구구의 값은 4, 8, 12, 16, 20, 24, 28이고, 8단 곱셈구구의 값은 8, 16, 24입니다.

05 • 4씩 묶으면 8묶음입니다. → 4×8=32
• 8씩 묶으면 4묶음입니다. → 8×4=32
따라서 꽃은 모두 32송이입니다.

06 8×5=40, 4×7=28
→ 40>28

07 성냥개비의 수: 4씩 5묶음
→ 4×5=20

08 8×7=56, 8×8=64

09 다른 풀이 4단 곱셈구구에서 4×6=24이므로 ㉠에 알맞은 수는 24입니다.

10

채점 기준			
	❶ ㉠, ㉡, ㉢의 곱을 각각 구한 경우	3점	5점
	❷ 곱이 36인 곱셈구구를 찾아 기호를 쓴 경우	2점	

11

채점 기준			
	❶ ㉠, ㉡, ㉢의 곱을 각각 구한 경우	3점	5점
	❷ 곱이 48인 곱셈구구를 찾아 기호를 쓴 경우	2점	

4회 개념 학습 40~41쪽

확인1 28 / 4, 28 확인2 45 / 5, 45
1 7
2 (1) 9, 9, 9 / 36 (2) (위에서부터) 9, 36
3 4, 28 4 27, 18 / 45
5 (1) 35 (2) 54 6 (1) 56 (2) 81

1 곱하는 수가 5, 6, 7로 1씩 커지면 곱은 35, 42, 49로 7씩 커집니다.

3 7씩 4번 뛰어 센 수 ➔ $7\times4=28$

6 (1) $7\times8=56$
(2) $9\times9=81$

4회 문제 학습 42~43쪽

01 (1) 4, 28 (2) 3, 27
02 4, 36
03 7
04 56개
05 지현
06 방법 1 예 9씩 묶으면 3묶음이므로 $9\times3=27$입니다.
방법 2 예 3×3을 3번 더하면 됩니다.
$3\times3=9$이므로 $9+9+9=27$입니다.
07 ㉢
08 8, 5, 6
09 ❶ 6, 6 ❷ 5, 5 답 6, 5
10 ❶ 7단 곱셈구구에서 $7\times9=63$이므로 ㉠에 알맞은 수는 9입니다.
❷ 9단 곱셈구구에서 $9\times5=45$이므로 ㉡에 알맞은 수는 5입니다. 답 9, 5

01 (1) 7씩 4묶음 ➔ $7\times4=28$
(2) 9씩 3묶음 ➔ $9\times3=27$

02 9 cm씩 4번 이동하였으므로 9씩 4묶음입니다.
➔ $9\times4=36$

03 7단 곱셈구구의 값은 7, 14, 21, 28, 35, 42, 49, 56, 63입니다.

11	40	25	1	31	17
10	42	7	49	21	38
2	35	45	29	14	24
18	13	58	15	56	12
51	26	69	62	63	48
43	20	36	47	28	33
16	55	23	9	22	37

04 접은 종이학의 수: 7씩 8묶음
➔ $7\times8=56$
따라서 8일 동안 접은 종이학은 모두 56개입니다.

05 $7\times5=35$이므로 구슬은 모두 35개입니다.
따라서 잘못 말한 사람은 지현이입니다.

06 [평가 기준] ■씩 ▲묶음을 곱셈식으로 나타내고, 도토리의 수가 27인 것을 설명한 경우 정답으로 인정합니다.

07

×	1	2	3	4	5	6	7	8	9
9	9	18	27	36	45	54	63	72	81
	㉠		㉡		㉢				

08 $7\times\square$의 □ 안에 수 카드의 수를 작은 수부터 차례로 넣어봅니다.
$7\times5=35(\times)$, $7\times6=42(\times)$,
$7\times8=56(\bigcirc)$

09

채점 기준	❶ ㉠에 알맞은 수를 구한 경우	3점	5점
	❷ ㉡에 알맞은 수를 구한 경우	2점	

10

채점 기준	❶ ㉠에 알맞은 수를 구한 경우	3점	5점
	❷ ㉡에 알맞은 수를 구한 경우	2점	

5회 개념 학습 44~45쪽

확인 **1** 3
확인 **2** 0
1 (1) 3, 3 (2) 4, 4 (3) 5, 5
2 1
3 (1) 2 (2) 6 (3) 9
4 5, 5 / 0, 0
5 5점
6 0, 0, 0

3 $1\times■=■$

5 $0+5+0=5$(점)

6 0과 어떤 수의 곱은 항상 0입니다.
$0\times2=0$, $0\times6=0$, $0\times8=0$

개념북 2단원

5회 문제 학습 46~47쪽

01 (1) 3, 3 (2) 5, 0 **02** (1) 0 (2) 0

03 (   ) (○)

04 (1× 원: 7, 5, 3, 2, 9 → 7, 5, 3, 2, 9)

05 1, 3, 3

06 8×0, 0×6, 9×0

07 ③

08 ㉠

09 4, 4 / 1, 0 또는 1, 1 / 4, 0

10 0

11 ❶ 5, 4 ❷ 5, 5, 4, 0, 5 답 5점

12 ❶ 고리 4개를 걸었고, 3개는 걸지 못했습니다.
❷ $1\times4=4$, $0\times3=0$이므로 지우의 점수는 모두 4점입니다. 답 4점

02 (1) 0과 어떤 수의 곱은 항상 0입니다.
→ $0\times7=0$
(2) 어떤 수와 0의 곱은 항상 0입니다.
→ $6\times0=0$

03 • 0과 어떤 수의 곱은 항상 0입니다.
→ $0\times4=0$
• 어떤 수와 0의 곱은 항상 0입니다.
→ $2\times0=0$

04 1×■=■

05 1씩 3번이므로 $1\times3=3$입니다.

06 $1\times0=0$
$8\times0=0$, $1\times1=1$, $2\times3=6$,
$1\times4=4$, $0\times6=0$, $9\times0=0$

07 ① $0\times8=0$ ② $5\times0=0$ ③ $1\times8=8$
④ $0\times1=0$ ⑤ $3\times0=0$

08 ㉠ $1\times9=9$ ㉡ $2\times0=0$
㉢ $0\times5=0$ ㉣ $6\times1=6$
따라서 곱이 가장 큰 것은 ㉠입니다.

09 1×■=■, ▲×0=0
주의 수 카드 중 0은 한 장이므로 무조건 □×0=★의 ★에 써넣어야 합니다.

10 $7\times0=0$이므로 $4\times\square=0$입니다.
어떤 수와 0의 곱은 항상 0이므로 □ 안에 알맞은 수는 0입니다.

11

채점 기준			
채점 기준	❶ 맞힌 화살 수와 맞히지 못한 화살 수를 각각 구한 경우	2점	5점
	❷ 태우의 점수는 모두 몇 점인지 구한 경우	3점	

12

채점 기준			
채점 기준	❶ 건 고리 수와 걸지 못한 고리 수를 각각 구한 경우	2점	5점
	❷ 지우의 점수는 모두 몇 점인지 구한 경우	3점	

6회 개념 학습 48~49쪽

확인 1 2

1 (1)

×	1	2
1	1	2
2	2	4

(2)

×	4	5
4	16	20
5	20	25

2 (1)

×	1	5	9
1	1	5	9
5	5	25	45
9	9	45	81

(2)

×	2	6	7
1	2	6	7
3	6	18	21
8	16	48	56

3 24, 24 / 같습니다 4 같습니다

5 4, 8

|1~2| 세로줄과 가로줄의 수가 만나는 칸에 두 수의 곱을 써넣습니다.

5 곱하는 두 수의 순서를 서로 바꾸어도 곱은 같습니다.
따라서 8×4와 곱이 같은 곱셈구구는 4×8입니다.

6회 문제 학습 50~51쪽

01 6, 8

02 7×4

03 ㉠

04 예 4, 20 / 4, 5, 20

05 8, 3, 24 / 4, 6, 24 / 6, 4, 24

06

×	3	5	7	9
2	6	10	14	18
4	12	20	28	36
6	18	30	42	54
8	24	40	56	72

07

×	3	4	5	6	7
3				△	
4					
5					
6	●				
7					

08 32

09 ❶ 40 ❷ 42, 56, 2 답 2칸

10 ❶ ㉠에 알맞은 수는 25입니다.

❷ 곱이 ㉠보다 작은 칸은 2×5=10, 2×8=16, 2×9=18이므로 모두 3칸입니다. 답 3칸

02 곱셈표는 세로줄과 가로줄이 만나는 칸에 두 수의 곱을 써넣은 것이므로 ♣에 알맞은 수를 구하는 곱셈구구는 7×4입니다.

03 ㉠ 2단 곱셈구구의 곱은 2, 4, 6, 8, 10, 12, 14, 16, 18이므로 모두 짝수입니다.(○)

㉡ 9단 곱셈구구의 곱은 9, 18, 27, 36, 45, 54, 63, 72, 81이므로 홀수와 짝수가 번갈아 나옵니다.(×)

04 **[평가 기준]** 곱셈표에서 5단 곱셈구구 중 하나를 찾아 쓰고, 곱하는 두 수의 순서를 바꾸어 곱이 같은 곱셈구구를 쓴 경우 정답으로 인정합니다.

05 3×8=24이므로 곱셈표에서 곱이 24인 곱셈구구를 모두 찾습니다.

→ 8×3=24, 4×6=24, 6×4=24

07 곱셈표에서 초록색 점선을 따라 접었을 때 만나는 곱셈구구의 곱이 같습니다.

08 4단 곱셈구구의 값은 4, 8, 12, 16, 20, 24, 28, 32, 36입니다.

이 중 35보다 작고, 십의 자리 숫자가 3인 수는 32입니다.

09

채점 기준			
	❶ ㉠에 알맞은 수를 구한 경우	2점	5점
	❷ 곱이 ㉠보다 큰 칸은 모두 몇 칸인지 구한 경우	3점	

참고

×	3	5	7
4	12	20	28
6	18	30	42
8	24	40	56

10

채점 기준			
	❶ ㉠에 알맞은 수를 구한 경우	2점	5점
	❷ 곱이 ㉠보다 작은 칸은 모두 몇 칸인지 구한 경우	3점	

참고

×	5	8	9
2	10	16	18
5	25	40	45
9	45	72	81

7회 개념 학습 52~53쪽

확인1 5, 3, 15

확인2 2, 13

1 (1) 3 (2) 6, 18

2 32

3 6, 5, 30

4 4, 3 / 23

5 4, 5, 23

2 8×4=32(cm)

4 2×4=8, 5×3=15이므로 토마토는 모두 8+15=23(개)입니다.

개념북 2단원

5 $7\times4=28$이므로 토마토는 모두 $28-5=23$(개)입니다.

7회 문제 학습 54~55쪽

01 3 / 6, 18　02 56개
03 36세　04 2, 2, 2, 10
05 예 4×4에서 6을 빼면 연결 모형은 모두 $16-6=10$(개)입니다.
06 $4\times2=8$ / 8점　07 24개
08 $3\times3=9$, $7\times1=7$ / 16점
09 ❶ 12, 8 ❷ 20　답 20개
10 ❶ 트럭 7대의 바퀴는 $4\times7=28$(개)이고, 오토바이 3대의 바퀴는 $2\times3=6$(개)입니다.
❷ 따라서 트럭 7대와 오토바이 3대의 바퀴는 모두 $28+6=34$(개)입니다.　답 34개

01 6씩 3묶음 ➔ $6\times3=18$
3씩 6묶음 ➔ $3\times6=18$

02 7씩 8묶음 ➔ $7\times8=56$
따라서 귤은 모두 56개입니다.

03 9의 4배이므로 $9\times4=36$입니다.
따라서 민주 어머니의 연세는 36세입니다.

04 $3\times2=6$, $2\times2=4$ ➔ $6+4=10$(개)

05 $4\times4=16$ ➔ $16-6=10$(개)

06 도현이가 첫째 판과 넷째 판에서 이겼으므로 얻은 점수는 모두 $4\times2=8$(점)입니다.

07 인형 1개에 필요한 건전지는 4개이므로 인형 6개에 필요한 건전지는 모두 $4\times6=24$(개)입니다.

08 $0\times5=0$, $3\times3=9$, $7\times1=7$
➔ $0+9+7=16$(점)

09

채점 기준			
채점 기준	❶ 닭 6마리와 소 2마리의 다리는 각각 몇 개인지 구한 경우	3점	5점
	❷ 닭 6마리와 소 2마리의 다리는 모두 몇 개인지 구한 경우	2점	

10

채점 기준			
채점 기준	❶ 트럭 7대와 오토바이 3대의 바퀴는 각각 몇 개인지 구한 경우	3점	5점
	❷ 트럭 7대와 오토바이 3대의 바퀴는 모두 몇 개인지 구한 경우	2점	

8회 응용 학습 56~59쪽

01 1단계 18, 24
2단계 19, 20, 21, 22, 23
02 37, 38, 39, 40, 41
03 8개
04 1단계 56개　2단계 39개
05 20 cm　06 3개
07 1단계 7, 5
2단계 7, 5, 35 또는 5, 7, 35
08 8, 6, 48 또는 6, 8, 48
09 1, 4, 4 또는 4, 1, 4
10 1단계 9, 18, 27, 36, 45, 54, 63, 72, 81
2단계 5, 6, 7, 8, 9
11 4개　12 7, 8

01 2단계 18과 24 사이에 있는 수는 19, 20, 21, 22, 23입니다.

02 서진: $4\times9=36$
다은: $7\times6=42$
➔ 36과 42 사이에 있는 수는 37, 38, 39, 40, 41입니다.

03 ㉠ $7\times7=49$
㉡ $8\times5=40$
➔ 40과 49 사이에 있는 수는 41, 42, 43, 44, 45, 46, 47, 48이므로 모두 8개입니다.

04 ❶단계 8씩 7묶음 ➔ $8 \times 7 = 56$
나누어 준 사탕은 56개입니다.
❷단계 나누어 주고 남은 사탕은
$95 - 56 = 39$(개)입니다.

05 6씩 5묶음 ➔ $6 \times 5 = 30$
사용한 색 테이프는 30 cm이므로 사용하고 남은 색 테이프의 길이는 $50 - 30 = 20$ (cm)입니다.

06 남학생이 앉은 의자는 $4 \times 8 = 32$(개)이고, 여학생이 앉은 의자는 $5 \times 9 = 45$(개)입니다.
학생들이 앉은 의자는 모두 $32 + 45 = 77$(개)이므로 빈 의자는 $80 - 77 = 3$(개)입니다.

08 곱이 가장 크려면 가장 큰 수와 둘째로 큰 수를 곱하면 되므로 8과 6을 곱해야 합니다.
➔ $8 \times 6 = 48$ 또는 $6 \times 8 = 48$

09 곱이 가장 작으려면 가장 작은 수와 둘째로 작은 수를 곱하면 되므로 1과 4를 곱해야 합니다.
➔ $1 \times 4 = 4$ 또는 $4 \times 1 = 4$

10 ❷단계 9단 곱셈구구의 값 중에서 40보다 큰 것은 45, 54, 63, 72, 81이므로 □ 안에 들어갈 수 있는 수는 5, 6, 7, 8, 9입니다.

11 8단 곱셈구구의 값은 8, 16, 24, 32, 40, 48, 56, 64, 72입니다.
이 중 40보다 작은 것은 8, 16, 24, 32입니다.
➔ $8 \times 1 = 8$, $8 \times 2 = 16$, $8 \times 3 = 24$, $8 \times 4 = 32$
따라서 □ 안에 들어갈 수 있는 수는 1, 2, 3, 4이므로 모두 4개입니다.

12 4단 곱셈구구의 값은 4, 8, 12, 16, 20, 24, 28, 32, 36입니다.
이 중 25보다 크고 35보다 작은 것은 28, 32입니다. ➔ $4 \times 7 = 28$, $4 \times 8 = 32$
따라서 □ 안에 들어갈 수 있는 수는 7, 8입니다.

9회 마무리 평가 60~63쪽

01 6, 12
02 5, 15
03

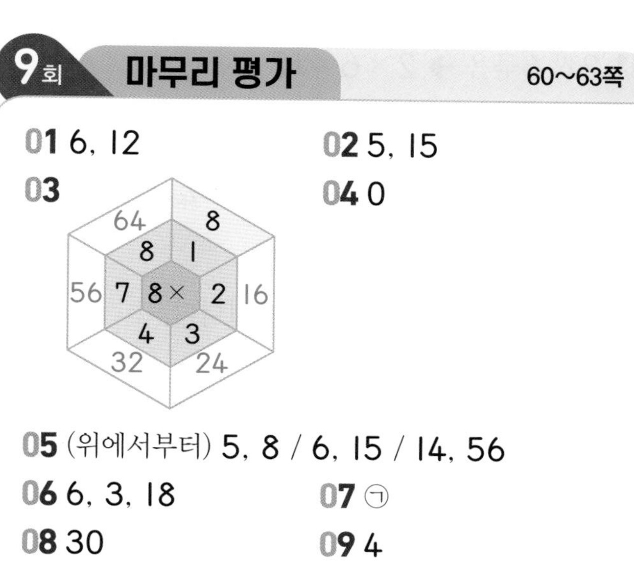

04 0
05 (위에서부터) 5, 8 / 6, 15 / 14, 56
06 6, 3, 18
07 ㉠
08 30
09 4
10

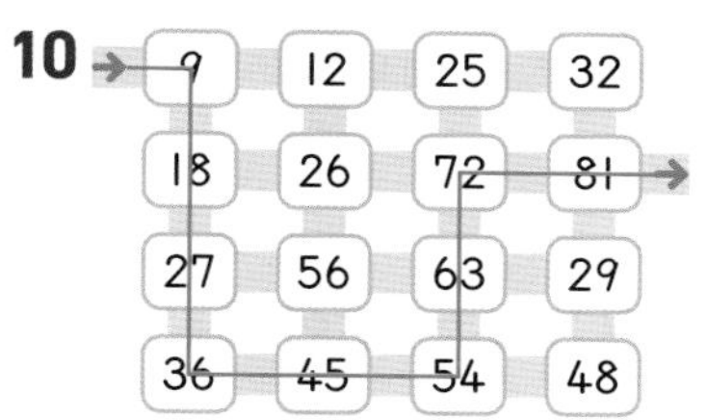

11 >
12 9, 7, 2
13 ❶ ㉠ $3 \times 9 = 27$, ㉡ $7 \times 4 = 28$, ㉢ $4 \times 8 = 32$, ㉣ $6 \times 5 = 30$
❷ $32 > 30 > 28 > 27$이므로 곱이 큰 것부터 차례로 기호를 쓰면 ㉢, ㉣, ㉡, ㉠입니다.
답 ㉢, ㉣, ㉡, ㉠
14 ③
15 0, 1
16 ㉢
17 4, 9, 36 / 9, 4, 36
18 40
19 63개
20 2, 26 / 4, 6, 26
21 17점
22 8
23 ❶ 분홍색 인형 3개의 다리는 $3 \times 3 = 9$(개)이고, 파란색 인형 6개의 다리는 $4 \times 6 = 24$(개)입니다.
❷ 따라서 분홍색 인형 3개와 파란색 인형 6개의 다리는 모두 $9 + 24 = 33$(개)입니다. 답 33개
24 5, 30 / 30
25 ❶ 예 6씩 5번 더해서 계산하면
$6 \times 5 = 6 + 6 + 6 + 6 + 6 = 30$입니다.
❷ 예 6×4에 6을 더해서 계산하면
$24 + 6 = 30$입니다.

개념북 2단원

01 2씩 6묶음 ➔ $2\times6=12$

02 3씩 5번 뛰어 센 수 ➔ $3\times5=15$

03 $8\times2=16$, $8\times3=24$, $8\times4=32$, $8\times7=56$, $8\times8=64$

04 어떤 수와 0의 곱은 항상 0입니다.
➔ $6\times0=0$

05 세로줄과 가로줄의 수가 만나는 칸에 두 수의 곱을 써넣습니다.

07 ㉠ 5씩 4번 더해서 구해야 합니다.
따라서 잘못 설명한 것은 ㉠입니다.

08 $6\times5=30$(cm)

09 7단 곱셈구구에서 $7\times4=28$이므로 □ 안에 알맞은 수는 4입니다.

10 9단 곱셈구구의 값은 9, 18, 27, 36, 45, 54, 63, 72, 81입니다.

11 $6\times8=48$, $7\times6=42$ ➔ $48>42$

12 8×□의 □ 안에 수 카드의 수를 작은 수부터 차례로 넣어봅니다.
$8\times2=16$(×), $8\times7=56$(×), $8\times9=72$(○)

13

채점 기준			
	❶ ㉠, ㉡, ㉢, ㉣의 곱을 각각 구한 경우	2점	4점
	❷ 곱이 큰 것부터 차례로 기호를 쓴 경우	2점	

14 ① $1\times0=0$ ② $0\times7=0$ ③ $2\times1=2$ ④ $9\times0=0$ ⑤ $0\times5=0$

15 • 어떤 수와 0의 곱은 항상 0입니다.
➔ 3×㉠=0이므로 ㉠에 알맞은 수는 0입니다.
• 1과 어떤 수의 곱은 항상 어떤 수입니다.
➔ ㉡×5=5이므로 ㉡에 알맞은 수는 1입니다.

16 곱하는 두 수의 순서를 서로 바꾸어도 곱이 같으므로 5×7과 7×5의 곱은 같습니다.
➔ ㉠과 곱이 같은 곱셈구구는 ㉢입니다.

17 $6\times6=36$이므로 곱셈표에서 곱이 36인 곱셈구구를 모두 찾습니다.
➔ $4\times9=36$, $9\times4=36$

18 5단 곱셈구구의 값은 5, 10, 15, 20, 25, 30, 35, 40, 45입니다.
이 중 짝수인 것은 10, 20, 30, 40이고, $8\times4=32$, $7\times6=42$이므로 어떤 수는 40입니다.

19 9의 7배 ➔ $9\times7=63$
따라서 귤은 모두 63개입니다.

20 참고 방법 1

방법 2

21

과녁에 적힌 수	맞힌 화살(개)	얻은 점수(점)
0	3	$0\times3=0$
1	3	$1\times3=3$
3	3	$3\times3=9$
5	1	$5\times1=5$

➔ $0+3+9+5=17$(점)

22 • $4\times6=24$이므로 ●에 알맞은 수는 24입니다.
• 3×★=24에서 $3\times8=24$이므로 ★에 알맞은 수는 8입니다.

23

채점 기준			
	❶ 분홍색 인형 3개와 파란색 인형 6개의 다리는 각각 몇 개인지 구한 경우	2점	4점
	❷ 분홍색 인형 3개와 파란색 인형 6개의 다리는 모두 몇 개인지 구한 경우	2점	

25

채점 기준			
	❶ 사탕의 수를 구하는 방법을 한 가지 설명한 경우	2점	4점
	❷ 사탕의 수를 구하는 다른 방법을 설명한 경우	2점	

3. 길이 재기

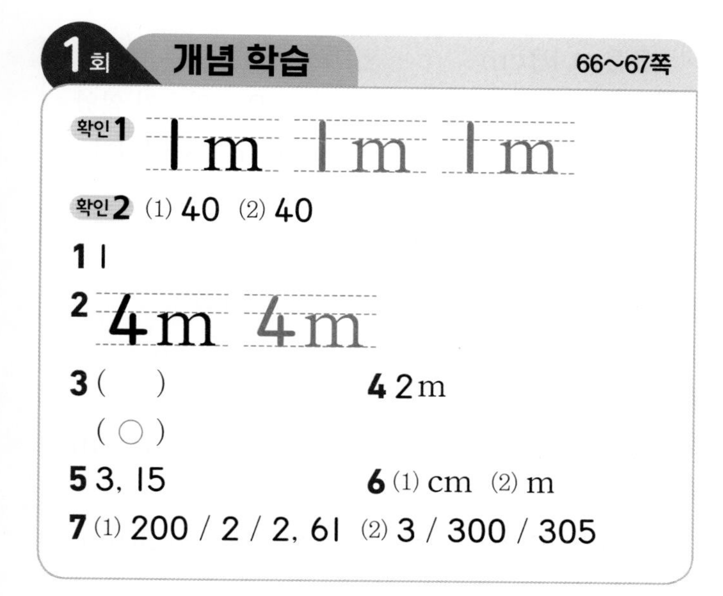

1회 개념 학습 66~67쪽

확인 1 1 m 1 m 1 m

확인 2 (1) 40 (2) 40

1 1

2 4 m 4 m

3 (　) (○)

4 2 m

5 3, 15

6 (1) cm (2) m

7 (1) 200 / 2 / 2, 61 (2) 3 / 300 / 305

2 숫자는 크게, m는 숫자보다 작게 씁니다.

3 2 m 10 cm를 2미터 10센티미터라고 읽습니다.

4 ■00 cm는 ■ m입니다.

5 3 m보다 15 cm 더 긴 길이는 3 m 15 cm입니다.

1회 문제 학습 68~69쪽

01 (1) 7 (2) 500 (3) 3, 50 (4) 409

02 (선 잇기)

03 (1) cm (2) m (3) cm

04 (　) (○)

05 132 cm

06 124 cm

07 예 7, 5, 4 / 754 cm

08 ㉡

09 4 m 5 cm / 450 cm / 415 cm (4 m 5 cm에 색칠)

10 ❶ 다은 ❷ 5, 6, 506

11 ❶ 시우

❷ 예 304 cm는 3 m 4 cm로 나타낼 수 있어.

01 (3) 350 cm = 300 cm + 50 cm
= 3 m + 50 cm
= 3 m 50 cm

(4) 4 m 9 cm = 4 m + 9 cm
= 400 cm + 9 cm
= 409 cm

참고 ■00 cm = ■ m, ▲ m = ▲00 cm

02 • 270 cm = 200 cm + 70 cm
= 2 m + 70 cm
= 2 m 70 cm

• 275 cm = 200 cm + 75 cm
= 2 m + 75 cm
= 2 m 75 cm

• 205 cm = 200 cm + 5 cm
= 2 m + 5 cm
= 2 m 5 cm

03 (1) 연필의 길이는 13 cm와 13 m 중 13 cm가 알맞습니다.

(2) 교실 짧은 쪽의 길이는 8 cm와 8 m 중 8 m가 알맞습니다.

(3) 칠판 긴 쪽의 길이는 300 cm와 300 m 중 300 cm가 알맞습니다.

04 7 m = 700 cm → 빨간색 털실을 사야 합니다.

05 1 m 32 cm = 1 m + 32 cm
= 100 cm + 32 cm
= 132 cm

06 1 m보다 24 cm 더 긴 길이는 1 m 24 cm입니다.
1 m 24 cm = 1 m + 24 cm
= 100 cm + 24 cm
= 124 cm

07 ■ m = ■00 cm를 이용하여 길이를 몇 cm로 나타내 봅니다.

08 ㉡ 1 m = 100 cm이므로 1 m는 1 cm보다 깁니다.

09 $4\,m\ 5\,cm = 4\,m + 5\,cm$
$= 400\,cm + 5\,cm$
$= 405\,cm$

→ $405 < 415 < 450$이므로 가장 짧은 길이는 4 m 5 cm입니다.

10

채점 기준			
	❶ 잘못 나타낸 사람의 이름을 쓴 경우	3점	5점
	❷ 바르게 고쳐 쓴 경우	2점	

참고 $5\,m\ 6\,cm = 5\,m + 6\,cm$
$= 500\,cm + 6\,cm$
$= 506\,cm$

11

채점 기준			
	❶ 잘못 나타낸 사람의 이름을 쓴 경우	3점	5점
	❷ 바르게 고쳐 쓴 경우	2점	

참고 '340 cm는 3 m 40 cm로 나타낼 수 있어.'라고 고칠 수도 있습니다.

2회 개념 학습 70~71쪽

확인 1 (   ) (○)　확인 2 0, 150, 150

1 (1) □ ○ (2) ○ □　2 × ○

3 (1) 130 (2) 160　4 170, 1, 70

1 길거나 둥근 부분이 있는 물건의 길이를 재는 데에는 줄자가 알맞습니다.

2 한끝을 줄자의 눈금 0에 맞추고 다른 쪽 끝의 눈금을 읽어야 합니다.

3 (1) 한끝이 눈금 0에 맞추어져 있고, 다른 쪽 끝의 눈금이 130이므로 나무 막대의 길이는 130 cm입니다.
(2) 한끝이 눈금 0에 맞추어져 있고, 다른 쪽 끝의 눈금이 160이므로 나무 막대의 길이는 160 cm입니다.

4 한끝이 눈금 0에 맞추어져 있고, 다른 쪽 끝의 눈금이 170이므로 알림판 긴 쪽의 길이는 170 cm = 1 m 70 cm입니다.

2회 문제 학습 72~73쪽

01 줄자　**02** 1 m 60 cm
03 2 m 10 cm
04 예 식탁의 한끝을 줄자의 눈금 0에 맞추지 않았기 때문에 식탁의 길이는 140 cm가 아닙니다.
05 가
06 (1) 150, 1, 50 (2) 205, 2, 5 (3) 피아노
07 예 (위에서부터) 소파의 길이, 170 cm, 1 m 70 cm / 자동차의 길이, 480 cm, 4 m 80 cm
08 ❶ 우민 ❷ 190, 1, 90　답 1 m 90 cm
09 ❶ 더 멀리 날린 사람은 수현이입니다.
❷ 330 cm = 3 m 30 cm　답 3 m 30 cm

01 긴 길이를 재는 데에는 줄자가 알맞습니다.

02 한끝이 눈금 0에 맞추어져 있고, 다른 쪽 끝의 눈금이 160이므로 줄넘기의 길이는 160 cm = 1 m 60 cm입니다.

03 한 줄로 놓인 물건들의 한끝이 눈금 0에 맞추어져 있고, 다른 쪽 끝의 눈금이 210이므로 전체 길이는 210 cm = 2 m 10 cm입니다.

05 가: 145 cm = 1 m 45 cm → 길이가 더 깁니다.
나: 120 cm = 1 m 20 cm

06 (1) $150\,cm = 100\,cm + 50\,cm = 1\,m\ 50\,cm$
(2) $205\,cm = 200\,cm + 5\,cm = 2\,m\ 5\,cm$
(3) 물건을 놓을 벽의 길이가 2 m이므로 방의 한 쪽 벽에는 긴 쪽의 길이가 2 m보다 짧은 피아노를 놓을 수 있습니다.

07 예 • 소파의 길이:
$170\,cm = 100\,cm + 70\,cm$
$= 1\,m + 70\,cm = 1\,m\ 70\,cm$
• 자동차의 길이:
$480\,cm = 400\,cm + 80\,cm$
$= 4\,m + 80\,cm = 4\,m\ 80\,cm$

08

채점 기준			
	❶ 더 멀리 던진 사람을 찾은 경우	2점	5점
	❷ 더 멀리 던진 사람의 기록은 몇 m 몇 cm인지 구한 경우	3점	

09

채점 기준			
	❶ 더 멀리 날린 사람을 찾은 경우	2점	5점
	❷ 더 멀리 날린 사람의 기록은 몇 m 몇 cm인지 구한 경우	3점	

3회 개념 학습 74~75쪽

확인 1 68 / 7, 68　확인 2 20 / 5, 20
1 3, 50　**2** (1) 3, 90 (2) 5, 69
3 (1) 7, 63 (2) 6, 78　**4** 1, 10
5 (1) 1, 70 (2) 3, 2　**6** (1) 3, 22 (2) 6, 34

|**1~3**| m는 m끼리, cm는 cm끼리 더합니다.

|**4~6**| m는 m끼리, cm는 cm끼리 뺍니다.

3회 문제 학습 76~77쪽

01 6 m 35 cm　**02** (1) 4, 24 (2) 1, 42
03 9, 18　**04** 2 m 38 cm
05 ( ) (○)　**06** 10 m 94 cm
07 5 m 31 cm　**08** 5, 18
09 예 6, 4, 5
10 ❶ 53, 5 ❷ 53, 5, 2, 58
답 2 m 58 cm
11 ❶ 가장 긴 길이는 8 m 65 cm, 가장 짧은 길이는 2 m 30 cm입니다.
❷ 8 m 65 cm − 2 m 30 cm = 6 m 35 cm
답 6 m 35 cm

01 m는 m끼리, cm는 cm끼리 더합니다.

02 (1) 8 m 87 cm − 4 m 63 cm = 4 m 24 cm
(2) 2 m 45 cm − 1 m 3 cm = 1 m 42 cm

03 7 m 13 cm + 2 m 5 cm = 9 m 18 cm

04 125 cm = 1 m 25 cm
➔ 3 m 63 cm − 1 m 25 cm = 2 m 38 cm

05 6 m 82 cm − 4 m 40 cm = 2 m 42 cm이므로 길이가 더 짧은 것은 2 m 25 cm입니다.

06 2 m 43 cm + 8 m 51 cm = 10 m 94 cm

07 9 m 56 cm − 4 m 25 cm = 5 m 31 cm

08

	㉠ m	15 cm
+	4 m	㉡ cm
	9 m	33 cm

• 15 + ㉡ = 33 ➔ ㉡ = 33 − 15 = 18
• ㉠ + 4 = 9 ➔ ㉠ = 9 − 4 = 5

09 8 m 69 cm − 3 m 6 cm = 5 m 63 cm이므로 5 m 63 cm보다 긴 길이를 써야 합니다.
➔ 5 m 64 cm, 6 m 45 cm, 6 m 54 cm

10

채점 기준			
	❶ 가장 긴 길이와 가장 짧은 길이를 각각 찾은 경우	2점	5점
	❷ 가장 긴 길이와 가장 짧은 길이의 합은 몇 m 몇 cm인지 구한 경우	3점	

11

채점 기준			
	❶ 가장 긴 길이와 가장 짧은 길이를 각각 찾은 경우	2점	5점
	❷ 가장 긴 길이와 가장 짧은 길이의 차는 몇 m 몇 cm인지 구한 경우	3점	

4회 개념 학습 78~79쪽

확인 1 ( ) ( ) (○)
확인 2 6, 6
1 (1) 7 (2) 2 (3) 1　**2** (1) 3 (2) 5 (3) 7
3 (1) 3 (2) 5　**4** (1) △ (2) ○ (3) ○

2 (1) 1m

1m의 약 3배이므로 긴 줄의 길이는 약 3m입니다.

(2) 1m

1m의 약 5배이므로 긴 줄의 길이는 약 5m입니다.

(3) 1m

1m의 약 7배이므로 긴 줄의 길이는 약 7m입니다.

3 (1) 1m의 약 3배이므로 사물함의 길이는 약 3m입니다.

(2) 1m의 약 5배이므로 자동차의 길이는 약 5m입니다.

4회 문제 학습 80~81쪽

01 3 **02** 약 7번, 약 2번
03 걸음
04 (1) 1m (2) 10m (3) 5m
05 약 4m
06 예 농구 골대의 높이는 약 3m입니다.
07 ㉡, ㉢ **08** 약 12m
09 ❶ 3, 2 ❷ 자동차 답 자동차
10 ❶ 신발장의 길이는 약 4m, 책장의 길이는 약 5m입니다.
❷ 따라서 길이가 더 긴 것은 책장입니다.
답 책장

01 약 1m의 3배이므로 책장의 길이는 약 3m입니다.

03 길이가 더 긴 부분으로 재어야 잰 횟수가 더 적습니다.

05 거실 긴 쪽의 길이는 약 1m의 4배이므로 약 4m입니다.

07 ㉠ 볼펜 1개는 1m보다 짧으므로 볼펜 10개를 이어 놓은 길이는 10m보다 짧습니다.

08

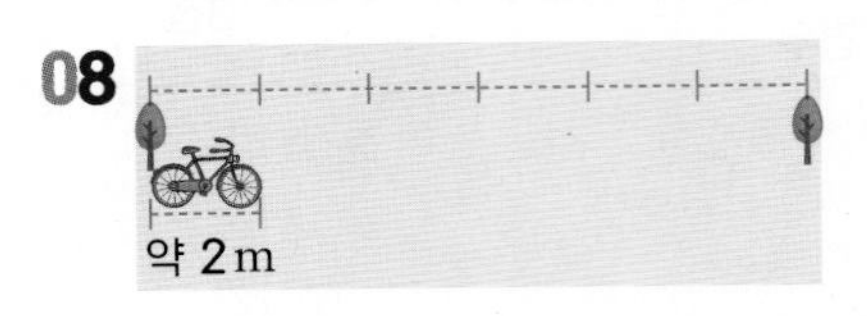

나무와 나무 사이의 거리는 약 2m의 6배이므로 약 12m입니다.

09

채점 기준			
	❶ 자동차와 식탁의 길이를 각각 구한 경우	3점	5점
	❷ 길이가 더 긴 것은 무엇인지 구한 경우	2점	

10

채점 기준			
	❶ 신발장과 책장의 길이를 각각 구한 경우	3점	5점
	❷ 길이가 더 긴 것은 무엇인지 구한 경우	2점	

5회 응용 학습 82~85쪽

01 1단계 200cm 2단계 2m
02 3m **03** 3m 20cm
04 1단계 노란색 털실 2단계 2m 68cm
05 진주, 28 **06** 10m 10cm
07 1단계 큰 2단계 8, 5, 3
08 3, 7, 9 **09** 9, 6, 5
10 1단계 6 / 4 / 8 2단계 약 18m
11 약 21m

01 1단계 10cm가 20번인 길이는 200cm입니다.
2단계 200cm=2m이므로 철탑의 높이는 2m입니다.

02 1cm의 300배인 길이는 300cm이고, 300cm=3m이므로 윤재가 가지고 있는 리본의 길이는 3m입니다.

03 10 cm의 32배인 길이는 320 cm이고, 320 cm=3 m 20 cm입니다.
따라서 철사의 길이는 3 m 20 cm입니다.

04 1단계 3 m 85 cm>1 m 17 cm이므로 길이가 더 긴 털실은 노란색 털실입니다.
2단계 3 m 85 cm−1 m 17 cm
=2 m 68 cm

05 1 m 36 cm>1 m 8 cm이고,
1 m 36 cm−1 m 8 cm=28 cm이므로
진주가 28 cm 더 멀리 뛰었습니다.

06 (집에서 놀이터를 지나 학교로 가는 길의 거리)
=20 m 25 cm+20 m 70 cm
=40 m 95 cm
➔ 40 m 95 cm−30 m 85 cm
=10 m 10 cm
따라서 집에서 학교로 바로 가는 길이
10 m 10 cm 더 가깝습니다.

07 2단계 8>5>3이므로 만들 수 있는 가장 긴 길이는 8 m 53 cm입니다.

08 3<7<9이므로 만들 수 있는 가장 짧은 길이는 3 m 79 cm입니다.
참고 가장 짧은 길이를 만들려면 m 단위부터 작은 수를 차례로 써야 합니다.

09 9>6>5>4>1이므로 만들 수 있는 가장 긴 길이는 9 m 65 cm입니다.

10 2단계 나무와 나무 사이의 거리는 약
6+4+8=18 (m)입니다.

11 • 왼쪽 깃발에서 축구 골대까지의 거리: 약 9 m
• 축구 골대의 길이: 약 6 m
• 축구 골대에서 오른쪽 깃발까지의 거리: 약 6 m
➔ 깃발과 깃발 사이의 거리는
약 9+6+6=21 (m)입니다.

6회 마무리 평가 86~89쪽

01 1, 12
02 140, 1, 40
03 7, 67
04 6, 25
05 6
06 5
07 cm / m
08 3 m
09 ㉢
10 (　　) (○)
11 예 서랍장의 한끝을 줄자의 눈금 0에 맞추지 않았기 때문에 서랍장의 길이는 130 cm가 아닙니다.
12 2 m 40 cm
13 59 m 95 cm
14 6 m 77 cm, 2 m 35 cm
15 2 m 24 cm
16 ❶ 가장 긴 길이는 4 m 41 cm, 가장 짧은 길이는 3 m 50 cm입니다.
❷ 4 m 41 cm+3 m 50 cm=7 m 91 cm
답 7 m 91 cm
17 (　　) (○) (　　)
18 윤영, 은솔, 지우
19 ㉠, ㉢
20 5개
21 4, 55
22 9, 6, 5 / 8 m 31 cm
23 약 14 m
24 96 m 57 cm, 97 m 99 cm
25 ❶ 96 m 57 cm<97 m 99 cm이므로 길 1이 더 가깝습니다.
❷ 97 m 99 cm−96 m 57 cm
=1 m 42 cm
➔ 길 1이 1 m 42 cm 더 가깝습니다.
답 길 1, 1 m 42 cm

01 112 cm=100 cm+12 cm
=1 m+12 cm=1 m 12 cm

02 한끝이 눈금 0에 맞추어져 있고, 다른 쪽 끝의 눈금이 140이므로 지팡이의 길이는
140 cm=1 m 40 cm입니다.

03 m는 m끼리, cm는 cm끼리 더합니다.

04 10 m 35 cm−4 m 10 cm=6 m 25 cm

05

1 m

1 m의 약 6배이므로 털실의 길이는 약 6 m입니다.

06 1 m의 약 5배이므로 거실 유리창의 길이는 약 5 m입니다.

07 • 형광펜의 길이는 15 cm와 15 m 중 15 cm가 알맞습니다.
• 학교 운동장 짧은 쪽의 길이는 50 m와 50 cm 중 50 m가 알맞습니다.

08 100 cm=1 m이므로 300 cm=3 m입니다.

09 ㉢ 401 cm는 4 m 1 cm입니다.
따라서 길이를 잘못 나타낸 것은 ㉢입니다.

10 5 m 60 cm=560 cm
➔ 516<560이므로 길이가 더 긴 것은 5 m 60 cm입니다.

11

채점 기준	길이 재기가 잘못된 이유를 쓴 경우	4점

12 한 줄로 놓인 물건들의 한끝이 눈금 0에 맞추어져 있고, 다른 쪽 끝의 눈금이 240이므로 전체 길이는 240 cm=2 m 40 cm입니다.

13 32 m 50 cm+27 m 45 cm
=59 m 95 cm

14 456 cm=4 m 56 cm
➔ 합: 4 m 56 cm+2 m 21 cm=6 m 77 cm
차: 4 m 56 cm−2 m 21 cm=2 m 35 cm

15 5 m 37 cm−3 m 13 cm=2 m 24 cm

16

채점 기준	❶ 가장 긴 길이와 가장 짧은 길이를 각각 찾은 경우	2점	4점
	❷ 가장 긴 길이와 가장 짧은 길이의 합은 몇 m 몇 cm인지 구한 경우	2점	

17 길이가 가장 긴 부분으로 재어야 잰 횟수가 가장 적습니다.

18 지우가 잰 책장의 길이는 약 2 m, 은솔이가 잰 칠판의 길이는 약 3 m, 윤영이가 잰 무대의 길이는 약 4 m입니다.
➔ 4>3>2이므로 긴 길이를 어림한 사람부터 차례로 이름을 쓰면 윤영, 은솔, 지우입니다.

19 ㉠ 수학 교과서 1권은 1 m보다 짧으므로 수학 교과서 10권을 이어 놓은 길이는 10 m보다 짧습니다.

20 4 m 56 cm=456 cm
➔ 456 cm>4□8 cm
따라서 □ 안에 들어갈 수 있는 수는 5보다 작은 0, 1, 2, 3, 4이므로 모두 5개입니다.

21
```
     ㉠ m  24 cm
  +  5 m  ㉡ cm
  ─────────────
     9 m  79 cm
```
• 24+㉡=79이므로 ㉡=79−24=55입니다.
• ㉠+5=9이므로 ㉠=9−5=4입니다.

22 만들 수 있는 가장 긴 길이는 9 m 65 cm입니다.
➔ 9 m 65 cm−1 m 34 cm
=8 m 31 cm

23 • 왼쪽 가로등에서 조각상까지의 거리: 약 4 m
• 조각상의 길이: 약 4 m
• 조각상에서 오른쪽 가로등까지의 거리: 약 6 m
➔ 4+4+6=14 (m)

24 길 1: 50 m 27 cm+46 m 30 cm
=96 m 57 cm
길 2: 62 m 56 cm+35 m 43 cm
=97 m 99 cm

25

채점 기준	❶ 길 1과 길 2의 거리를 비교한 경우	2점	4점
	❷ 길 1과 길 2 중 어느 길이 몇 m 몇 cm 더 가까운지 구한 경우	2점	

4. 시각과 시간

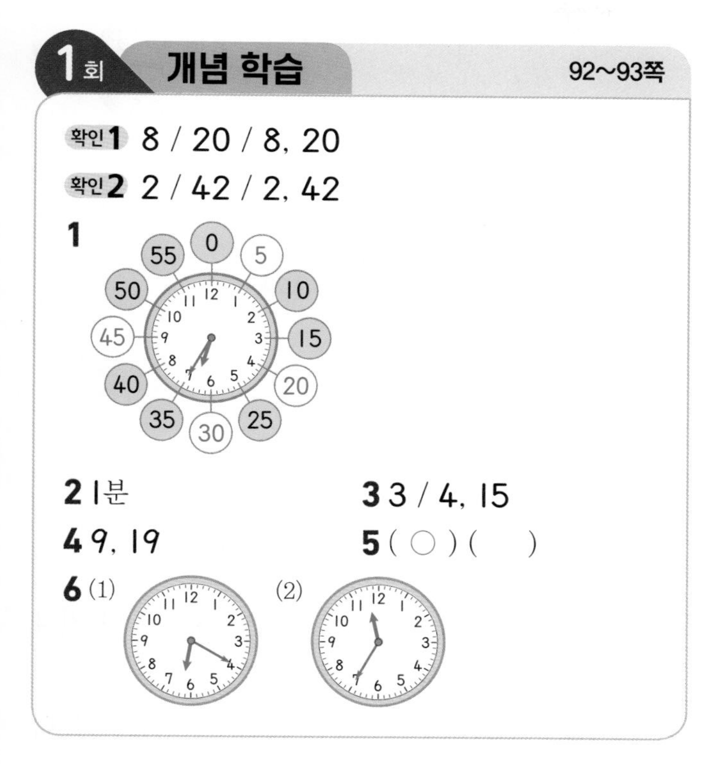

1회 개념 학습 92~93쪽

확인 1 8 / 20 / 8, 20

확인 2 2 / 42 / 2, 42

1

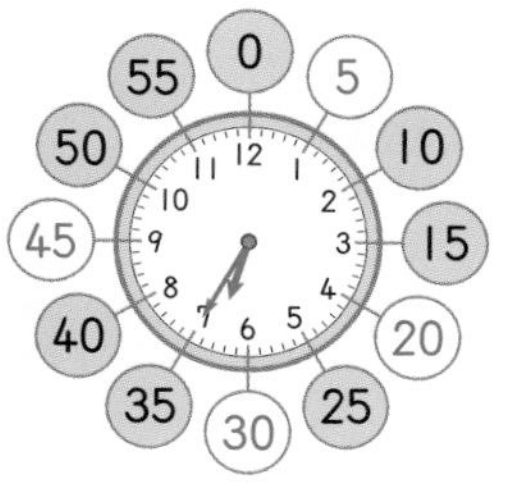

2 1분

3 3 / 4, 15

4 9, 19

5 (○) (　)

6 (1)

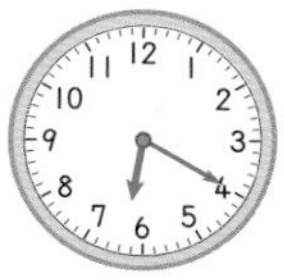

(2)

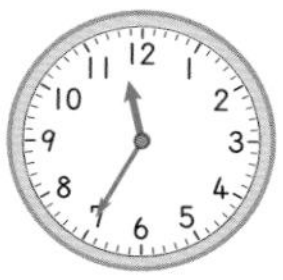

1 시계의 긴바늘이 가리키는 숫자가 1이면 5분, 4이면 20분, 6이면 30분, 9이면 45분입니다.

2 시계에서 긴바늘이 가리키는 작은 눈금 한 칸은 1분을 나타냅니다.

3 • 짧은바늘: 4와 5 사이를 가리킵니다. → 4시
• 긴바늘: 3을 가리킵니다. → 15분
따라서 시계가 나타내는 시각은 4시 15분입니다.

4 • 짧은바늘: 9와 10 사이를 가리킵니다. → 9시
• 긴바늘: 15분에서 작은 눈금 4칸 더 간 곳을 가리킵니다. → 19분
따라서 시계가 나타내는 시각은 9시 19분입니다.

5 7분
→ 긴바늘이 1(5분)에서 작은 눈금 2칸 더 간 곳을 가리킵니다.

참고 오른쪽 시계가 나타내는 시각은 5시 35분입니다.

6 (1) 긴바늘이 4를 가리키도록 그립니다.
(2) 긴바늘이 7을 가리키도록 그립니다.

1회 문제 학습 94~95쪽

01

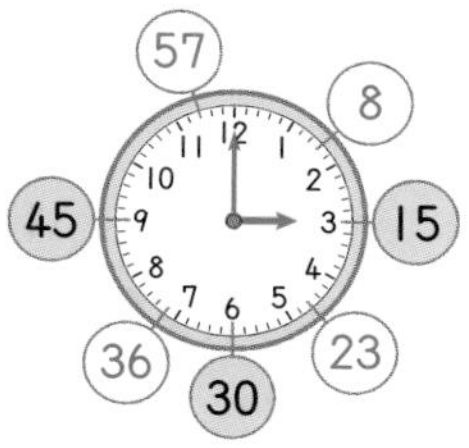

02 7시 50분

03 10시 43분

04

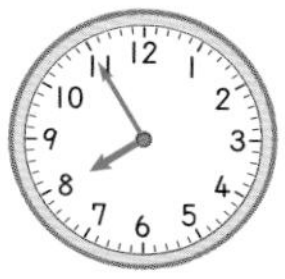

05

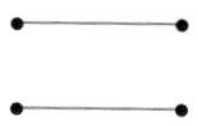

06 (　) (○) (　)

07 당근

08 예 1 / 9시 26분

09 ❶ 20 ❷ 11, 20

10 ❶ 예 시계의 긴바늘이 10분에서 작은 눈금 3칸 더 간 곳을 가리키고 있으므로 13분으로 읽어야 하는데 5분으로 읽었기 때문입니다.
❷ 6시 13분

01

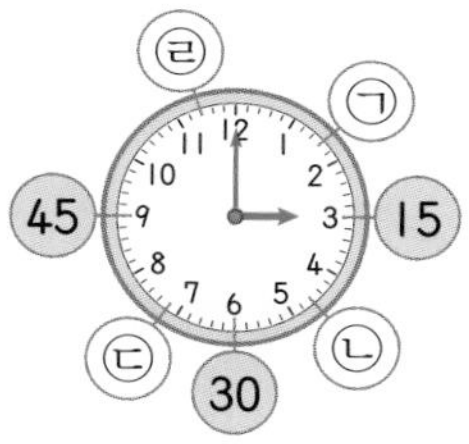

㉠ 5분에서 작은 눈금 3칸 더 간 곳을 가리킵니다.
→ 8분
㉡ 20분에서 작은 눈금 3칸 더 간 곳을 가리킵니다.
→ 23분
㉢ 35분에서 작은 눈금 1칸 더 간 곳을 가리킵니다.
→ 36분
㉣ 55분에서 작은 눈금 2칸 더 간 곳을 가리킵니다.
→ 57분

02 • 짧은바늘: 7과 8 사이를 가리킵니다. → 7시
• 긴바늘: 10을 가리킵니다. → 50분

03 • 짧은바늘: 10과 11 사이를 가리킵니다. → 10시
• 긴바늘: 40분에서 작은 눈금 3칸 더 간 곳을 가리킵니다. → 43분

개념북 4 단원

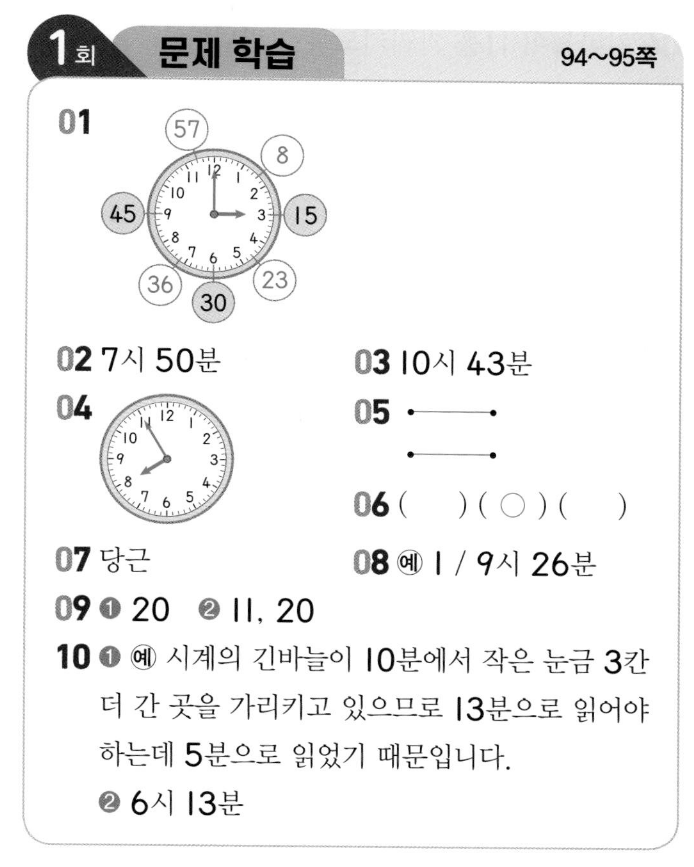

04 긴바늘이 11을 가리키도록 그립니다.

05 

짧은바늘이 5와 6 사이, 긴바늘이 20분에서 작은 눈금 4칸 더 간 곳을 가리키므로 5시 24분입니다.

짧은바늘이 5와 6 사이, 긴바늘이 35분에서 작은 눈금 2칸 더 간 곳을 가리키므로 5시 37분입니다.

06 7시 10분은 짧은바늘이 7과 8 사이, 긴바늘이 2를 가리켜야 합니다.

07 

➔ 1시 20분, ➔ 10시 35분,

➔ 12시 20분, ➔ 8시 15분

따라서 발견하게 되는 음식은 당근입니다.

08
- 긴바늘: 5(25분)에서 작은 눈금 1칸 더 간 곳 ➔ 26분
- 긴바늘: 5(25분)에서 작은 눈금 2칸 더 간 곳 ➔ 27분
- 긴바늘: 5(25분)에서 작은 눈금 3칸 더 간 곳 ➔ 28분
- 긴바늘: 5(25분)에서 작은 눈금 4칸 더 간 곳 ➔ 29분

09

채점 기준			
	❶ 채아가 시각을 잘못 읽은 이유를 쓴 경우	3점	5점
	❷ 시각을 바르게 읽은 경우	2점	

10

채점 기준			
	❶ 도현이가 시각을 잘못 읽은 이유를 쓴 경우	3점	5점
	❷ 시각을 바르게 읽은 경우	2점	

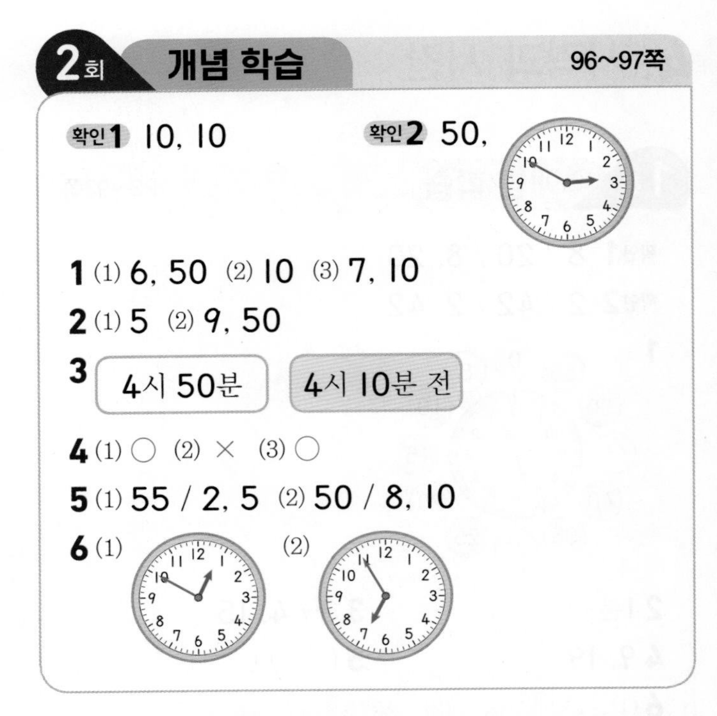

2회 개념 학습 96~97쪽

확인 1 10, 10 확인 2 50,

1 (1) 6, 50 (2) 10 (3) 7, 10
2 (1) 5 (2) 9, 50
3 4시 50분 4시 10분 전
4 (1) ○ (2) × (3) ○
5 (1) 55 / 2, 5 (2) 50 / 8, 10
6 (1) (2)

2 (1) 2시 55분에서 3시가 되려면 5분이 더 지나야 하므로 3시 5분 전입니다.
(2) 10시 10분 전은 10시가 되려면 10분이 더 지나야 하므로 9시 50분입니다.

3 시계가 나타내는 시각은 3시 50분입니다.
3시 50분에서 4시가 되려면 10분이 더 지나야 하므로 4시 10분 전입니다.

4 (2) 5시가 되려면 10분이 더 지나야 합니다.

5 (1) 짧은바늘이 1과 2 사이, 긴바늘이 11을 가리키므로 1시 55분입니다.
1시 55분에서 2시가 되려면 5분이 더 지나야 하므로 2시 5분 전입니다.
(2) 짧은바늘이 7과 8 사이, 긴바늘이 10을 가리키므로 7시 50분입니다.
7시 50분에서 8시가 되려면 10분이 더 지나야 하므로 8시 10분 전입니다.

6 (1) 1시 10분 전은 12시 50분입니다.
➔ 긴바늘이 10을 가리키도록 그립니다.
(2) 7시 5분 전은 6시 55분입니다.
➔ 긴바늘이 11을 가리키도록 그립니다.

2회 문제 학습 98~99쪽

01 6, 10　　**02** 4, 55 / 5, 5
03 (선 잇기)　　**04** 10
05 10 / 5 / 1, 10
06 예 수영을 마치고 나온 시각은 4시 5분 전이었습니다.
07 (1) 8, 10 (2) 55
08 ❶ 진원 ❷ 6, 55
09 ❶ 승원 ❷ 2시 10분 전이라고 말할 수 있어.

01 5시 50분에서 6시가 되려면 10분이 더 지나야 하므로 6시 10분 전입니다.

02 짧은바늘이 4와 5 사이, 긴바늘이 11을 가리키므로 4시 55분입니다.
4시 55분은 5시 5분 전입니다.

03

•  → 4시 50분

4시 50분은 5시 10분 전입니다.

• 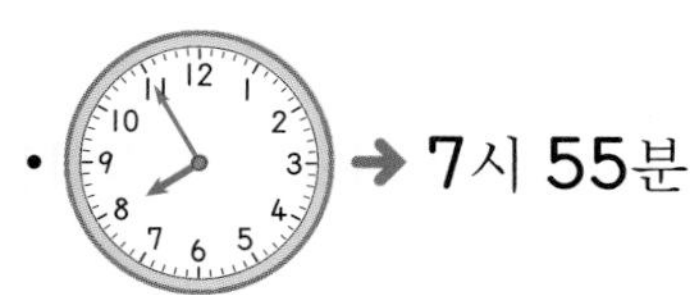 → 7시 55분

7시 55분은 8시 5분 전입니다.

04 12시 10분 전은 11시 50분입니다.
→ 긴바늘이 10을 가리키도록 그립니다.

05 • 아침에 일어난 시각은 8시 50분입니다.
→ 8시 50분은 9시 10분 전입니다.
• 사진을 찍은 시각은 10시 55분입니다.
→ 10시 55분은 11시 5분 전입니다.
• 공연을 보고 나온 시각은 12시 50분입니다.
→ 12시 50분은 1시 10분 전입니다.

06 [평가 기준] 시계와 단어를 각각 하나씩 골라 지난주에 한 일을 이야기한 경우 정답으로 인정합니다.

07 (1) 시계가 나타내는 시각은 7시 50분입니다.
→ 7시 50분은 8시 10분 전입니다.
(2) 시계가 나타내는 시각은 6시 5분 전입니다.
→ 6시 5분 전은 5시 55분입니다.

08

채점 기준			
	❶ 잘못 말한 사람을 찾아 이름을 쓴 경우	3점	5점
	❷ 바르게 고쳐 쓴 경우	2점	

09

채점 기준			
	❶ 잘못 말한 사람을 찾아 이름을 쓴 경우	3점	5점
	❷ 바르게 고쳐 쓴 경우	2점	

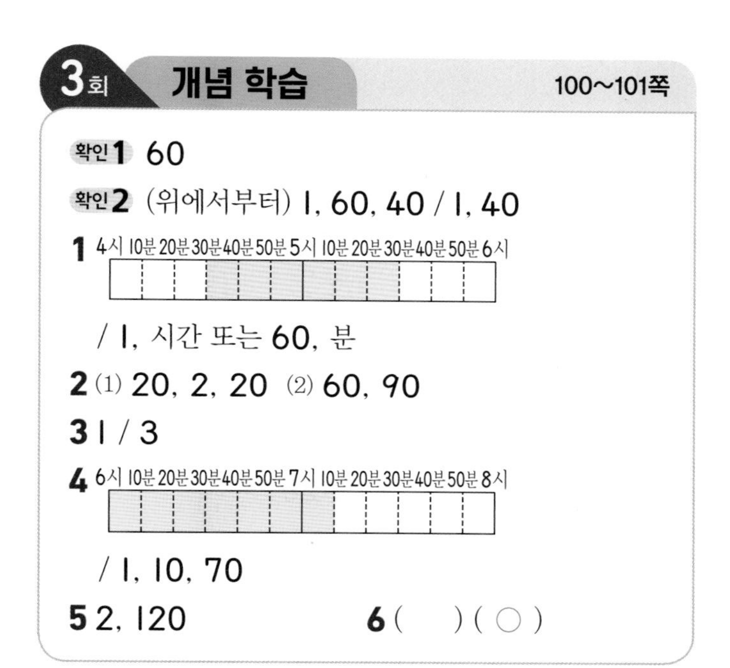

3회 개념 학습 100~101쪽

확인 **1** 60
확인 **2** (위에서부터) 1, 60, 40 / 1, 40
1 4시 10분 20분 30분 40분 50분 5시 10분 20분 30분 40분 50분 6시
/ 1, 시간 또는 60, 분
2 (1) 20, 2, 20 (2) 60, 90
3 1 / 3
4 6시 10분 20분 30분 40분 50분 7시 10분 20분 30분 40분 50분 8시
/ 1, 10, 70
5 2, 120　　**6** (　) (○)

1 시작한 시각은 4시 30분이고, 끝난 시각은 5시 30분입니다.
시간 띠에서 한 칸은 10분을 나타내고, 6칸을 색칠했으므로 60분=1시간입니다.

4 시작한 시각은 6시이고, 끝난 시각은 7시 10분입니다.
시간 띠에서 한 칸은 10분을 나타내고, 7칸을 색칠했으므로 걸린 시간은 1시간 10분=70분입니다.

5 시계의 짧은바늘이 9에서 11로 이동하였고, 긴바늘은 똑같이 12를 가리킵니다.
➔ 긴바늘이 두 바퀴 돌았습니다.
따라서 공연을 보는 데 걸린 시간은
2시간=120분입니다.

6 3시 10분 20분 30분 40분 50분 4시 10분 20분 30분 40분 50분 5시
➔ 걸린 시간: 1시간 30분
1시 10분 20분 30분 40분 50분 2시 10분 20분 30분 40분 50분 3시
➔ 걸린 시간: 1시간 20분

3회 문제 학습 102~103쪽

01 (1) 60 (2) 100 (3) 1, 30
02 (시계)
03 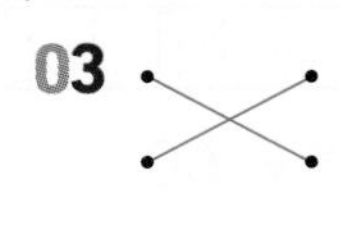
04 1시간 50분
05 예 조개 캐기, 1, 20
06 1시간 40분
07 20분
08 (시계) / 2시간
09 ❶ 1, 30, 4, 30 ❷ 3, 3 답 3바퀴
10 ❶ 멈춘 시계의 시각은 3시이고, 현재 시각은 7시입니다.
❷ 4시간이 지났으므로 긴바늘을 4바퀴만 돌리면 됩니다. 답 4바퀴

01 (2) 1시간 40분=60분+40분
=100분
(3) 90분=60분+30분
=1시간 30분

02 60분 동안 시계의 긴바늘이 한 바퀴를 돌아 제자리로 돌아옵니다.
➔ 시계의 긴바늘이 8을 가리키도록 그립니다.

03 • 책 읽기: 10시 $\xrightarrow{\text{40분 후}}$ 10시 40분 ➔ 40분
• 방 청소하기: 5시 $\xrightarrow{\text{1시간 후}}$ 6시 $\xrightarrow{\text{20분 후}}$ 6시 20분
➔ 1시간 20분
• 피아노 치기: 2시 $\xrightarrow{\text{1시간 후}}$ 3시 $\xrightarrow{\text{20분 후}}$ 3시 20분
➔ 1시간 20분
• 아침 먹기: 7시 20분 $\xrightarrow{\text{40분 후}}$ 8시 ➔ 40분

04 4시 $\xrightarrow{\text{1시간 후}}$ 5시 $\xrightarrow{\text{50분 후}}$ 5시 50분
따라서 걸린 시간은 1시간 50분입니다.

05 안전 교육 듣기: 30분, 조개 캐기: 1시간 20분, 음식 만들기: 2시간 10분, 쓰레기 줍기: 40분
[평가 기준] 활동 중 '조개 캐기' 또는 '음식 만들기'를 고르고, 걸린 시간을 맞게 이야기한 경우 정답으로 인정합니다.

06 시작한 시각은 2시이고, 끝난 시각은 3시 40분입니다.
2시 $\xrightarrow{\text{1시간 후}}$ 3시 $\xrightarrow{\text{40분 후}}$ 3시 40분
따라서 인형극을 하는 데 걸린 시간은 1시간 40분입니다.

07 5시에 시작하여 1시간 동안 산책하면 끝나는 시각은 6시입니다.
➔ 현재 시각 5시 40분에서 6시가 되려면 20분이 더 지나야 합니다.
따라서 더 해야 하는 시간은 20분입니다.

08 30분씩 4가지 전통 놀이 체험을 했으므로 걸린 시간은 2시간입니다.
시작한 시각이 2시이므로 끝난 시각은 4시입니다.

09

채점 기준			
	❶ 멈춘 시계의 시각과 현재 시각을 각각 구한 경우	2점	5점
	❷ 긴바늘을 몇 바퀴만 돌리면 되는지 구한 경우	3점	

10

채점 기준			
	❶ 멈춘 시계의 시각과 현재 시각을 각각 구한 경우	2점	5점
	❷ 긴바늘을 몇 바퀴만 돌리면 되는지 구한 경우	3점	

참고 긴바늘을 한 바퀴 돌리면 1시간이 지납니다.

4회 개념 학습 104~105쪽

확인1 오전 / 오후 확인2 (1) 7 (2) 12

1 (1) 오전 (2) 오후 (3) 오후 (4) 오전

2 (1) 30 (2) 2

3 / 8시간

오전
12 1 2 3 4 5 6 7 8 9 10 11 12(시)
1 2 3 4 5 6 7 8 9 10 11 12(시)
오후

4 (1) 5 (2) 17 (3) 토 **5** 11월

6 7월

일	월	화	수	목	금	토
	1	2	3	4	5	6
7	8	9	10	11	12	13
14	15	16	17	18	19	20
21	22	23	24	25	26	27
28	29	30	31			

1 전날 밤 12시부터 낮 12시까지를 오전이라 하고, 낮 12시부터 밤 12시까지를 오후라고 합니다.

2 (1) 1일 6시간=24시간+6시간
=30시간
(2) 50시간=24시간+24시간+2시간
=2일 2시간

3 시간 띠에서 한 칸은 1시간을 나타내고, 8칸을 색칠했으므로 준수가 체육관에 있었던 시간은 8시간입니다.

5 5월은 날수가 31일이고, 11월은 날수가 30일입니다.

6 • 달력에서 월요일 다음은 화요일, 목요일 다음은 금요일입니다.
• 7월은 31일까지 있습니다.

4회 문제 학습 106~107쪽

01 피아노 연습, 공부 **02** ③
03 6시간 **04** 1월 31일, 1월 24일
05 예 7일마다 같은 요일이 반복되므로 시우의 생일과 예나의 생일은 매년 요일이 같습니다.
06 27개월 **07** 오후 / 오전
08 35시간
09 ❶ 12, 18 ❷ <, 다은 답 다은
10 ❶ 2년 8개월=12개월+12개월+8개월
=32개월
❷ 30개월<32개월이므로 방송 댄스를 더 오래 배운 사람은 현철이입니다. 답 현철

01 오후에 한 활동은 낮 12시부터 밤 12시까지 한 활동이므로 피아노 연습, 공부입니다.

02 ① 4월: 30일 ② 6월: 30일 ③ 8월: 31일
④ 9월: 30일 ⑤ 11월: 30일

참고 • 1월, 3월, 5월, 7월, 8월, 10월, 12월: 31일
• 4월, 6월, 9월, 11월: 30일
• 2월: 28일(또는 29일)

03 출발한 시각은 오전 10시이고, 도착한 시각은 오후 4시입니다.
→ 오전 10시~낮 12시: 2시간,
낮 12시~오후 4시: 4시간
따라서 성주가 버스를 타고 부산에 가는 데 걸린 시간은 2+4=6(시간)입니다.

04 • 1월 마지막 날은 31일이므로 시우의 생일은 1월 31일입니다.
• 31일의 일주일 전은 31−7=24(일)이므로 예나의 생일은 1월 24일입니다.

05 [평가 기준] 7일마다 같은 요일이 반복되는 것을 알고, 시우의 생일과 예나의 생일은 매년 요일이 같다고 한 경우 정답으로 인정합니다.

06 2년 3개월=12개월+12개월+3개월
=27개월

08 첫날 오전 9시부터 다음날 오전 9시까지는 24시간이고, 오전 9시부터 오후 8시까지는 11시간입니다. ➔ 24+11=35(시간)

09

채점 기준			
	❶ 1년 6개월은 몇 개월인지 구한 경우	3점	5점
	❷ 그림 그리기를 더 오래 배운 사람은 누구인지 구한 경우	2점	

10

채점 기준			
	❶ 2년 8개월은 몇 개월인지 구한 경우	3점	5점
	❷ 방송 댄스를 더 오래 배운 사람은 누구인지 구한 경우	2점	

참고 30개월을 몇 년 몇 개월로 나타내 풀이를 쓸 수도 있습니다.
➔ 30개월은 2년 6개월이고, 2년 6개월<2년 8개월이므로 방송 댄스를 더 오래 배운 사람은 현철이입니다.

5회 응용 학습 108~111쪽

01 1단계 1과 2, 9 2단계 1시 45분
02 7시 20분 **03** 4, 50 / 5, 10
04 1단계 90분, 80분 2단계 지나
05 연우 **06** 다은
07 1단계

7시 10분 20분 30분 40분 50분 8시 10분 20분 30분 40분 50분 9시 10분 20분 30분 40분 50분 10시

2단계 2시간 20분
08 2시간 10분 **09** 1시간 30분
10 1단계 12일 2단계 3일
3단계 15일
11 16일 **12** 57일

01 2단계 짧은바늘이 1과 2 사이, 긴바늘이 9를 가리키므로 1시 45분입니다.

02 짧은바늘이 7과 8 사이, 긴바늘이 4를 가리키므로 7시 20분입니다.

03 짧은바늘이 4와 5 사이, 긴바늘이 10을 가리키므로 4시 50분입니다.
4시 50분에서 5시가 되려면 10분이 더 지나야 하므로 5시 10분 전입니다.

04 1단계 • 지나: 4시 30분 $\xrightarrow{\text{1시간 후}}$ 5시 30분 $\xrightarrow{\text{30분 후}}$ 6시
➔ 1시간 30분=90분
• 도겸: 5시 $\xrightarrow{\text{1시간 후}}$ 6시 $\xrightarrow{\text{20분 후}}$ 6시 20분
➔ 1시간 20분=80분
2단계 90분>80분이므로 책을 더 오래 읽은 사람은 지나입니다.

05 • 지현: 5시 10분 $\xrightarrow{\text{1시간 후}}$ 6시 10분 $\xrightarrow{\text{50분 후}}$ 7시
➔ 1시간 50분=110분
• 연우: 6시 $\xrightarrow{\text{2시간 후}}$ 8시 $\xrightarrow{\text{10분 후}}$ 8시 10분
➔ 2시간 10분=130분
따라서 110분<130분이므로 공부를 더 오래 한 사람은 연우입니다.

06 • 서진: 1시 30분 $\xrightarrow{\text{1시간 후}}$ 2시 30분 $\xrightarrow{\text{10분 후}}$ 2시 40분
➔ 1시간 10분=70분
• 다은: 2시 40분 $\xrightarrow{\text{1시간 후}}$ 3시 40분 $\xrightarrow{\text{20분 후}}$ 4시
➔ 1시간 20분=80분
따라서 70분<80분이므로 운동을 더 오래 한 사람은 다은이입니다.

07 2단계 1단계의 시간 띠에서 한 칸은 10분을 나타내고, 14칸을 색칠했으므로 140분=2시간 20분입니다.
참고 140분=60분+60분+20분=2시간 20분

08 4시 10분 20분 30분 40분 50분 5시 10분 20분 30분 40분 50분 6시 10분 20분 30분 40분 50분 7시

시간 띠에서 한 칸은 10분을 나타내고, 13칸을 색칠했으므로 130분=2시간 10분입니다.

09 9시 10분 20분 30분 40분 50분 10시 10분 20분 30분 40분 50분 11시

시간 띠에서 한 칸은 10분을 나타내고, 9칸을 색칠했으므로 90분=1시간 30분입니다.

10 1단계 8월은 31일까지 있으므로 8월 20일부터 8월 31일까지는 12일입니다.
2단계 9월 1일부터 9월 3일까지는 3일입니다.
3단계 12+3=15(일)

11 11월은 30일까지 있으므로 11월 25일부터 11월 30일까지는 6일이고, 12월 1일부터 12월 10일까지는 10일입니다.
→ 6+10=16(일)

12 5월은 31일까지 있으므로 5월 15일부터 5월 31일까지는 17일입니다.
6월은 30일까지 있습니다.
7월 1일부터 7월 10일까지는 10일입니다.
→ 17+30+10=57(일)

6회 마무리 평가 112~115쪽

01 (위에서부터) 6, 9 / 15, 50
02 3, 38
03 50 / 7, 10
04 1, 54
05 오전 / 오후
06 ㉡
07 4, 27
08

09 1시 42분

10 ❶ 예 시계의 긴바늘이 가리키는 10을 50분으로 읽어야 하는데 10분으로 읽었기 때문입니다.
❷ 3시 50분

11 11
12
13 1, 50 / 2, 10
14 5분
15 5시 10분 20분 30분 40분 50분 6시 10분 20분 30분 40분 50분 7시
/ 1, 20, 80
16 9시간
17 ㉡, ㉢, ㉠
18 목요일
19 10월 17일
20 7시 30분
21 10시 40분
22 원재
23 ❶ 4월은 30일까지 있으므로 4월 20일부터 4월 30일까지는 11일이고, 5월 1일부터 5월 4일까지는 4일입니다.
❷ 따라서 사진전을 하는 기간은 11+4=15(일)입니다.
답 15일
24 3시간
25 ❶ 매주 토요일마다 공연을 하므로 7일, 14일, 21일, 28일에 공연을 합니다.
❷ 따라서 8월에 공연을 모두 4번 합니다.
답 4번

01 시계의 긴바늘이 가리키는 숫자가 3이면 15분, 6이면 30분, 9이면 45분, 10이면 50분을 나타냅니다.

03 시계가 나타내는 시각은 6시 50분입니다.
6시 50분에서 7시가 되려면 10분이 더 지나야 하므로 7시 10분 전입니다.

04 114분=60분+54분
=1시간 54분

06 ㉠ 3월: 31일, 9월: 30일
㉡ 5월: 31일, 8월: 31일
㉢ 6월: 30일, 12월: 31일
㉣ 2월: 28일(29일), 11월: 30일
따라서 날수가 같은 월끼리 짝 지은 것은 ㉡입니다.

개념북 4단원

07 짧은바늘이 4와 5 사이, 긴바늘이 25분에서 작은 눈금 2칸 더 간 곳을 가리키므로 4시 27분입니다.
따라서 4시 27분에 축구를 했습니다.

08 긴바늘이 3을 가리키도록 그립니다.

09 짧은바늘이 1과 2 사이, 긴바늘이 40분에서 작은 눈금 2칸 더 간 곳을 가리키므로 1시 42분입니다.

10

채점 기준			
	❶ 소율이가 시각을 잘못 읽은 이유를 쓴 경우	2점	4점
	❷ 시각을 바르게 읽은 경우	2점	

11 4시 5분 전은 3시 55분입니다.
→ 긴바늘이 가리키는 숫자는 11입니다.

12
• → 2시 50분
2시 50분은 3시 10분 전입니다.

•  → 4시 55분
4시 55분은 5시 5분 전입니다.

13 짧은바늘이 1과 2 사이, 긴바늘이 10을 가리키므로 1시 50분입니다.
→ 1시 50분에서 2시가 되려면 10분이 더 지나야 하므로 2시 10분 전입니다.

14 5시에 시작하여 1시간 동안 영화를 보면 끝나는 시각은 6시입니다.
→ 현재 시각 5시 55분에서 6시가 되려면 5분이 더 지나야 합니다.

15 시작한 시각은 5시 30분이고, 끝난 시각은 6시 50분입니다.
시간 띠에서 한 칸은 10분을 나타내고, 8칸을 색칠했으므로 봉사 활동을 하는 데 걸린 시간은 1시간 20분=80분입니다.

16 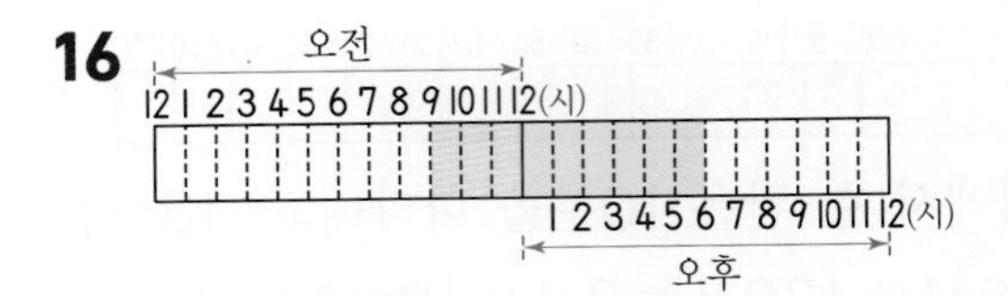

시간 띠에서 한 칸은 1시간을 나타내고, 9칸을 색칠했으므로 9시간입니다.

17 ㉠ 2년 5개월=24개월+5개월=29개월
21개월<27개월<29개월이므로 짧은 기간부터 차례로 쓰면 ㉡, ㉢, ㉠입니다.

18 10월 31일은 목요일이므로 주희의 생일은 목요일입니다.

19 31일의 2주일 전은 31−14=17(일)이므로 선미의 생일은 10월 17일입니다.

20 시계의 긴바늘이 5바퀴를 돌면 5시간이 지납니다. 따라서 2시 30분에서 5시간이 지난 시각은 7시 30분입니다.

21 9시 10분 $\xrightarrow[\text{40분 후}]{}$ 9시 50분 $\xrightarrow[\text{10분 후}]{}$ 10시 $\xrightarrow[\text{40분 후}]{}$ 10시 40분

22 • 지혜: 2시 30분 $\xrightarrow[\text{2시간 후}]{}$ 4시 30분 $\xrightarrow[\text{20분 후}]{}$ 4시 50분
→ 2시간 20분=140분
• 원재: 2시 10분 $\xrightarrow[\text{2시간 후}]{}$ 4시 10분 $\xrightarrow[\text{30분 후}]{}$ 4시 40분
→ 2시간 30분=150분
따라서 로봇 조립을 더 오래 한 사람은 원재입니다.

23

채점 기준			
	❶ 4월과 5월에 사진전을 하는 날수를 각각 구한 경우	2점	4점
	❷ 사진전을 하는 기간은 며칠인지 구한 경우	2점	

24 오전 11시부터 오후 2시까지이므로 공연을 관람하는 데 걸리는 시간은 3시간입니다.

25

채점 기준			
	❶ 8월에 공연하는 날을 모두 찾은 경우	3점	4점
	❷ 8월에 공연을 모두 몇 번 하는지 구한 경우	1점	

5. 표와 그래프

1회 개념 학습 118~119쪽

확인 1 지민, 현지, 한솔, 미진 /
소희, 준오, 수호 /
소라, 은수, 주현 /
4, 3, 3, 10

1 (우산) **2** 휘연, 지우, 준우

3 12명

4 (위에서부터) 𝍸, 𝍸, 𝍸 / 5, 4, 3, 12

5 ㉣, ㉡, ㉠

4 자료를 분류하지 않고 직접 표로 나타낼 때는 𝍸 표시 방법을 이용하면 더 편리합니다. 색깔별로 수를 세어 표의 빈칸을 채웁니다.

5 참고 자료를 조사하여 표로 나타내는 방법
① 조사할 내용을 정합니다.
② 조사할 방법을 정합니다.
③ 정한 방법으로 조사를 합니다.
④ 조사한 자료를 보고 표로 나타냅니다.

1회 문제 학습 120~121쪽

01 ㉠ **02** 12명
03 4, 3, 3, 2, 12 **04** 3가지
05 5, 6, 3, 14 **06** 6, 3, 4, 13
07 예

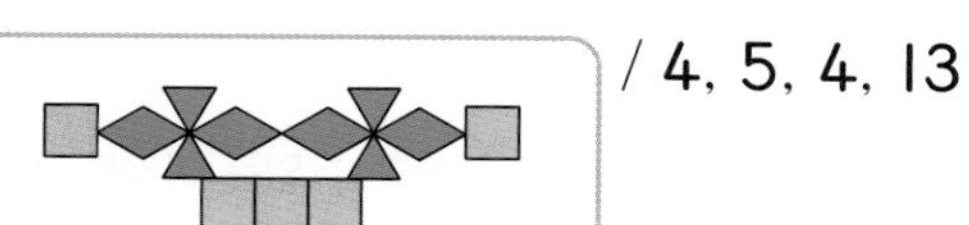

/ 4, 5, 4, 13
08 8, 5, 10, 23 **09** 2, 5
10 ❶ 10 ❷ 10, 5 답 5명
11 ❶ 참새를 좋아하는 학생과 제비를 좋아하는 학생은 모두 $9+5=14$(명)입니다.
❷ 따라서 까치를 좋아하는 학생은 $18-14=4$(명)입니다. 답 4명

02 이름을 쓴 붙임 종이의 수를 모두 세어 보면 12개입니다.

03 위인별로 이름을 쓴 붙임 종이의 수를 세어 봅니다.
➔ (합계)
$=4+3+3+2=12$(명)

04 독서, 운동, 게임 ➔ 3가지

05 취미별로 표시를 하면서 수를 세어 봅니다.
➔ (합계)
$=5+6+3=14$(명)

06 동물별로 표시를 하면서 수를 세어 봅니다.
➔ (합계)
$=6+3+4=13$(마리)

07 [평가 기준] 주어진 세 종류의 조각으로 자유롭게 모양을 만들고, 각 조각의 수를 바르게 세어 표로 나타냈으면 정답으로 인정합니다.

08 색깔별로 표시를 하면서 수를 세어 봅니다.
➔ (합계)
$=8+5+10=23$(개)

09 표의 구슬 수와 처음에 가지고 있던 구슬 수를 비교합니다.
➔ 파란색 구슬은 $10-8=2$(개), 빨간색 구슬은 $10-5=5$(개)가 없어졌습니다.

10

채점 기준			
	❶ 축구를 좋아하는 학생과 야구를 좋아하는 학생은 모두 몇 명인지 구한 경우	2점	5점
	❷ 수영을 좋아하는 학생은 몇 명인지 구한 경우	3점	

11

채점 기준			
	❶ 참새를 좋아하는 학생과 제비를 좋아하는 학생은 모두 몇 명인지 구한 경우	2점	5점
	❷ 까치를 좋아하는 학생은 몇 명인지 구한 경우	3점	

개념북 5 단원

2회 개념 학습 122~123쪽

확인 1

4		○	
3	○	○	
2	○	○	○
1	○	○	○
장난감 수(개) / 종류	곰 인형	로봇	자동차

1 수희, 수인, 승주 /
동하, 형석, 재정, 홍균 /
지윤, 정선, 진형, 재희, 소정

2 3, 4, 5, 12 **3** ㉣, ㉡, ㉠

4

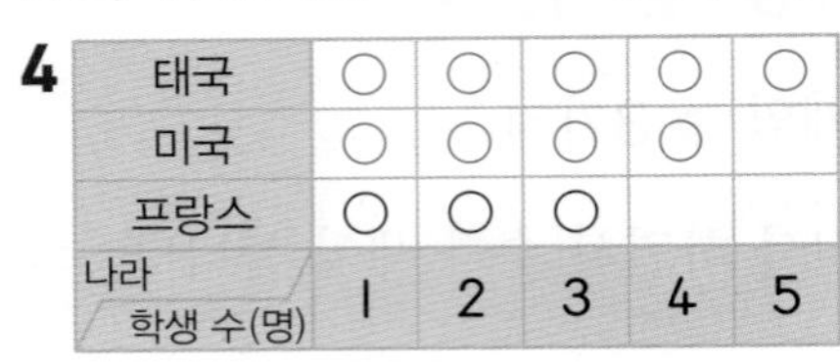

태국	○	○	○	○	○
미국	○	○	○	○	
프랑스	○	○	○		
나라 / 학생 수(명)	1	2	3	4	5

4 나라별 학생 수만큼 ○를 한 칸에 하나씩, 왼쪽에서 오른쪽으로 빠짐없이 채웁니다.

2회 문제 학습 124~125쪽

01 4, 5, 3, 12 **02** ㉠, ㉣, ㉤

03

5		○	
4	○	○	
3	○	○	○
2	○	○	○
1	○	○	○
학생 수(명) / 과일	사과	귤	딸기

04 학생 수

05 예

딸기	×	×	×		
귤	×	×	×	×	×
사과	×	×	×	×	
과일 / 학생 수(명)	1	2	3	4	5

06 예 과일 종류와 학생 수가 같습니다. /
예 과일과 학생 수의 위치가 다릅니다.

07 예 은지네 반 학생들이 받고 싶은 선물별 학생 수

7	/			
6	/	/		
5	/	/		
4	/	/		/
3	/	/	/	/
2	/	/	/	/
1	/	/	/	/
학생 수(명) / 선물	인형	게임기	책	자전거

08 인형, 예 한눈에 알아보기

09 7

10 예 그래프의 가로는 좋아하는 채소 종류를 모두 나타내야 하므로 가로를 4칸으로 나누어야 합니다.

01 사과: 보라, 영서, 은찬, 성희 → 4명
귤: 정환, 대경, 재윤, 태희, 연아 → 5명
딸기: 채윤, 지효, 용준 → 3명
➔ (합계)=4+5+3=12(명)

03 좋아하는 과일별 학생 수만큼 ○를 한 칸에 하나씩, 아래에서 위로 빠짐없이 채웁니다.

05 좋아하는 과일별 학생 수만큼 ×를 한 칸에 하나씩, 왼쪽에서 오른쪽으로 빠짐없이 채웁니다.

06 [평가 기준] 같은 점에서 '과일 종류, 학생 수가 같다.'는 표현이 있고, 다른 점에서 '과일과 학생 수의 위치가 다르다.' 또는 '표시하는 기호가 다르다.'는 표현이 있으면 정답으로 인정합니다.

07 받고 싶은 선물별 학생 수만큼 /를 한 칸에 하나씩, 아래에서 위로 빠짐없이 채웁니다.

08 그래프에서 /의 수가 가장 많은 선물은 인형이므로 가장 많은 학생들이 받고 싶은 선물은 인형입니다.

09

채점 기준	예나가 그래프를 완성할 수 없는 이유를 쓴 경우	5점

10

채점 기준	서진이가 그래프를 완성할 수 없는 이유를 쓴 경우	5점

3회 개념 학습 126~127쪽

확인 1 (1) 2 (2) 맑음

1 5명
2 22명
3 만화책
4 만화책, 위인전, 동화책, 과학책
5 (1) ○ (2) ×
6 팥 붕어빵
7 치즈 붕어빵

5 (1) 치즈 붕어빵을 좋아하는 학생은 2명입니다.
(2) 미희가 좋아하는 붕어빵 종류는 그래프를 보고 알 수 없습니다.

6 가장 많은 학생들이 좋아하는 붕어빵 종류는 그래프에서 ○의 수가 가장 많은 팥 붕어빵입니다.

7 가장 적은 학생들이 좋아하는 붕어빵 종류는 그래프에서 ○의 수가 가장 적은 치즈 붕어빵입니다.

3회 문제 학습 128~129쪽

01 빨간색
02 2명
03 적습니다
04 예 빨간색, 예 노란색
05 감자
06 오이, 당근
07 감자
08 (1) 표 (2) 그래프
09 예 건우네 반 학생들은 카레보다 김밥을 더 좋아합니다.
10 ❶ ㉠ ❷ 1
11 ❶ ㉠
❷ 예 4월이 3월보다 비가 온 날이 더 적습니다.

01 9>5>4>2이므로 가장 많은 학생들이 좋아하는 티셔츠 색깔은 빨간색입니다.

02 진규네 반 표에서 초록색 티셔츠를 좋아하는 학생 수를 찾으면 2명입니다.

04 각 반에서 가장 많은 학생들이 좋아하는 티셔츠 색깔로 정하는 것이 좋겠습니다.

05 가장 많은 학생들이 좋아하는 채소는 그래프에서 ○의 수가 가장 많은 감자입니다.

06 그래프에서 ○의 수가 5보다 적은 채소는 오이, 당근입니다.

07 그래프에서 ○의 수가 호박보다 더 많은 채소는 감자입니다.

09 [평가 기준] 표 또는 그래프에서 알 수 있는 내용을 쓴 경우 정답으로 인정합니다.

10

채점 기준			
	❶ 잘못 설명한 것의 기호를 쓴 경우	2점	5점
	❷ 바르게 고쳐 쓴 경우	3점	

11

채점 기준			
	❶ 잘못 설명한 것의 기호를 쓴 경우	2점	5점
	❷ 바르게 고쳐 쓴 경우	3점	

4회 개념 학습 130~131쪽

확인 1 (1) 4, 3, 11

(2)

4	△	△	
3	△	△	△
2	△	△	△
1	△	△	△
삼각김밥 수(개) / 종류	참치	불고기	김치

1 3, 4

2

6	○			
5	○			
4	○		○	
3	○	○	○	
2	○	○	○	○
1	○	○	○	○
학생 수(명) / 꽃	장미	백합	튤립	국화

3 3, 4, 2

4

4			×	
3	×	×	×	
2	×	×	×	×
1	×	×	×	×
학생 수(명) / 악기	피아노	기타	리코더	드럼

5 리코더

개념북 5 단원

1 백합: 소희, 혜영, 성호 → 3명
튤립: 혜정, 석현, 종수, 은미 → 4명

3 기타: 예은, 경민, 은별 → 3명
리코더: 시완, 승호, 선영, 지윤 → 4명
드럼: 윤우, 대현 → 2명

4회 문제 학습 132~133쪽

01 5, 3, 6, 14

02

달리기	○	○	○	○	○	○
공놀이	○	○	○			
줄넘기	○	○	○	○	○	
운동 / 학생 수(명)	1	2	3	4	5	6

03 예 가장 많은 학생들이 좋아하는 운동은 달리기입니다. 다음 주에 달리기를 했으면 좋겠습니다.

04 9, 10, 7, 5, 31

05

10		/		
9	/	/		
8	/	/		
7	/	/	/	
6	/	/	/	
5	/	/	/	/
4	/	/	/	/
3	/	/	/	/
2	/	/	/	/
1	/	/	/	/
일수(일) / 날씨	맑음	흐림	비	눈

06 흐림, 맑음, 비, 눈 07 7

08

8		×	
7	×	×	
6	×	×	
5	×	×	×
4	×	×	×
3	×	×	×
2	×	×	×
1	×	×	×
학생 수(명) / 장소	바다	산	썰매장

09 ㉠

10 ❶ 1 ❷ 1, 3 답 3명

11 ❶ 1반의 예선을 통과한 학생은 3명, 2반의 예선을 통과한 학생은 3명입니다.
❷ 따라서 3반의 예선을 통과한 학생은 7－3－3＝1(명)입니다. 답 1명

01 운동별로 붙임딱지의 수를 세어 봅니다.
➔ (합계) ＝5＋3＋6＝14(명)

02 좋아하는 운동별 학생 수만큼 ○를 한 칸에 하나씩, 왼쪽에서 오른쪽으로 빠짐없이 채웁니다.

03 가장 많은 학생들이 좋아하는 운동으로 정하는 것이 좋겠습니다.

04 맑음: 1일, 5일, 6일, 7일, 12일, 22일, 23일, 24일, 31일 → 9일
흐림: 2일, 8일, 9일, 11일, 13일, 17일, 21일, 25일, 26일, 28일 → 10일
비: 3일, 4일, 10일, 14일, 15일, 16일, 20일 → 7일
눈: 18일, 19일, 27일, 29일, 30일 → 5일
➔ (합계) ＝9＋10＋7＋5＝31(일)

05 날씨별 일수만큼 /를 한 칸에 하나씩, 아래에서 위로 빠짐없이 채웁니다.

06 그래프에서 /의 수가 많은 날씨부터 차례로 쓰면 흐림, 맑음, 비, 눈입니다.

07 산에 가고 싶은 학생과 썰매장에 가고 싶은 학생은 모두 8＋5＝13(명)입니다.
➔ 바다에 가고 싶은 학생은 20－13＝7(명)입니다.

08 장소별 학생 수만큼 ×를 한 칸에 하나씩, 아래에서 위로 빠짐없이 채웁니다.

09 ㉡ 가장 많은 학생들이 가고 싶은 장소는 산입니다.

㉢ 바다에 가고 싶은 학생 수는 7명입니다.

따라서 표와 그래프를 보고 알 수 없는 것은 ㉠입니다.

10

채점 기준	❶ 1반, 3반의 안경을 쓴 학생 수를 각각 구한 경우	3점	5점
	❷ 2반의 안경을 쓴 학생은 몇 명인지 구한 경우	2점	

참고 반별 안경을 쓴 학생 수

반	학생 수(명)
1반	2
2반	3
3반	1
합계	6

3반	○		
2반	○	○	○
1반	○	○	
반 / 학생 수(명)	1	2	3

11

채점 기준	❶ 1반, 2반의 예선을 통과한 학생 수를 각각 구한 경우	3점	5점
	❷ 3반의 예선을 통과한 학생은 몇 명인지 구한 경우	2점	

참고 반별 예선을 통과한 학생 수

반	학생 수(명)
1반	3
2반	3
3반	1
합계	7

3반	○		
2반	○	○	○
1반	○	○	○
반 / 학생 수(명)	1	2	3

5회 응용 학습 134~137쪽

01 1단계 금빛 2단계 금빛 마을
02 김밥
03 1단계 6켤레 2단계 7켤레
04 10명 **05** 4명
06 1단계 4, 5, 2, 11 2단계 3명
07 4마리
08 1단계 6명 2단계 25명
09 20명

01 1단계 자료에서

햇빛 마을: 현아, 지철, 유이 ➔ 3명,
달빛 마을: 태욱, 해림, 유준, 도윤 ➔ 4명,
금빛 마을: 민호, 승희, 나연, 상욱, 정연 ➔ 5명
이므로 표와 학생 수가 다른 마을은 금빛 마을입니다.

2단계 가은이가 사는 마을은 자료와 표에서 학생 수가 다른 금빛 마을입니다.

02 자료에서

김밥: 규리, 강훈 ➔ 2명,
떡볶이: 영규, 은미 ➔ 2명,
튀김: 희진, 규민, 우진 ➔ 3명입니다.
따라서 동우가 좋아하는 분식은 자료와 표에서 학생 수가 다른 김밥입니다.

03 1단계 (운동화의 수)
=(장화의 수)+4
=2+4=6(켤레)

2단계 (구두의 수)
=(합계)−(운동화, 장화, 샌들 수의 합)
=20−13=7(켤레)

04 (야채김밥을 좋아하는 학생 수)
=(치즈김밥을 좋아하는 학생 수)−2
=7−2=5(명)
➔ (참치김밥을 좋아하는 학생 수)
=30−20=10(명)

참고 야채김밥, 불고기김밥, 치즈김밥을 좋아하는 학생은 5+8+7=20(명)입니다.

05 놀이공원에 가 보고 싶은 학생 수는 수족관에 가 보고 싶은 학생 수와 같으므로 9명입니다.
➔ (박물관에 가 보고 싶은 학생 수)
=28−24=4(명)

참고 동물원, 놀이공원, 수족관에 가 보고 싶은 학생은 6+9+9=24(명)입니다.

개념북 5단원

06 1단계 A형: 4명, AB형: 5명, O형: 2명
2단계 (B형인 학생 수)
=(조사한 학생 수)
−(A형, AB형, O형인 학생 수의 합)
=14−11=3(명)

07 미란이네 농장에서 기르는 닭, 오리, 염소, 토끼는 모두 3+2+6+5=16(마리)입니다.
따라서 돼지는 20−16=4(마리)입니다.

08 1단계 꽹과리를 좋아하는 학생은 3명이고, 3의 2배는 6이므로 북을 좋아하는 학생은 6명입니다.
2단계 (조사한 학생 수)
=3+9+6+7=25(명)

09 겨울에 태어난 학생은 2명이고, 2의 3배는 6이므로 가을에 태어난 학생은 6명입니다.
→ (조사한 학생 수)
=7+5+6+2=20(명)

6회 마무리 평가 138~141쪽

01 (바나나)

02 은아, 서윤, 소율, 영서, 준서

03 4, 6, 5, 3, 18

04 6명

05 18명

06 ㉡, ㉣, ㉢

07 6, 4, 2, 4, 16

08 △

09 2명

10 예 그래프의 세로는 좋아하는 생선별 학생 수만큼 표시해야 하므로 세로를 적어도 4칸으로 나누어야 합니다.

11 예

4	/			
3	/			/
2	/	/		/
1	/	/	/	/
학생 수(명) / 생선	갈치	고등어	삼치	조기

12 ❶ 봄, 여름, 가을에 태어난 학생은 모두 5+1+3=9(명)입니다.
❷ 따라서 겨울에 태어난 학생은 13−9=4(명)입니다.

답 4명

13 곤충, 학생 수

14 4명

15 5명

16 연날리기

17 비사치기, 딱지치기

18 2, 5, 14 /

5				○
4	○			○
3	○		○	○
2	○	○	○	○
1	○	○	○	○
학생 수(명) / 혈액형	A형	B형	AB형	O형

19 ㉠

20 예

O형	×	×	×	×	×
AB형	×	×	×		
B형	×	×			
A형	×	×	×	×	
혈액형 / 학생 수(명)	1	2	3	4	5

21 4개

22

4		/	
3	/	/	/
2	/	/	/
1	/	/	/
학생 수(명) / 선물	옷	게임기	인형

23 13명

24 4, 3, 5, 4, 16 /
예

5			○	
4	○		○	○
3	○	○	○	○
2	○	○	○	○
1	○	○	○	○
사각형 수(개) / 색깔	빨간색	파란색	노란색	흰색

25 ❶ 예 하린이가 그린 그림에서 가장 많은 사각형의 색깔은 노란색입니다.
❷ 예 하린이가 그린 그림에서 가장 적은 사각형의 색깔은 파란색입니다.

01 서린이가 좋아하는 과일은 바나나입니다.

03 바나나: 유미, 재윤, 서린, 지한 → 4명
사과: 현민, 진호, 형진, 재영, 린지, 우주 → 6명
귤: 은아, 서윤, 소율, 영서, 준서 → 5명
포도: 리나, 예은, 시은 → 3명
➔ (합계)
$=4+6+5+3=18$(명)

04 표에서 사과를 좋아하는 학생 수를 찾으면 6명입니다.

05 표에서 합계가 18명이므로 유미네 반 학생은 모두 18명입니다.

07 사용한 조각별로 표시를 하면서 수를 세어 봅니다.
➔ (합계)
$=6+4+2+4=16$(개)

08 슬기는 조각을 종류별로 6개씩 가지고 있었으므로 6개를 모두 사용한 조각을 찾으면 ▲ 입니다.

09 표에서 고등어를 좋아하는 학생 수를 찾으면 2명입니다.

10

채점 기준		
	도현이가 그래프를 완성할 수 없는 이유를 쓴 경우	4점

11 생선별 학생 수만큼 /를 한 칸에 하나씩, 아래에서 위로 빠짐없이 채웁니다.

12

채점 기준			
	❶ 봄, 여름, 가을에 태어난 학생은 모두 몇 명인지 구한 경우	2점	4점
	❷ 겨울에 태어난 학생은 몇 명인지 구한 경우	2점	

14 표에서 백설기를 좋아하는 학생 수를 찾으면 4명입니다.

15 인절미를 좋아하는 학생은 2명, 찹쌀떡을 좋아하는 학생은 3명입니다.
➔ $2+3=5$(명)

16 가장 적은 학생들이 좋아하는 민속놀이는 그래프에서 ○의 수가 가장 적은 연날리기입니다.

17 그래프에서 ○의 수가 5보다 많은 민속놀이는 비사치기, 딱지치기입니다.

18 A형: 4명, B형: 2명, AB형: 3명, O형: 5명
➔ (합계)
$=4+2+3+5=14$(명)

19 ㉠ 진주의 혈액형은 표나 그래프를 보고 알 수 없습니다.
㉡ 진주네 반 학생은 14명입니다.
㉢ B형인 학생은 2명입니다.

20 그래프의 가로에 학생 수를, 세로에 혈액형을 나타냅니다.
혈액형별 학생 수만큼 ×를 한 칸에 하나씩, 왼쪽에서 오른쪽으로 빠짐없이 채웁니다.

21 (채율이가 모은 구슬 수)
=(경지가 모은 구슬 수)-2
$=7-2=5$(개)
➔ (승혜가 모은 구슬 수)
=(합계)−(경지, 채율이가 모은 구슬 수의 합)
$=16-12=4$(개)

22 옷과 게임기를 받고 싶은 학생은 $3+4=7$(명)입니다.
따라서 인형을 받고 싶은 학생은
$10-7=3$(명)입니다.

23 사탕을 좋아하는 학생은 2명이고, 2의 2배는 4이므로 젤리를 좋아하는 학생은 4명입니다.
➔ (조사한 학생 수)
$=3+4+2+4=13$(명)

24 그래프로 나타낼 때에는 ○, ×, / 중 하나를 이용하여 나타냅니다.

25

채점 기준			
	❶ 그래프를 보고 알 수 있는 내용을 1가지 쓴 경우	2점	4점
	❷ 그래프를 보고 알 수 있는 다른 내용을 1가지 쓴 경우	2점	

개념북 5 단원

6. 규칙 찾기

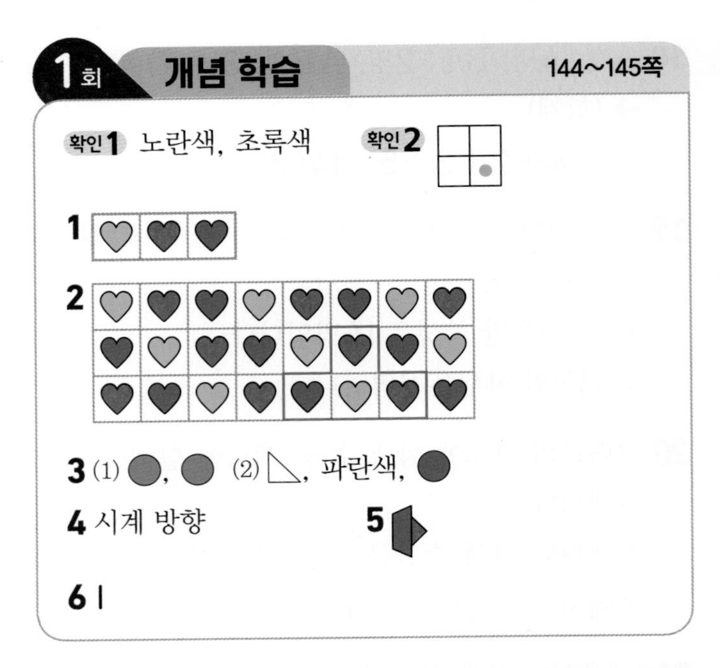

1회 개념 학습 144~145쪽

확인1 노란색, 초록색 확인2

1

2

3 (1) ●, ● (2) △, 파란색, ●

4 시계 방향 5

6 1

2 연두색, 빨간색, 파란색이 반복되므로 연두색 다음은 빨간색, 빨간색 다음은 파란색, 연두색, 빨간색입니다.

4 참고 시계 반대 방향 시계 방향

5 배 모양이 시계 반대 방향으로 돌아갑니다.

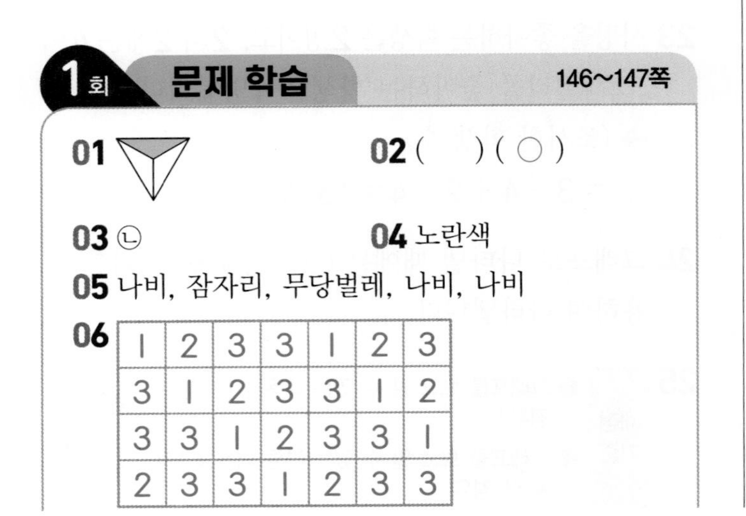

1회 문제 학습 146~147쪽

01

02 ( )(○)

03 ㉡ 04 노란색

05 나비, 잠자리, 무당벌레, 나비, 나비

06

1	2	3	3	1	2	3
3	1	2	3	3	1	2
3	3	1	2	3	3	1
2	3	3	1	2	3	3

07 ㉡

08 예 • 별, 달, 해가 반복됩니다.
• ↘ 방향으로 같은 모양이 반복됩니다.

09 사과

10 예

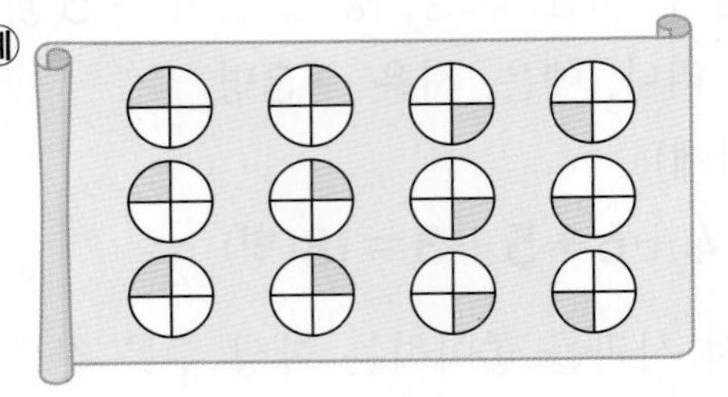

11 ❶ 1 ❷ 파란색 답 파란색

12 ❶ 빨간색, 파란색이 반복되고, 구슬이 1개씩 늘어납니다.
❷ 따라서 ㉠에 알맞은 색깔은 빨간색입니다.
답 빨간색

01 분홍색으로 색칠된 부분이 시계 방향으로 돌아갑니다.

03 주황색, 연두색, 보라색이 반복되므로 주황색 다음은 연두색입니다.

04 노란색, 초록색, 파란색이 반복되므로 빈칸에 알맞은 인형의 색깔은 노란색입니다.

05 잠자리, 무당벌레, 나비, 나비가 반복됩니다.

09 사과, 레몬, 사과, 감이 반복되므로 ㉠에 알맞은 과일은 사과입니다.

10 색칠된 부분이 시계 방향 또는 시계 반대 방향으로 돌아가는 규칙을 정하거나 여러 색이 반복되는 규칙을 정해 무늬를 만듭니다.

[평가 기준] 색칠한 무늬의 규칙을 설명할 수 있으면 정답으로 인정합니다.

11

채점 기준			
	❶ 규칙을 찾아 쓴 경우	3점	5점
	❷ ㉠에 알맞은 색깔을 구한 경우	2점	

12

채점 기준			
	❶ 규칙을 찾아 쓴 경우	3점	5점
	❷ ㉠에 알맞은 색깔을 구한 경우	2점	

2회 개념 학습 148~149쪽

확인 1 2　　확인 2 2

1 (1) 3, 2 (2) 3, 1

2 ○ □

3 (1) × (2) ○

4 (1) 2 (2) 3

3 (1) 쌓기나무가 왼쪽, 위쪽으로 각각 1개씩 늘어납니다.

4 (1) 쌓기나무가 뒤쪽, 오른쪽으로 각각 1개씩 늘어납니다. ➔ 쌓기나무가 2개씩 늘어납니다.

(2) 쌓기나무가 왼쪽으로 1개, 뒤쪽으로 2개씩 늘어납니다. ➔ 쌓기나무가 3개씩 늘어납니다.

2회 문제 학습 150~151쪽

01 2, 1　　**02** 시우

03 예 빨간색 쌓기나무가 있고 쌓기나무 2개가 앞쪽, 뒤쪽으로 번갈아 가며 나타납니다.

04 (1) ㉠ (2) ㉢　　**05** (　) (○)

06 ㉡　　**07** 6개

08 16개　　**09** ❶ 1 ❷ 1, 6 답 6개

10 ❶ 쌓기나무가 왼쪽으로 1개씩 늘어납니다.

❷ 마지막 모양에 쌓은 쌓기나무가 4개이므로 다음에 이어질 모양에 쌓을 쌓기나무는 모두 $4+1=5$(개)입니다. 답 5개

03 [평가 기준] 빨간색 쌓기나무를 기준으로 쌓기나무 2개가 번갈아 가며 나타나는 것을 변하는 위치와 함께 설명한 경우 정답으로 인정합니다.

04 (1) 쌓기나무가 1층, 2층, 3층으로 반복됩니다.

(2) 쌓기나무가 오른쪽으로 1개씩 늘어납니다.

05 왼쪽 모양은 쌓기나무의 수가 왼쪽에서 오른쪽으로 3개, 2개씩 반복됩니다.

06 ㉡ 빈칸에 들어갈 모양은 [쌓기나무 모양] 입니다.

07 쌓기나무가 1층에서 오른쪽으로 2층, 3층, 4층으로 늘어납니다. ➔ $1+2+3=6$(개)

08 4층으로 쌓으면 4줄씩 4층으로 된 모양이므로 필요한 쌓기나무는 모두 $4\times4=16$(개)입니다.

09

채점 기준			
	❶ 쌓기나무를 쌓은 규칙을 찾아 쓴 경우	3점	5점
	❷ 다음에 이어질 모양에 쌓을 쌓기나무는 모두 몇 개인지 구한 경우	2점	

10

채점 기준			
	❶ 쌓기나무를 쌓은 규칙을 찾아 쓴 경우	3점	5점
	❷ 다음에 이어질 모양에 쌓을 쌓기나무는 모두 몇 개인지 구한 경우	2점	

3회 개념 학습 152~153쪽

확인 1 같은　　확인 2 짝수

1

+	1	2	3	4	5	6	7	8
1	2	3	4	5	6	7	8	9
2	3	4	5	6	7	8	9	10
3	4	5	6	7	8	9	10	11
4	5	6	7	8	9	10	11	12
5	6	7	8	9	10	11	12	13
6	7	8	9	10	11	12	13	14
7	8	9	10	11	12	13	14	15
8	9	10	11	12	13	14	15	16

2 (1) 1 (2) 1　　**3** 같은

4

×	2	3	4	5	6	7	8	9
2	4	6	8	10	12	14	16	18
3	6	9	12	15	18	21	24	27
4	8	12	16	20	24	28	32	36
5	10	15	20	25	30	35	40	45
6	12	18	24	30	36	42	48	54
7	14	21	28	35	42	49	56	63
8	16	24	32	40	48	56	64	72
9	18	27	36	45	54	63	72	81

5 (1) 4 (2) 5　　**6** 짝수

개념북 6 단원

2 (1) 5 6 7 8 9 10 11 12 (+1 +1 +1 +1 +1 +1 +1)

(2) 3 4 5 6 7 8 9 10 (+1 +1 +1 +1 +1 +1 +1)

5 (1) 8 12 16 20 24 28 32 36 (+4 +4 +4 +4 +4 +4 +4)

(2) 10 15 20 25 30 35 40 45 (+5 +5 +5 +5 +5 +5 +5)

6 16, 24, 32, 40, 48, 56, 64, 72 → 짝수

3회 문제 학습 154~155쪽

01

+	1	3	5	7	9
1	2	4	6	8	10
3	4	6	8	10	12
5	6	8	10	12	14
7	8	10	12	14	16
9	10	12	14	16	18

/ ㉠

02 예

+	0	1	2	3	4
2	2	3	4	5	6
3	3	4	5	6	7
4	4	5	6	7	8
5	5	6	7	8	9
6	6	7	8	9	10

/

예 • ↙ 방향으로 같은 수가 있습니다.
• ↘ 방향으로 갈수록 2씩 커집니다.

03 나연

04

×	2	4	6	8
2	4	8	12	16
4	8	16	24	32
6	12	24	36	48
8	16	32	48	64

05

13	14	15
14	15	16
15	16	17

06

	18	24	
14	21	28	35
16		32	

07 ❶ 1, 2, 8, 12 ❷ ㉡ 답 ㉡

08 ❶ 12, 18, ㉠은 오른쪽으로 갈수록 6씩 커지고, 12, 20, ㉡은 아래쪽으로 내려갈수록 8씩 커집니다. → ㉠=24, ㉡=28

❷ 따라서 더 큰 수는 ㉡입니다. 답 ㉡

01 ㉡ 오른쪽으로 갈수록 2씩 커집니다.

02 [평가 기준]

+	1	2	3	4	5
1	2	3	4	5	6
2	3	4	5	6	7
3	4	5	6	7	8
4	5	6	7	8	9
5	6	7	8	9	10

,

+	0	1	2	3	4
2	2	3	4	5	6
3	3	4	5	6	7
4	4	5	6	7	8
5	5	6	7	8	9
6	6	7	8	9	10

,

+	2	3	4	5	6
0	2	3	4	5	6
1	3	4	5	6	7
2	4	5	6	7	8
3	5	6	7	8	9
4	6	7	8	9	10

3개의 덧셈표 중 하나와 같게 덧셈표를 만들고, 만든 덧셈표에서 규칙을 찾아 설명한 경우 정답으로 인정합니다.

03 규문: 9 12 15 18 21 24 (+3 +3 +3 +3 +3)이므로 오른쪽으로 갈수록 3씩 커집니다.

04 12 24 36 48 (+12 +12 +12)이므로 12씩 커지는 규칙을 찾아 색칠합니다.

05 오른쪽으로 갈수록 1씩 커지고, 아래쪽으로 내려갈수록 1씩 커집니다.

06 ■단 곱셈구구에 있는 수는 오른쪽으로 갈수록 ■씩 커지고, 아래쪽으로 내려갈수록 ■씩 커집니다.

07

채점 기준			
채점 기준	❶ 규칙을 찾아 ㉠, ㉡에 알맞은 수를 각각 구한 경우	3점	5점
	❷ ㉠과 ㉡에 알맞은 수 중 더 큰 수는 무엇인지 구한 경우	2점	

08

채점 기준			
채점 기준	❶ 규칙을 찾아 ㉠, ㉡에 알맞은 수를 각각 구한 경우	3점	5점
	❷ ㉠과 ㉡에 알맞은 수 중 더 큰 수는 무엇인지 구한 경우	2점	

4회 개념 학습 156~157쪽

확인 1 (1) 1 (2) 3 (3) 2 (4) 4

1

7월	일	월	화	수	목	금	토
				(1)	2	3	4
	5	6	7	(8)	9	10	11
	12	13	14	(15)	16	17	18
	19	20	21	(22)	23	24	25
	26	27	28	(29)	30	31	

/ 7일

2 6, 커집니다

3 빨간색, 파란색

4 (1) 1 (2) 6 (3) 5

5 (위에서부터) 7, 11, 24, 30, 37

1 수요일은 1일, 8일, 15일, 22일, 29일이므로 7일마다 반복됩니다.

2 4 10 16 22 28, 11 17 23 29, ⋯ (+6 +6 +6 +6, +6 +6 +6)
따라서 ↙ 방향으로 갈수록 6씩 커집니다.

4 (1) 19 20 21 22 23 24 (+1 +1 +1 +1 +1)
(2) 1 7 13 19 (+6 +6 +6)
(3) 4 9 14 19 (+5 +5 +5)

5 오른쪽으로 갈수록 1씩 커지고, 아래쪽으로 내려갈수록 8씩 커집니다.

4회 문제 학습 158~159쪽

01 파란색, 노란색, 초록색

02

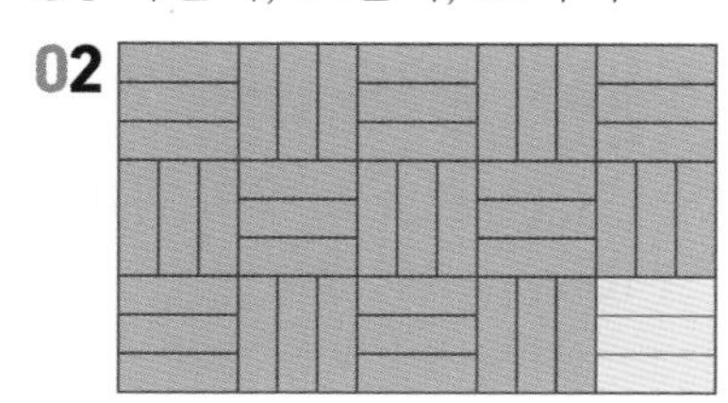

03 예 • 아래쪽으로 내려갈수록 3씩 작아집니다.
• 오른쪽으로 갈수록 1씩 커집니다.

04

05 20, 10

06 ㉡

07 예 가 구역 /
예 • ↓ 방향으로 갈수록 6씩 커집니다.
• 오른쪽 갈수록 1씩 커집니다.

08 ❶ 5 ❷ 5, 5, 15 답 15번

09 ❶ 아래쪽으로 내려갈수록 6씩 커집니다.
❷ 따라서 유나의 신발장 번호는 6+6+6=18(번)입니다. 답 18번

02 사각형이 3개씩 가로, 세로로 반복됩니다.
따라서 빈칸에 알맞은 무늬는 사각형 3개가 가로로 놓인 무늬입니다.

03 → 방향, ↓ 방향, ↘ 방향, ↙ 방향 등 다양한 방향의 규칙을 찾을 수 있습니다.

04 오른쪽으로 갈수록 8씩 커집니다. 7 15 (+8)

다른 풀이 위쪽으로 올라갈수록 1씩 커지는 규칙을 찾아 15층의 버튼을 찾을 수도 있습니다.

05 • 시청행 버스
7:00 7:20 7:40 8:00 8:20 8:40 (+20분 +20분 +20분 +20분 +20분)
• 시장행 버스
8:00 8:10 8:20 8:30 8:40 8:50 (+10분 +10분 +10분 +10분 +10분)

06 ㉡ ↙ 방향으로 갈수록 6씩 커집니다.

07 참고 나 구역은 ↓ 방향으로 갈수록 10씩 커지고, 오른쪽으로 갈수록 1씩 커집니다.
[평가 기준] 가 구역과 나 구역 중 하나를 골라 고른 구역에 맞게 규칙을 쓴 경우 정답으로 인정합니다.

개념북 6단원

08 채점 기준

❶ 사물함 번호의 규칙을 찾아 쓴 경우	3점	5점
❷ 태호의 사물함 번호는 몇 번인지 구한 경우	2점	

09 채점 기준

❶ 신발장 번호의 규칙을 찾아 쓴 경우	3점	5점
❷ 유나의 신발장 번호는 몇 번인지 구한 경우	2점	

참고 오른쪽으로 갈수록 1씩 커지는 규칙을 찾아 유나의 신발장 번호를 구할 수도 있습니다.

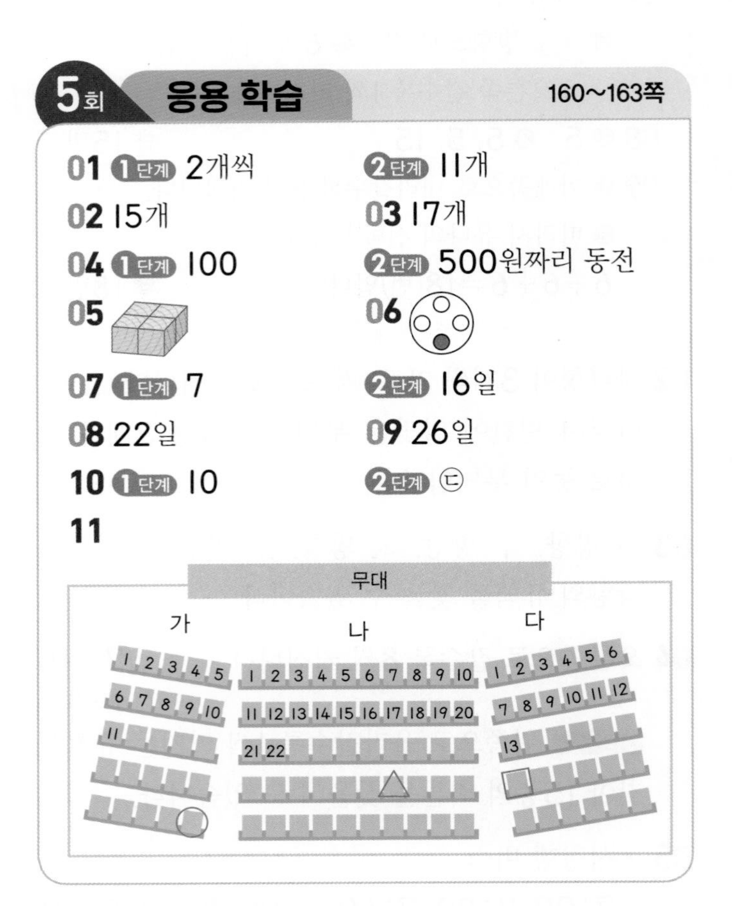

01 1단계 쌓기나무가 2개씩 늘어납니다.

2단계 네 번째 모양을 만드는 데 필요한 쌓기나무는 $7+2=9$(개)이고, 다섯 번째 모양을 만드는 데 필요한 쌓기나무는 $9+2=11$(개)입니다.

참고 • 네 번째 모양 • 다섯 번째 모양

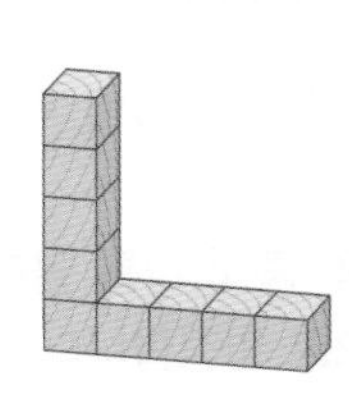

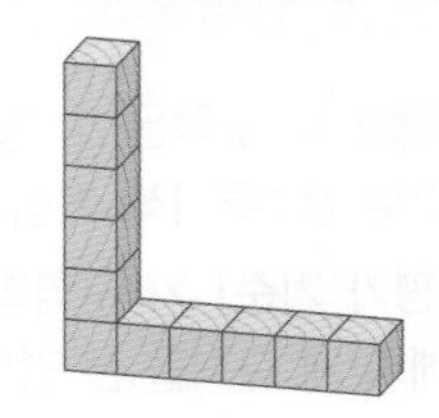

02 쌓기나무가 3개씩 늘어납니다.

따라서 네 번째 모양을 만드는 데 필요한 쌓기나무는 $9+3=12$(개)이고, 다섯 번째 모양을 만드는 데 필요한 쌓기나무는 $12+3=15$(개)입니다.

03 쌓기나무가 4개씩 늘어납니다.

따라서 네 번째 모양을 만드는 데 필요한 쌓기나무는 $9+4=13$(개)이고, 다섯 번째 모양을 만드는 데 필요한 쌓기나무는 $13+4=17$(개)입니다.

05 , 이 반복되므로 9번째에 놓을 모양은 입니다.

06 ●이 시계 방향으로 돌아가므로 12번째에 올 모양은 입니다.

07 2단계 첫째 수요일이 2일이므로

둘째 수요일은 $2+7=9$(일),

셋째 수요일은 $9+7=16$(일)입니다.

참고 수요일

수요일
2
9
16

(+7, +7)

08 첫째 금요일이 1일이므로

둘째 금요일은 $1+7=8$(일),

셋째 금요일은 $8+7=15$(일),

넷째 금요일은 $15+7=22$(일)입니다.

09 첫째 월요일이 5일이므로 $5+7=12$(일), $12+7=19$(일), $19+7=26$(일)이 모두 월요일입니다.

➔ 마지막 월요일은 26일입니다.

10 2단계 3 13 23 33이므로 하리의 자리는 ㉢입니다.

(+10 +10 +10)

11 • 가 구역: 뒤로 갈수록 5씩 커집니다.

5 10 15 20 25 (+5 +5 +5 +5)

• 나 구역: 뒤로 갈수록 10씩 커집니다.

7 17 27 37 (+10 +10 +10)

• 다 구역: 뒤로 갈수록 6씩 커집니다.

1 7 13 19 (+6 +6 +6)

6회 마무리 평가 164~167쪽

01 빨간색, ♥

02 △

03 ⊕

04 ㉠

05

×	5	6	7	8	9
5	25	30	35	40	45
6	30	36	42	48	54
7	35	42	49	56	63
8	40	48	56	64	72
9	45	54	63	72	81

06 8씩

07 7

08 원 / 노란색

09

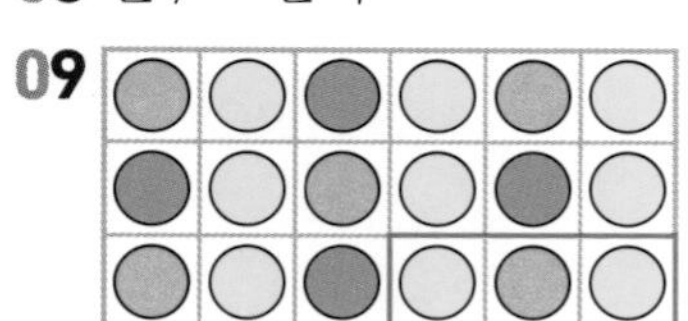

10

1	2	3	2	1	2
3	2	1	2	3	2
1	2	3	2	1	2

11 유준

12

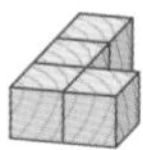

13 ❶ 쌓기나무가 오른쪽으로 1개씩 늘어납니다.

❷ 마지막 모양에 쌓은 쌓기나무가 4개이므로 다음에 이어질 모양에 쌓을 쌓기나무는 모두 4+1=5(개)입니다.

답 5개

14 ㉢

15

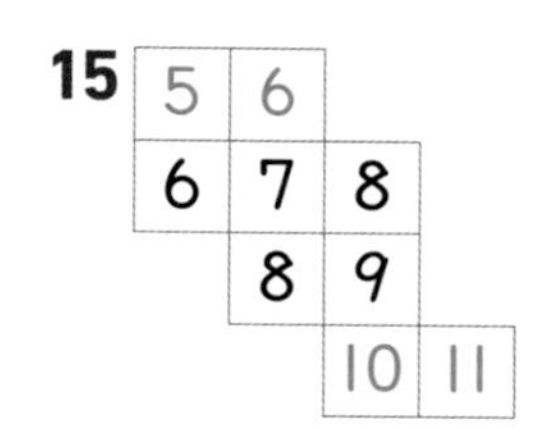

16 예 오른쪽으로 갈수록 8씩 커집니다.

17 짝수

18 예 • 아래쪽으로 내려갈수록 3씩 커집니다.

• 오른쪽으로 갈수록 1씩 커집니다.

19 30, 20

20

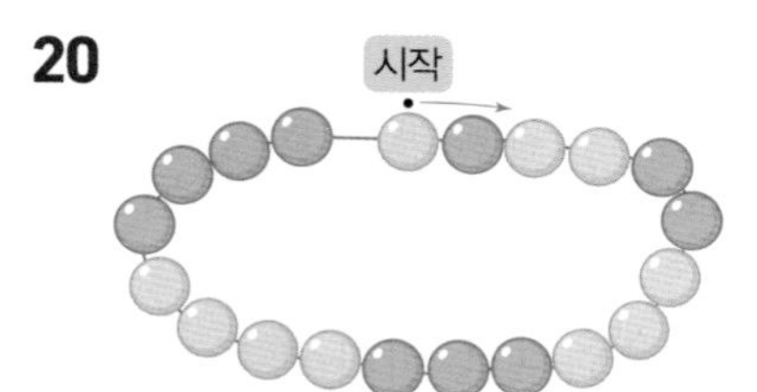

21 12개

22 ❶ 같은 요일에 있는 수는 아래쪽으로 내려갈수록 7씩 커집니다.

❷ 첫째 토요일이 1일이므로 1+7=8(일), 8+7=15(일), 15+7=22(일), 22+7=29(일)이 모두 토요일입니다.

➔ 마지막 토요일은 29일입니다.

답 29일

23

24

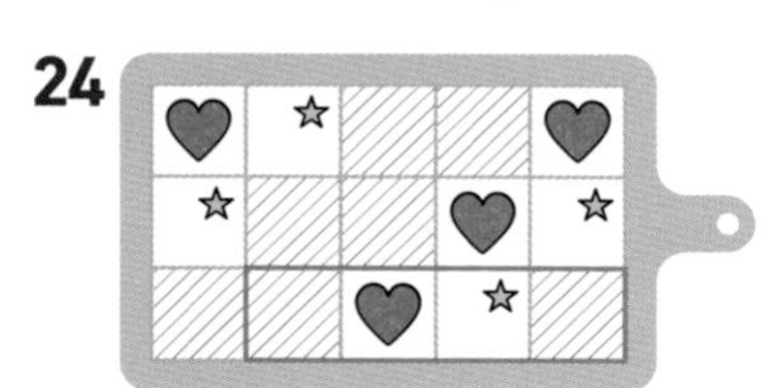

25 ❶ 초록색, 빨간색이 반복되고, 빨간색 구슬이 1개씩 늘어납니다.

❷ 따라서 ㉠에 알맞은 색깔은 초록색입니다.

답 초록색

개념북 6단원

02 △, ○, □이 반복됩니다.

03 노란색으로 색칠된 부분이 시계 반대 방향으로 돌아갑니다.

04 쌓기나무의 수가 왼쪽에서 오른쪽으로 2개, 3개씩 반복됩니다.

06 40 48 56 64 72
+8 +8 +8 +8

07 35 42 49 56 63
+7 +7 +7 +7

08 삼각형, 원이 반복되고, 빨간색, 노란색, 초록색이 반복됩니다.

09 주황색, 노란색, 보라색, 노란색이 반복됩니다.

12 (쌓기나무 모양), (쌓기나무 모양)이 반복되므로 빈칸에 들어갈 모양은 (쌓기나무 모양)입니다.

13

채점 기준			
	❶ 쌓기나무를 쌓은 규칙을 찾아 쓴 경우	2점	4점
	❷ 다음에 이어질 모양에 쌓을 쌓기나무는 모두 몇 개인지 구한 경우	2점	

14 ㉠ 오른쪽으로 갈수록 2씩 커집니다.
㉡ 아래쪽으로 내려갈수록 2씩 커집니다.

15 오른쪽으로 갈수록 1씩 커지고, 아래쪽으로 내려갈수록 1씩 커지는 규칙을 이용하여 빈칸에 알맞은 수를 써넣습니다.

16 8 16 24 32
+8 +8 +8

18 → 방향, ↓ 방향, ↘ 방향, ↙ 방향 등 다양한 방향의 규칙을 찾을 수 있습니다.

19 • 평일
7:00 7:30 8:00 8:30 9:00
+30분 +30분 +30분 +30분
• 주말
7:00 7:20 7:40 8:00 8:20
+20분 +20분 +20분 +20분

20 노란색, 빨간색 구슬이 각각 1개씩 늘어나며 반복됩니다.

21 쌓기나무가 2개씩 늘어납니다.
따라서 네 번째 모양을 만드는 데 필요한 쌓기나무는 8+2=10(개)이고, 다섯 번째 모양을 만드는 데 필요한 쌓기나무는 10+2=12(개)입니다.

22

채점 기준			
	❶ 달력에서 규칙을 찾아 쓴 경우	2점	4점
	❷ 이달의 마지막 토요일은 며칠인지 구한 경우	2점	

23 나 구역은 ↓ 방향으로 갈수록 4씩 커집니다.
1 5 9 13
+4 +4 +4
따라서 규호의 자리는 나 구역 앞에서 넷째 줄의 왼쪽에서 첫째 자리입니다.

24 ♥, ☆, ▨, ▨가 반복됩니다.

25

채점 기준			
	❶ 채아가 만든 받침대 무늬의 규칙을 찾아 쓴 경우	2점	4점
	❷ ㉠에 알맞은 색깔을 구한 경우	2점	

모바일 빠른 정답
QR코드를 찍으면 정답과 풀이를 쉽고 빠르게 확인할 수 있습니다.

1. 네 자리 수

단원 평가 A단계 2~4쪽

01 1000, 천 **02** 7000
03 사천이십구 **04** 3, 30
05 1550, 1650, 1850
06 ⑤ **07** 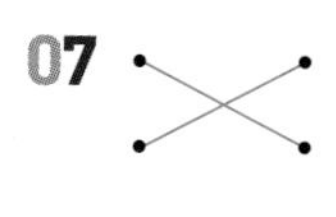

08 5000개
09 ❶ 백의 자리 숫자를 각각 알아봅니다.
㉠ 7048 → 0, ㉡ 4973 → 9,
㉢ 3457 → 4, ㉣ 2794 → 7
❷ 따라서 백의 자리 숫자가 7인 것은 ㉣입니다.
답 ㉣

10 4350원 **11** 4731
12 500, 5000 **13** 1000씩
14 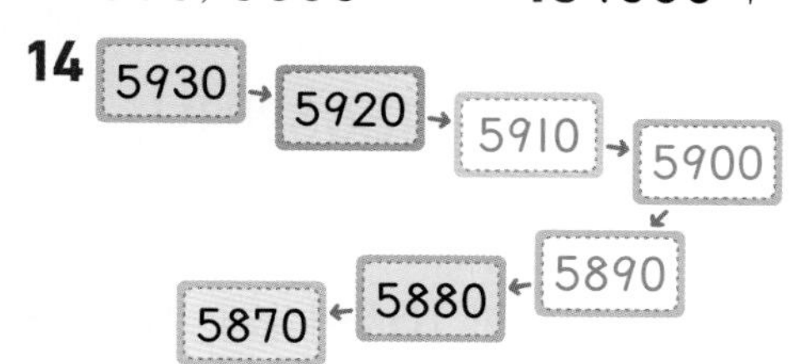

15 > **16** ( ) (○) (△)
17 ❶ 도현이가 말한 수는 6847이고, 채아가 말한 수는 6863입니다.
❷ 6847과 6863의 천의 자리, 백의 자리 수가 같으므로 십의 자리 수를 비교하면 4<6입니다. → 6847<6863
따라서 더 큰 수를 말한 사람은 채아입니다.
답 채아

18 7572 **19** 고추 / 양파
20 5개

06 ⑤ 900보다 100만큼 더 작은 수는 800입니다.

07 • 300은 700이 더 있어야 1000이 됩니다.
• 500은 500이 더 있어야 1000이 됩니다.
• 200은 800이 더 있어야 1000이 됩니다.

08 1000이 5개이면 5000입니다.
→ 문구점에서 산 구슬은 모두 5000개입니다.

09

채점 기준			
	❶ ㉠, ㉡, ㉢, ㉣의 백의 자리 숫자를 각각 구한 경우	3점	5점
	❷ 백의 자리 숫자가 7인 것을 찾아 기호를 쓴 경우	2점	

11 숫자 3이 나타내는 수를 각각 알아봅니다.
1304 → 300, 4731 → 30, 3574 → 3000

12 • ㉠의 숫자 5는 백의 자리 숫자이므로 500을 나타냅니다.
• ㉡의 숫자 5는 천의 자리 숫자이므로 5000을 나타냅니다.

13 천의 자리 수가 1씩 커지므로 1000씩 뛰어 센 것입니다.

14 10씩 거꾸로 뛰어 세면 십의 자리 수가 1씩 작아집니다.
→ 5930−5920−5910−5900−5890−5880−5870

17

채점 기준			
	❶ 도현이와 채아가 말한 수를 각각 구한 경우	2점	5점
	❷ 더 큰 수를 말한 사람은 누구인지 구한 경우	3점	

18 100이 15개이면 1000이 1개, 100이 5개인 것과 같습니다.
→ 1000이 7개, 100이 5개, 10이 7개, 1이 2개인 수와 같으므로 7572입니다.

20 천의 자리 숫자가 4, 백의 자리 숫자가 6인 네 자리 수는 46□□입니다.
4605보다 작은 46□□는 4600, 4601, 4602, 4603, 4604로 모두 5개입니다.

평가북 1단원

단원 평가 B단계 5~7쪽

01 1000
02 (위에서부터) 4000, 사천 / 9000, 구천
03 ❶ 1000이 3개, 100이 1개, 10이 6개, 1이 6개이면 3166입니다.
❷ 3166은 삼천백육십육이라고 읽습니다.
답 삼천백육십육

04 4782 05 400
06 ㉡ 07 3000원
08 다은 09 ⑤
10 ㉢ 11 3429, 8473
12 ㉠
13 2894 / 2914, 2924
14 5008 15 7940
16 ❶ 세 수의 천의 자리 수를 비교하면 4>3이므로 가장 큰 수는 4190입니다.
❷ 3020과 3765의 백의 자리 수를 비교하면 0<7이므로 가장 작은 수는 3020입니다.
답 3020
17 9863, 1368 18 2
19 7015 20 4개

03 채점 기준			
	❶ 수 모형이 나타내는 수를 구한 경우	3점	5점
	❷ 수 모형이 나타내는 수를 읽은 경우	2점	

05 100을 10개 묶으면 100이 4개 남으므로 남는 수는 400입니다.

06 ㉠ 1000 ㉡ 910 ㉢ 1000

07 100이 10개이면 1000이 1개인 것과 같습니다.
➔ 1000이 3개이면 3000이므로 돈은 모두 3000원입니다.

08 유준: 7504에서 천의 자리 숫자 7은 7000을 나타냅니다.
따라서 바르게 설명한 사람은 다은이입니다.

09 ⑤ 5 0 0 7
오천 × × 칠

10 ㉠ 4205 ➔ 5 ㉡ 1859 ➔ 50
㉢ 5963 ➔ 5000 ㉣ 4537 ➔ 500

11 3429 ➔ 400 5846 ➔ 40
4295 ➔ 4000 2904 ➔ 4
8473 ➔ 400 6748 ➔ 40

12 ㉠ 천구백삼: 1903 ➔ 1개
㉡ 칠천: 7000 ➔ 3개
㉢ 오천이백: 5200 ➔ 2개

14 100씩 뛰어 센 것입니다.
➔ 4508−4608−4708−4808−4908−5008

15 천의 자리 수를 비교하면 7<8입니다.
➔ 7940<8056

16 채점 기준			
	❶ 가장 큰 수를 구한 경우	3점	5점
	❷ 가장 작은 수를 구한 경우	2점	

17 • 9>8>6>3>1이므로 만들 수 있는 네 자리 수 중 가장 큰 수는 9863입니다.
• 1<3<6<8<9이므로 만들 수 있는 네 자리 수 중 가장 작은 수는 1368입니다.

18 100이 11개이면 1000이 1개, 100이 1개인 것과 같고, 10이 16개이면 100이 1개, 10이 6개인 것과 같습니다.
➔ 1000이 5개, 100이 2개, 10이 6개인 수와 같으므로 5260이고, 백의 자리 숫자는 2입니다.

19 어떤 수는 7315에서 100씩 거꾸로 3번 뛰어 센 수와 같습니다.
➔ 7315−7215−7115−7015

20 백의 자리 수를 비교하면 5<8이므로 □ 안에 6 또는 6보다 큰 수가 들어가야 합니다.
➔ □ 안에 들어갈 수 있는 수는 6, 7, 8, 9이므로 모두 4개입니다.

2. 곱셈구구

단원 평가 A단계 8~10쪽

01 8, 8 **02** 5

03 4, 24 **04** (위에서부터) 54, 63

05 (위에서부터) 16, 20, 24 / 20 / 30, 36

06 ( ) (○) ( )

07

08

6	9	12	16	18
20	21	24	27	29

09 3, 12 **10** 8, 32 / 4, 32

11

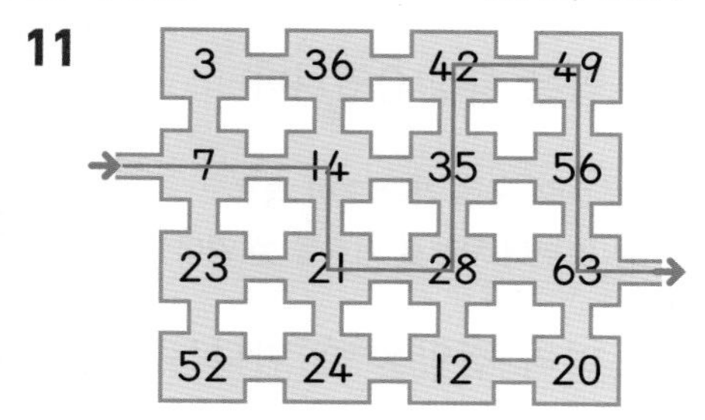

12

13 ❶ ㉠ $8\times4=32$, ㉡ $5\times7=35$,
㉢ $6\times5=30$
❷ 따라서 곱이 35인 곱셈구구는 ㉡입니다.

답 ㉡

14 ㉣ **15** 0

16

×	2	3	4	5	6
2	4	6	8	10	12
3	6	9	12	15	18
4	8	12	16	20	24
5	10	15	20	25	30
6	12	18	24	30	36

/ 2, 6, 12 / 3, 4, 12 / 4, 3, 12

17 45세 **18** 3

19 사과, 2개

20 ❶ 0이 적힌 공을 2번 꺼냈으므로 $0\times2=0$(점)이고, 2가 적힌 공을 5번 꺼냈으므로 $2\times5=10$(점)입니다.
❷ 따라서 얻은 점수는 모두 $0+4+10=14$(점)입니다.

답 14점

06 $2\times3=6$, $2\times5=10$, $2\times7=14$

07 $3\times5=15$는 3씩 5묶음이므로 빈 곳에 ○를 3개씩 그립니다.

09 4씩 3묶음 → $4\times3=12$

10 • 4씩 8묶음 → $4\times8=32$
• 8씩 4묶음 → $8\times4=32$

11 7단 곱셈구구의 값은 7, 14, 21, 28, 35, 42, 49, 56, 63입니다.

13

채점 기준			
	❶ ㉠, ㉡, ㉢의 곱을 각각 구한 경우	3점	5점
	❷ 곱이 35인 곱셈구구를 찾아 기호를 쓴 경우	2점	

14 ㉠ 3 ㉡ 0 ㉢ 0 ㉣ 8

15 $0\times4=0$이므로 $9\times\square=0$입니다.
어떤 수와 0의 곱은 항상 0이므로 □ 안에 알맞은 수는 0입니다.

16 $6\times2=12$이므로 곱셈표에서 곱이 12인 곱셈구구를 모두 찾습니다.

17 9의 5배이므로 $9\times5=45$입니다.
따라서 지우 어머니의 연세는 45세입니다.

18 • $9\times2=18$이므로 ●에 알맞은 수는 18입니다.
• $6\times★=18$에서 $6\times3=18$이므로 ★에 알맞은 수는 3입니다.

19 사과: $7\times6=42$(개), 감: $8\times5=40$(개)
→ $42>40$이므로 사과가 $42-40=2$(개) 더 많습니다.

20

채점 기준			
	❶ 0이 적힌 공, 2가 적힌 공을 꺼내어 얻은 점수를 각각 구한 경우	3점	5점
	❷ 얻은 점수는 모두 몇 점인지 구한 경우	2점	

평가북 2단원

단원 평가 B단계

11~13쪽

01 5

02 7, 49

03

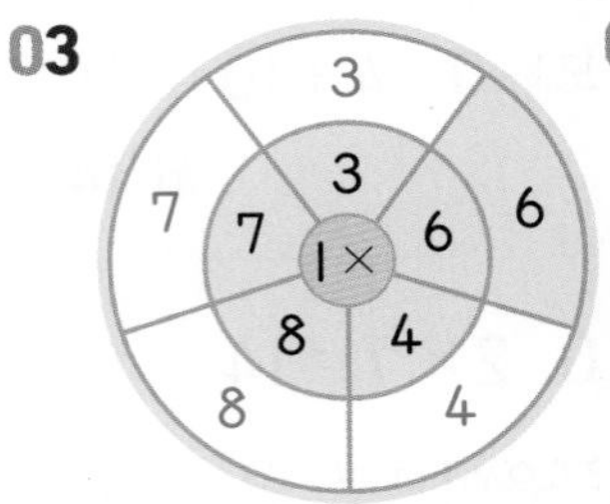

04

×	2	4	8
3	6	12	24
6	12	24	48
9	18	36	72

05 30

06 ㉡

07 <

08 유진

09 7, 6, 3

10 ②

11 4, 8

12 15

13 (○) (　)

14 ❶ ㉠ $8\times8=64$, ㉡ $1\times9=9$,
㉢ $7\times6=42$, ㉣ $5\times0=0$
❷ $0<9<42<64$이므로 곱이 작은 것부터 차례로 기호를 쓰면 ㉣, ㉡, ㉢, ㉠입니다.

답 ㉣, ㉡, ㉢, ㉠

15 ㉤

16 42명

17 ❶ 예 6×4와 2×2를 더하면 사탕은 모두 $24+4=28$(개)입니다.
❷ 예 8×4에서 4를 빼면 사탕은 모두 $32-4=28$(개)입니다.

18 3개

19 7점

20 34개

02 7씩 7묶음 → $7\times7=49$

03 $1\times$■$=$■

04 세로줄과 가로줄의 수가 만나는 칸에 두 수의 곱을 써넣습니다.

05 $5\times6=30$ (cm)

06 3씩 6묶음 → $3\times6=18$

07 $2\times8=16$, $6\times3=18$ → $16<18$

08 정민: 8씩 3번 더해서 구할 수 있습니다.
따라서 바르게 말한 사람은 유진이입니다.

09 $9\times$□의 □ 안에 수 카드의 수를 작은 수부터 차례로 넣어봅니다.
$9\times3=27$(×), $9\times6=54$(×),
$9\times7=63$(○)

10

×	1	2	3	4	5	6	7	8	9
7	7	14	21	28	35	42	49	56	63
			①			③	④		⑤

11 • $7\times4=28$ → ㉠$=4$
• $9\times8=72$ → ㉡$=8$

12 3단 곱셈구구의 값은 3, 6, 9, 12, 15, 18, 21, 24, 27입니다.
이 중 12보다 크고 21보다 작은 홀수는 15입니다.

13 0과 어떤 수의 곱은 항상 0입니다.

14

채점 기준			
채점 기준	❶ ㉠, ㉡, ㉢, ㉣의 곱을 각각 구한 경우	3점	5점
	❷ 곱이 작은 것부터 차례로 기호를 쓴 경우	2점	

15 초록색 점선을 따라 접었을 때 만나는 곱셈구구의 곱이 같습니다.

17

채점 기준			
채점 기준	❶ 곱셈구구를 이용하여 사탕의 수를 구하는 방법을 한 가지 설명한 경우	3점	5점
	❷ 곱셈구구를 이용하여 사탕의 수를 구하는 다른 방법을 설명한 경우	2점	

18 ㉠ $6\times6=36$ ㉡ $8\times5=40$
→ 36과 40 사이에 있는 수는 37, 38, 39이므로 모두 3개입니다.

19

과녁에 적힌 수	0	1	3
맞힌 화살(개)	3	4	1
얻은 점수(점)	$0\times3=0$	$1\times4=4$	$3\times1=3$

→ $0+4+3=7$(점)

20 • 오토바이 7대의 바퀴 수: $2\times7=14$(개)
• 자동차 5대의 바퀴 수: $4\times5=20$(개)
따라서 오토바이 7대와 자동차 5대의 바퀴는 모두 $14+20=34$(개)입니다.

3. 길이 재기

단원 평가 A단계
14~16쪽

01 2m 2m

02 2, 10

03 150, 1, 50

04 3, 50

05 5, 20

06 ㉠, ㉣

07 m / cm

08 □ / ☒

09 ㉡, ㉠, ㉢

10 나

11 6 m 69 cm

12 2 m 44 cm

13 ❶ ㉠ 1 m 25 cm+2 m 30 cm=3 m 55 cm
㉡ 8 m 76 cm−5 m 24 cm=3 m 52 cm
❷ 따라서 길이가 더 긴 것은 ㉠입니다. 답 ㉠

14 ㉢

15 약 5 m

16 약 8 m

17 약 5 m

18 2 m

19 6, 3, 2 / 632 cm

20 ❶ 윤호가 가지고 있는 줄의 길이는 약 3 m이고, 미진이가 가지고 있는 줄의 길이는 약 2 m입니다.
❷ 따라서 길이가 더 긴 줄을 가지고 있는 사람은 윤호입니다. 답 윤호

03 줄자의 한끝이 눈금 0에 맞추어져 있고, 다른 쪽 끝의 눈금이 150이므로 식탁 긴 쪽의 길이는 150 cm입니다. ➔ 150 cm=1 m 50 cm

06 수학 교과서 짧은 쪽의 길이와 크레파스의 길이는 1 m보다 짧습니다.

07 • 교실 긴 쪽의 길이는 10 cm와 10 m 중 10 m가 알맞습니다.
• 볼펜의 길이는 14 cm와 14 m 중 14 cm가 알맞습니다.

08 350 cm=300 cm+50 cm
=3 m+50 cm
=3 m 50 cm

09 ㉡ 5 m 80 cm=580 cm
➔ 580>520>508이므로 길이가 긴 것부터 차례로 기호를 쓰면 ㉡, ㉠, ㉢입니다.

10 가: 120 cm=1 m 20 cm
나: 135 cm=1 m 35 cm
따라서 길이가 더 긴 막대는 나입니다.

11 123 cm=1 m 23 cm
➔ 5 m 46 cm+1 m 23 cm
=6 m 69 cm

12 (사용한 색 테이프의 길이)
=(처음 색 테이프의 길이)
−(남은 색 테이프의 길이)
=3 m 64 cm−1 m 20 cm
=2 m 44 cm

13

채점 기준			
채점 기준	❶ ㉠과 ㉡의 길이를 각각 구한 경우	3점	5점
	❷ 길이가 더 긴 것의 기호를 쓴 경우	2점	

14 길이가 가장 짧은 부분으로 잴 때 잰 횟수가 가장 많습니다.

15 약 1 m의 5배이므로 축구 골대의 길이는 약 5 m입니다.

16 나무와 나무 사이의 거리는 울타리 한 칸의 길이의 약 4배이므로 약 8 m입니다.

17 평균대의 길이는 약 1 m의 5배이므로 약 5 m입니다.

18 10 cm의 20배인 길이는 200 cm이고, 200 cm=2 m이므로 서윤이가 가지고 있는 털실의 길이는 2 m입니다.

19 m 단위부터 큰 수를 차례로 놓습니다.

20

채점 기준			
채점 기준	❶ 윤호와 미진이가 가지고 있는 줄의 길이를 각각 구한 경우	3점	5점
	❷ 길이가 더 긴 줄을 가지고 있는 사람은 누구인지 구한 경우	2점	

단원 평가 B단계 17~19쪽

01 1 m
02 ④
03 9 m 43 cm
04 ㉣
05 ㉣
06 2 m 12 cm
07 ❶ 유진이의 키는 1 m 18 cm입니다.
❷ 1 m 18 cm < 1 m 24 cm이므로 키가 더 큰 사람은 민우입니다. 답 민우
08 3 m 20 cm
09 3, 56 / 7, 60
10 1, 15
11 6 m 85 cm
12 40 cm
13 3 m 25 cm
14 ㉡, ㉢, ㉠
15 약 2 m
16 약 8 m
17 지혜
18 ❶ 3 m 34 cm = 334 cm
❷ 334 cm > 3□7 cm이므로 □ 안에 들어갈 수 있는 수는 3보다 작은 0, 1, 2로 모두 3개입니다. 답 3개
19 7, 4, 2 / 4 m 31 cm
20 20 m 27 cm

01 10 cm를 10번 이은 길이는 100 cm = 1 m입니다.

05 ㉠ 250 cm = 2 m 50 cm
㉡ 1 m 80 cm = 180 cm
㉢ 400 cm = 4 m
따라서 길이를 바르게 나타낸 것은 ㉣입니다.

06 212 cm = 200 cm + 12 cm
= 2 m + 12 cm
= 2 m 12 cm

07

채점 기준			
	❶ 유진이의 키를 몇 m 몇 cm로 나타낸 경우	3점	5점
	❷ 키가 더 큰 사람은 누구인지 구한 경우	2점	

[평가 기준] 민우의 키 1 m 24 cm를 124 cm로 나타내 118 cm와 124 cm를 비교한 경우도 정답으로 인정합니다.

08 줄자의 한끝이 눈금 0에 맞추어져 있고, 다른 쪽 끝의 눈금이 320이므로 칠판 긴 쪽의 길이는 320 cm = 3 m 20 cm입니다.

09 • 1 m 21 cm + 2 m 35 cm = 3 m 56 cm
• 3 m 56 cm + 4 m 4 cm = 7 m 60 cm

10 2 m 80 cm − 1 m 65 cm = 1 m 15 cm

11 354 cm = 3 m 54 cm이므로
3 m 82 cm > 354 cm > 3 m 3 cm입니다.
➔ 3 m 82 cm + 3 m 3 cm = 6 m 85 cm

12 270 cm = 2 m 70 cm
➔ 2 m 70 cm − 2 m 30 cm = 40 cm

13 (㉠에서 ㉡까지의 길이)
= (㉠에서 ㉢까지의 길이)
− (㉡에서 ㉢까지의 길이)
= 6 m 39 cm − 3 m 14 cm
= 3 m 25 cm

14 길이가 가장 긴 부분으로 재어야 잰 횟수가 가장 적습니다.

15 약 1 m의 2배이므로 교실 사물함의 전체 길이는 약 2 m입니다.

16 1 m의 약 8배이므로 약 8 m입니다.

17 지혜가 어림한 길이는 약 4 m, 서우가 어림한 길이는 약 2 m입니다.
따라서 더 긴 길이를 어림한 사람은 지혜입니다.

18

채점 기준			
	❶ 3 m 34 cm를 몇 cm로 나타낸 경우	2점	5점
	❷ □ 안에 들어갈 수 있는 수는 모두 몇 개인지 구한 경우	3점	

19 만들 수 있는 가장 긴 길이는 7 m 42 cm입니다.
➔ 7 m 42 cm − 3 m 11 cm = 4 m 31 cm

20 (정글짐에서 미끄럼틀을 거쳐 철봉까지 가는 거리)
= 55 m 20 cm + 32 m 50 cm
= 87 m 70 cm
➔ 정글짐에서 철봉까지 바로 가는 거리보다
87 m 70 cm − 67 m 43 cm
= 20 m 27 cm 더 멉니다.

4. 시각과 시간

단원 평가 A단계 20~22쪽

01

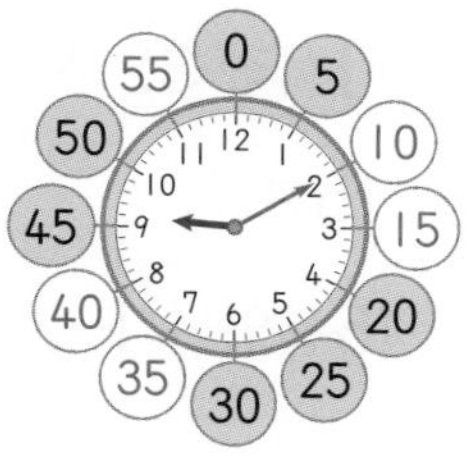

02 10, 10
03 50, 1, 50
04 5, 12, 19, 26
05 목요일
06 5시 38분

07

08 7시 54분
09 7, 50 / 8, 10
10 ②, ③
11 10
12 ( ) (○)
13 1, 20, 80
14 ❶ 멈춘 시계의 시각은 7시 30분이고, 현재 시각은 10시 30분입니다.
❷ 3시간이 지났으므로 긴바늘을 3바퀴만 돌리면 됩니다. 답 3바퀴
15 4시간
16 (위에서부터) 1, 2, 3 / 7, 8, 9, 10, 11 / 12, 13, 16, 17, 18 / 19, 20, 21, 22, 23 / 26, 27, 28, 29, 30, 31
17 지환
18 1시 15분
19 24바퀴
20 ❶ 8월은 31일까지 있으므로 8월 10일부터 8월 31일까지는 22일이고, 9월 1일부터 9월 15일까지는 15일입니다.
❷ 따라서 전시회를 하는 기간은 22+15=37(일)입니다. 답 37일

05 4월 8일은 목요일이고, 7일마다 같은 요일이 반복되므로 4월 8일의 일주일 후는 목요일입니다.

07 긴바늘이 9를 가리키도록 그립니다.

08 짧은바늘이 7과 8 사이, 긴바늘이 50분에서 작은 눈금 4칸 더 간 곳을 가리키므로 7시 54분입니다.

10 • 짧은바늘이 1과 2 사이, 긴바늘이 11을 가리키므로 시계가 나타내는 시각은 1시 55분입니다.
• 1시 55분에서 2시가 되려면 5분이 더 지나야 하므로 2시 5분 전입니다.

11 9시 10분 전은 8시 50분입니다.
➔ 긴바늘이 가리키는 숫자는 10입니다.

13 1시 $\xrightarrow{\text{1시간 후}}$ 2시 $\xrightarrow{\text{20분 후}}$ 2시 20분
➔ 1시간 20분=60분+20분
=80분

14

채점 기준			
	❶ 멈춘 시계의 시각과 현재 시각을 각각 구한 경우	2점	5점
	❷ 긴바늘을 몇 바퀴만 돌리면 되는지 구한 경우	3점	

15 들어간 시각은 오전 9시이고, 나온 시각은 오후 1시입니다.
➔ 오전 9시~낮 12시: 3시간,
낮 12시~오후 1시: 1시간
따라서 윤정이가 학교에 있었던 시간은 3+1=4(시간)입니다.

16 5월은 31일까지 있습니다.

17 2년 9개월=12개월+12개월+9개월
=33개월
➔ 33개월>30개월
따라서 피아노를 더 오래 배운 사람은 지환이입니다.

18 짧은바늘이 1과 2 사이, 긴바늘이 3을 가리키므로 1시 15분입니다.

19 시계의 긴바늘이 한 바퀴 도는 데 걸리는 시간은 1시간이고, 하루는 24시간이므로 하루 동안 시계의 긴바늘은 24바퀴를 돕니다.

20

채점 기준			
	❶ 8월과 9월에 전시회를 하는 날수를 각각 구한 경우	3점	5점
	❷ 전시회를 하는 기간은 며칠인지 구한 경우	2점	

평가북 4 단원

단원 평가 B단계 23~25쪽

01 ④

02 1, 20

03 4시간

04 ㉡, ㉣

05 (○) ( )

06

07 ❶ 예 시계의 긴바늘이 40분에서 작은 눈금 2칸 더 간 곳을 가리키고 있으므로 42분으로 읽어야 하는데 8분으로 읽었기 때문입니다.
❷ 7시 42분

08

09 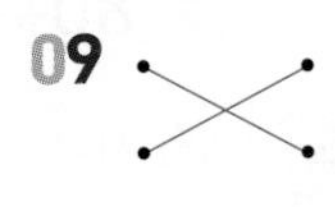

10 경태

11 ㉠

12 1시간 15분

13

14 10월 23일, 목요일

15 오후 / 오전

16 36시간

17 20개월

18 7시 50분

19 ❶ 솔비가 공부를 하는 데 걸린 시간은 1시간 25분이고, 동우가 공부를 하는 데 걸린 시간은 1시간 20분입니다.
❷ 1시간 25분>1시간 20분이므로 공부를 더 오래 한 사람은 솔비입니다. 답 솔비

20 20컵

03 시간 띠에서 한 칸은 1시간을 나타내고, 4칸에 색칠되어 있습니다. ➔ 4시간

05 11분은 긴바늘이 2(10분)에서 작은 눈금 1칸 더 간 곳을 가리킵니다.

07

채점 기준			
	❶ 다은이가 시각을 잘못 읽은 이유를 쓴 경우	3점	5점
	❷ 시각을 바르게 읽은 경우	2점	

08 6시 10분 전은 5시 50분입니다.
➔ 긴바늘이 10을 가리키도록 그립니다.

10 9시가 되려면 5분이 더 지나야 하므로 9시 5분 전입니다.
따라서 바르게 설명한 사람은 경태입니다.

11 ㉠ 1시간 13분=60분+13분=73분(×)
㉡ 92분=60분+32분=1시간 32분(○)

12 5시 $\xrightarrow{\text{1시간 후}}$ 6시 $\xrightarrow{\text{15분 후}}$ 6시 15분
따라서 걸린 시간은 1시간 15분입니다.

13 60분 동안 시계의 긴바늘이 한 바퀴를 돌아 제자리로 돌아옵니다.
➔ 시계의 긴바늘이 2를 가리키도록 그립니다.

14 준호의 생일은 10월 16일 목요일입니다.
7일마다 같은 요일이 반복되므로 서희의 생일은 16+7=23(일)이고, 목요일입니다.

16 첫날 오전 9시 $\xrightarrow{\text{24시간 후}}$ 다음날 오전 9시 $\xrightarrow{\text{12시간 후}}$ 다음날 오후 9시
따라서 걸린 시간은 24+12=36(시간)입니다.

17 1년 8개월=12개월+8개월
=20개월

18 짧은바늘이 6과 7 사이, 긴바늘이 5를 가리키므로 6시 25분입니다.
6시 25분 $\xrightarrow{\text{1시간 후}}$ 7시 25분 $\xrightarrow{\text{25분 후}}$ 7시 50분

19

채점 기준			
	❶ 솔비와 동우가 공부를 하는 데 걸린 시간을 각각 구한 경우	3점	5점
	❷ 공부를 더 오래 한 사람은 누구인지 구한 경우	2점	

참고 솔비: 2시 15분 $\xrightarrow{\text{1시간 후}}$ 3시 15분 $\xrightarrow{\text{25분 후}}$ 3시 40분
동우: 3시 30분 $\xrightarrow{\text{1시간 후}}$ 4시 30분 $\xrightarrow{\text{20분 후}}$ 4시 50분

20 7월은 31일까지 있으므로 7월 20일부터 7월 31일까지는 12일이고, 8월 1일부터 8월 8일까지는 8일입니다.
12+8=20(일) 동안 마셨으므로 민준이가 마신 우유는 모두 20컵입니다.

5. 표와 그래프

단원 평가 A단계 26~28쪽

01 배

02 윤성, 정주, 수연, 규현 /
미선, 재희, 채연 /
태호, 경석, 승수 /
진경, 보라

03 4, 3, 3, 2, 12　　**04** 12명

05

6	○			
5	○	○		
4	○	○		
3	○	○		○
2	○	○	○	○
1	○	○	○	○
학생 수(명) / 동물	강아지	고양이	사자	토끼

06 학생 수

07 ❶ 가장 많은 학생들이 좋아하는 동물은 그래프에서 ○의 수가 가장 많은 동물입니다.
❷ 따라서 가장 많은 학생들이 좋아하는 동물은 강아지입니다.
답 강아지

08 4가지　　**09** ㉡

10 스키, 태권도　　**11** 축구, 수영

12 2명

13 예 그래프의 세로는 태어난 계절별 학생 수만큼 표시해야 하므로 세로를 적어도 5칸으로 나누어야 합니다.

14

겨울	×	×	×		
가을	×	×			
여름	×	×	×	×	×
봄	×	×			
계절 / 학생 수(명)	1	2	3	4	5

15 4, 3, 4, 1, 12　　**16** 5명

17 예

4	/		/	
3	/	/	/	
2	/	/	/	
1	/	/	/	/
학생 수(명) / 채소	감자	호박	오이	무

18 5명　　**19** 20명

20 2, 2 /

3	○		
2	○	○	○
1	○	○	○
일수(일) / 날씨	맑음	흐림	비

03 (합계)$=4+3+3+2=12$(명)

05 좋아하는 동물별 학생 수만큼 ○를 한 칸에 하나씩, 아래에서 위로 빠짐없이 채웁니다.

07

채점 기준			
	❶ 그래프에서 ○의 수를 비교하면 되는 것을 설명한 경우	2점	5점
	❷ 가장 많은 학생들이 좋아하는 동물을 찾은 경우	3점	

08 과자, 과일, 떡, 빵으로 모두 4가지입니다.

09 ㉡ 은경이가 한 달 동안 떡을 먹은 일수는 4일입니다.

10 그래프에서 /의 수가 같은 두 운동은 스키와 태권도입니다.

12 봄, 여름, 겨울에 태어난 학생은 모두 $2+5+3=10$(명)이므로 가을에 태어난 학생은 $12-10=2$(명)입니다.

13

채점 기준	서진이가 그래프를 완성할 수 없는 이유를 쓴 경우	5점

16 감자를 좋아하는 학생은 4명, 무를 좋아하는 학생은 1명입니다. ➔ $4+1=5$(명)

18 동물원, 놀이공원에 가 보고 싶은 학생은 모두 $4+6=10$(명)입니다.
➔ (박물관에 가 보고 싶은 학생 수)
$=15-10=5$(명)

19 O형인 학생은 2명이고, 2의 3배는 6이므로 A형인 학생은 6명입니다.
➔ (조사한 학생 수)$=2+5+7+6=20$(명)

20 맑은 날은 3일, 비가 온 날은 2일입니다.
➔ 흐린 날은 $7-3-2=2$(일)입니다.

단원 평가 B단계

29~31쪽

01 5, 3, 3, 1, 12
02 농구
03 12명
04 표
05 ㉡, ㉠, ㉣
06 6명

07

겨울	○	○	○	○		
가을	○	○	○			
여름	○	○	○	○	○	○
봄	○	○	○	○	○	
계절 / 학생 수(명)	1	2	3	4	5	6

08 가을

09 8명

10

6		○		
5		○		○
4	○	○		○
3	○	○	○	○
2	○	○	○	○
1	○	○	○	○
학생 수(명) / 음식	불고기	생선구이	돈가스	라면

11

라면	/	/	/	/	/	
돈가스	/	/	/			
생선구이	/	/	/	/	/	/
불고기	/	/	/	/		
음식 / 학생 수(명)	1	2	3	4	5	6

12 6, 5, 20 /

7		○		
6	○	○		
5	○	○	○	
4	○	○	○	
3	○	○	○	
2	○	○	○	○
1	○	○	○	○
신발 수(켤레) / 종류	운동화	구두	샌들	장화

13 운동화, 구두

14 ❶ 그래프에서 ○의 수가 많은 것부터 차례로 쓰면 됩니다.
❷ 따라서 신발 수가 많은 신발 종류부터 차례로 쓰면 구두, 운동화, 샌들, 장화입니다.
답 구두, 운동화, 샌들, 장화

15 4명

16

6	×				
5	×		×		
4	×		×	×	
3	×	×	×	×	
2	×	×	×	×	×
1	×	×	×	×	×
학생 수(명) / 음료수	우유	주스	탄산음료	요구르트	물

17 4명
18 4명

19 3명

20 ❶ 고등어를 좋아하는 학생은 3명이고, 3의 2배는 6이므로 삼치를 좋아하는 학생은 6명입니다.
❷ 조사한 학생은 모두 $7+3+6+4=20$(명)입니다.
답 20명

09 돈가스를 좋아하는 학생은 3명, 라면을 좋아하는 학생은 5명입니다.
→ $3+5=8$(명)

14

채점 기준			
	❶ 그래프에서 ○의 수를 비교하면 되는 것을 설명한 경우	2점	5점
	❷ 신발 수가 많은 신발 종류부터 차례로 쓴 경우	3점	

15 탄산음료를 좋아하는 학생은 $6-1=5$(명)입니다.
우유, 주스, 탄산음료, 물을 좋아하는 학생은 $6+3+5+2=16$(명)입니다.
따라서 요구르트를 좋아하는 학생은 $20-16=4$(명)입니다.

17 우유를 좋아하는 학생이 6명으로 가장 많고, 물을 좋아하는 학생이 2명으로 가장 적습니다.
→ $6-2=4$(명)

19 갈치를 좋아하는 학생은 7명, 꽁치를 좋아하는 학생은 4명이므로 갈치를 좋아하는 학생이 $7-4=3$(명) 더 많습니다.

20

채점 기준			
	❶ 삼치를 좋아하는 학생은 몇 명인지 구한 경우	2점	5점
	❷ 조사한 학생은 모두 몇 명인지 구한 경우	3점	

6. 규칙 찾기

단원 평가 A단계 32~34쪽

01 (　　) (○)
02 ●
03 ㉡
04 1씩
05 7
06 파란색
07

	●

08 예 빨간색 쌓기나무가 있고 쌓기나무 1개가 뒤쪽, 앞쪽으로 번갈아 가며 나타납니다.
09 1개씩
10 ❶ 쌓기나무가 오른쪽으로 1개씩 늘어납니다.
❷ 마지막 모양에 쌓은 쌓기나무가 5개이므로 다음에 이어질 모양에 쌓을 쌓기나무는 모두 5+1=6(개)입니다. 답 6개
11 ㉡
12

×	2	3	4	5	6
2	4	6	8	10	12
3	6	9	12	15	18
4	8	12	16	20	24
5	10	15	20	25	30
6	12	18	24	30	36

13 지태
14

7	8	9
8	9	10
	10	

15
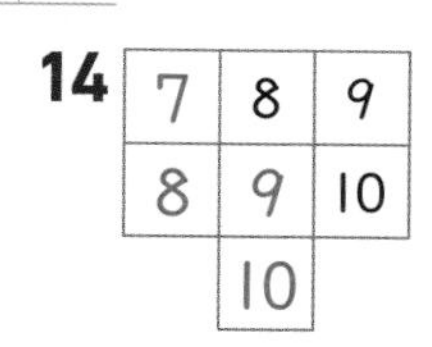

16 예 영화가 3시간마다 시작합니다.
17 민희
18 ❶ ♡, ☆이 각각 1개씩 늘어나며 반복됩니다.
❷ 따라서 빈 구슬 3개에 알맞은 모양은 차례로 ☆, ☆, ☆입니다. 답 ☆, ☆, ☆
19 10개
20 500원짜리 동전

03 쌓기나무의 수가 왼쪽에서 오른쪽으로 1개, 3개, 1개씩 반복됩니다.
04 오른쪽으로 갈수록 1씩 커집니다.
06 연두색, 빨간색, 파란색이 반복되므로 빨간색 다음은 파란색입니다.
07 ●가 시계 방향으로 돌아갑니다.
10

채점 기준			
	❶ 쌓기나무를 쌓은 규칙을 찾아 쓴 경우	3점	5점
	❷ 다음에 이어질 모양에 쌓을 쌓기나무는 모두 몇 개인지 구한 경우	2점	

참고 다음에 이어질 모양은 [그림]입니다.

11 ㉠ ↘ 방향으로 갈수록 4씩 커집니다.
따라서 바르게 설명한 것은 ㉡입니다.
12 3씩 커지는 규칙을 찾아 색칠합니다.
13 곱셈표에 있는 수들은 짝수, 홀수가 섞여 있습니다. ➔ 바르게 설명한 사람은 지태입니다.
14 오른쪽으로 갈수록 1씩 커지고, 아래쪽으로 내려갈수록 1씩 커집니다.
15 오른쪽으로 갈수록 1씩 커지고, 아래쪽으로 내려갈수록 4씩 커집니다.
17 • 윤호: 아래쪽으로 내려갈수록 3씩 작아집니다.
• 연수: 오른쪽으로 갈수록 1씩 커집니다.
따라서 바르게 말한 사람은 민희입니다.
18

채점 기준			
	❶ 규칙을 찾아 쓴 경우	3점	5점
	❷ 빈 구슬 3개에 알맞은 모양을 차례로 구한 경우	2점	

19 쌓기나무가 2개씩 늘어납니다.
따라서 네 번째 모양을 만드는 데 필요한 쌓기나무는 6+2=8(개)이고, 다섯 번째 모양을 만드는 데 필요한 쌓기나무는 8+2=10(개)입니다.
20 500원짜리 동전, 10원짜리 동전, 100원짜리 동전이 반복되므로 10번째에 놓을 동전은 500원짜리 동전입니다.

평가북 6 단원

단원 평가 B단계 35~37쪽

01 버섯 **02** 시계 반대 방향

03 3 **04** 원, 2개

05

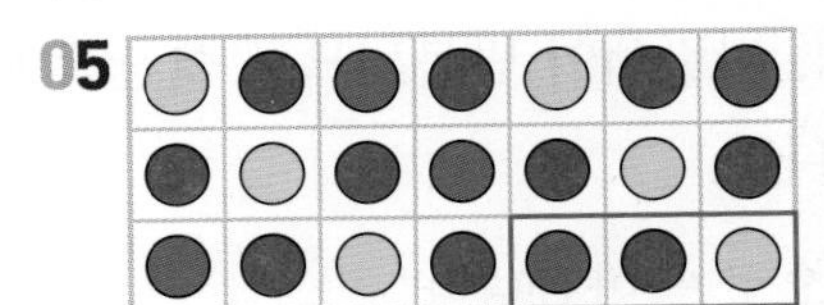

06

1	2	3	2	1	2	3
2	1	2	3	2	1	2
3	2	1	2	3	2	1

07 ㉠ **08**

09

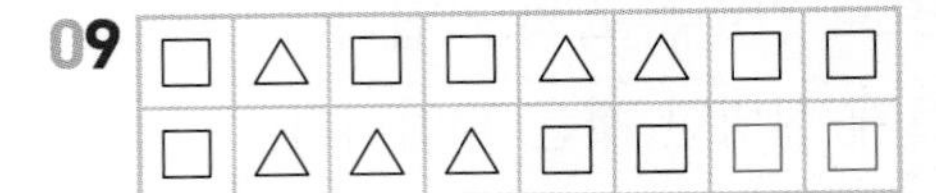

10 ㉠ **11** ( )(○)

12 가현 **13** ㉠

14

×	1	3	5	7	9
1	1	3	5	7	9
3	3	9	15	21	27
5	5	15	25	35	45
7	7	21	35	49	63
9	9	27	45	63	81

/ 예 일의 자리 숫자가 5로 같습니다.

15

		16	18
	21	24	27
24	28	32	

16

17 ❶ 쌓기나무가 2개씩 늘어납니다.
❷ 따라서 네 번째 모양을 만드는 데 필요한 쌓기나무는 6+2=8(개)이고, 다섯 번째 모양을 만드는 데 필요한 쌓기나무는 8+2=10(개)입니다.

답 10개

18 30일

19 예 뒤로 갈수록 4씩 커집니다.

20 ❶ 나 구역 의자 번호는 뒤로 갈수록 6씩 커집니다.
❷ 따라서 2 8 14 20이므로 휘서의 자리는 ㉣입니다.
(+6 +6 +6)

답 ㉣

04 모양은 사각형, 원, 삼각형이 반복되고, 단추 구멍의 수는 1개, 2개가 반복되므로 빈칸에 알맞은 모양은 원이고, 단추 구멍의 수는 2개입니다.

05 노란색, 빨간색, 초록색, 빨간색이 반복됩니다.

08 색칠된 부분이 시계 방향으로 돌아갑니다.

09 □, △이 각각 1개씩 늘어나며 반복됩니다.

10 쌓기나무가 2층, 1층, 3층으로 반복됩니다. 따라서 빈칸에 들어갈 모양은 ㉠입니다.

11 왼쪽 쌓기나무는 쌓기나무의 수가 왼쪽에서 오른쪽으로 1개, 2개씩 반복됩니다.

12 색칠한 수는 ↘ 방향으로 갈수록 2씩 커집니다. 따라서 잘못 설명한 사람은 가현이입니다.

13 ㉠ 8 ㉡ 10 ㉢ 10

15 ■단 곱셈구구에 있는 수는 오른쪽으로 갈수록 ■씩 커지고, 아래쪽으로 내려갈수록 ■씩 커집니다.

16 위쪽으로 올라갈수록 5씩 커집니다.
2 7 12 17
(+5 +5 +5)

17

채점 기준			
	❶ 쌓기나무가 몇 개씩 늘어나는지 구한 경우	2점	5점
	❷ 다섯 번째 모양을 만드는 데 필요한 쌓기나무는 모두 몇 개인지 구한 경우	3점	

18 첫째 목요일이 2일이므로 2+7=9(일), 9+7=16(일), 16+7=23(일), 23+7=30(일)이 모두 목요일입니다.
→ 마지막 목요일은 30일입니다.

20

채점 기준			
	❶ 나 구역 의자 번호의 규칙을 찾아 쓴 경우	3점	5점
	❷ 휘서의 자리를 찾아 기호를 쓴 경우	2점	

해설북

백점 수학 2·2

초등학교 학년 반 번 이름

믿고 보는 동아출판
초등 교재
기초학습서부터 교과서 개념 다지기, 과목별 전문서까지!
초등학교 입학 전부터, 예비 중등까지!
초등학생에게 꼭 필요한 영역을 빠짐없이! 동아출판 초등 교재 라인업
BEST
초능력 맞춤법 + 받아쓰기
초등 국어 1·2
쉽고 빠른 맞춤법 학습
받아쓰기 단계별 연습
국어 교과서 어휘 학습
2022 개정 교육과정
초능력 비주얼씽킹 과학
초능력 비주얼씽킹 초등 한국사
초능력 수학 연산
초능력 국어 독해
초능력 급수 한자
초등 영역별 기초학습서
초능력 국어/수학/과학/한국사/한자
초고필 비문학 독해 1
5~6 학년 예비 중등
초고필 지금 국어 어휘 를 해야 할 때
초고필 지금, 국어 문법을 해야 할 때
초고필 지금 유리수의 사칙연산 을 해야 할 때
초고필 지금 한국사 를 해야 할 때
적중 반편성 배치고사 + 진단평가
예비 중등
초고필 국어/수학/한국사
적중 반편성 배치고사 + 진단평가